新編諸子集成

顏氏家訓集解

上

王利器 撰

中華書局

圖書在版編目(CIP)數據

顔氏家訓集解/王利器撰. —北京:中華書局,2016. 4
(2023. 8 重印)
(新編諸子集成)
ISBN 978-7-101-11672-4

Ⅰ. 顔… Ⅱ. 王… Ⅲ. ①家庭道德-中國-南北朝時代②《顔氏家訓》-注釋 Ⅳ. B823. 1

中國版本圖書館 CIP 數據核字(2016)第 062442 號

責任編輯: 盧仁龍 石 玉
責任印製: 陳麗娜

新編諸子集成
顔氏家訓集解
(全二册)
王利器 撰
*
中 華 書 局 出 版 發 行
(北京市豐臺區太平橋西里 38 號 100073)
http://www. zhbc. com. cn
E-mail:zhbc@ zhbc. com. cn
三河市中晟雅豪印務有限公司印刷
*
920×1250 毫米 1/32 · 28⅛印張 · 4 插頁 · 568 千字
2016 年 4 月第 1 版 2023 年 8 月第 3 次印刷
印數:5001-6000 册 定價:138. 00 元

ISBN 978-7-101-11672-4

新編諸子集成精裝本出版説明

子書是我國古籍的重要組成部分。最早的一批子書産生在春秋末到戰國時期的百家争鳴中，其中不少是我國古代思想文化的珍貴结晶。秦漢以後，還有不少思想家和學者寫過類似的著作，其中也不乏優秀的作品。

二十世紀五十年代，中華書局修訂重印了由原世界書局出版的諸子集成。這套叢書匯集了清代學者校勘、注釋子書的成果，較爲適合學術研究的需要。但其中未能包括近幾十年特别是一九四九年後一些學者整理子書的新成果，所收的子書種類不够多，斷句、排印尚有不少錯誤，爲此我們從一九八二年開始編輯出版新編諸子集成，至今已出滿四十種。

爲滿足不同讀者的需求，這套書將分批出版精裝本，版面疏朗，裝訂考究，非常適合閲讀與收藏。敬請關注。

中華書局編輯部

二〇一六年三月

目録

敘録……一
卷第一……一
序致第一……一
教子第二……九
兄弟第三……二七
後娶第四……三七
治家第五……四九
卷第二……七〇
風操第六……七〇
慕賢第七……一五四
卷第三……一七二
勉學第八……一七二
卷第四……二八六
文章第九……二八六
名實第十……三六七
涉務第十一……三八一
卷第五……三九五
省事第十二……三九五
止足第十三……四一五
誡兵第十四……四二一
養生第十五……四三〇
歸心第十六……四四〇
卷第六……四九三
書證第十七……四九三

卷第七……六三八
音辭第十八……六三八
雜藝第十九……六八六
終制第二十……七二二
附録……七三七
一、序跋……七三七
二、顏之推傳……七八〇
三、顏氏家訓佚文……八五二
四、顏之推集輯佚……八五三

叙録

自從隋文帝楊堅統一南北朝分裂的局面以來，在漫長的封建社會裏，顔氏家訓是一部影響比較普遍而深遠的作品。王三聘古今事物考二寫道：「古今家訓，以此爲祖。」袁衷等所記庭幃雜録下寫道：「六朝顔之推家法最正，相傳最遠。」這一則由於儒家的大肆宣傳，再則由於佛教徒的廣爲徵引〔一〕，三則由於顔氏後裔的多次翻刻；於是泛濫書林，充斥人寰，「由近及遠，爭相矜式」〔二〕，豈僅如王鉞所說的「北齊黄門顔之推家訓二十篇，篇篇藥石，言言龜鑑，凡爲人子弟者，可家置一册，奉爲明訓，不獨顔氏」〔三〕而已！

唯是此書，以其題署爲「北齊黄門侍郎顔之推撰」，於是前人於其成書年代，頗有疑義。尋顔氏於序致篇云：「聖賢之書，教人誠孝。」勉學篇云：「不忘誠諫。」省事篇云：「賈誠以求位。」養生篇云：「行誠孝而見賊。」歸心篇云：「誠孝在心。」又云：「誠臣殉主而棄親。」這些「誠」字，都應當作「忠」，是顔氏爲避隋諱〔四〕而改；風操篇云：「今日天下大同。」終制篇云：「今雖混一，家道罄窮。」明指隋家統一中國而言；書證篇「羸股肱」條引國子博士蕭該説，國子博士是該入隋後官稱〔五〕；又書證篇記「開皇二年五月，長安民掘得秦時鐵稱權」；這些，都是入隋以後事。而勉學篇言：「孟勞者，魯之寶刀名，亦見廣雅。」書證篇引廣雅云：「馬薤，荔也。」又引廣雅云：「晷柱挂景。」其稱廣雅，不像曹憲音釋一樣，爲避隋煬帝楊廣諱而改名博雅。然則此書蓋成於隋文帝平陳以後，隋煬帝即位之前，其當六世紀之末期乎。

此書既成於入隋以後，爲何又題署其官職爲「北齊黄門侍郎」呢？尋顔之推歷官南北朝，宦海浮沉，當以黄門侍郎最爲清顯。陳書蔡凝傳寫道：「高祖嘗謂凝曰：『我欲用義興主壻錢肅爲黄門郎，卿意何如？』凝正色對曰：『帝鄉舊戚，恩由聖旨，則無所復問；若格以僉議，黄散之職，故須人門兼美，唯陛下裁之。』高祖默然而止。」這可見當時對於黄散之職的重視。之推在梁爲散騎侍郎，入齊爲黄門侍郎，故之推於其作品中，一則曰「忝黄散於官謗」〔六〕，再則曰「吾近爲黄門郎」〔七〕，其所以如此津津樂道者，大概也是自炫其「人門兼美」吧。然則此蓋其自署如此，可無疑義。不特此也，隋書音樂志中記載「開皇二年，齊黄門侍郎顔之推上言」云云。而直齋書録解題十六又著録：「稽聖賦三卷，北齊黄門侍郎琅邪顔之推撰。」則史學家、目録學家也都追認其自署，而没有像陸法言切韻序前所列八人姓名，稱其入隋以後之官稱爲「顏內史」〔八〕了。

在南北朝分裂割據的年代裏，長江既限南北，鴻溝又判東西，戰爭頻繁，兵連禍結，民生塗炭，水深火熱。於斯時也，一般封建士大夫是怎樣生活下去的呢？ 王儉褚淵碑文寫道：「既而齊德龍興，順皇高禪，深達先天之運，匡贊奉時之業，弼諧允正，徽猷弘遠，樹之風聲，著之話言，亦猶稷、契之臣虞、夏，荀、裴之奉魏、晉，自非坦懷至公，永鑑崇替，孰能光輔五君，寅亮二代者哉！」〔九〕這是當時一般士大夫的寫照。當改朝換代之際，隨例變遷，朝秦暮楚，「禪代之際，先起異圖」〔一〇〕，「自取身榮，不存國計」〔一一〕者，滔滔皆是；而之推殆有甚焉。他是把自己家庭的利益——「立身揚名」〔一二〕，放在國家、民族利益之上的。他從憂患中得着一條安身立命的經驗：「父兄不可常依，鄉國不可常保，一旦流離，無人庇廕，當自求諸身耳。」〔一三〕他一方面頌揚「不屈二姓，夷、齊之節」〔一四〕；一方面又强調「何事非君，伊、箕之義也。自春秋已來，家有奔亡，國有吞滅，君臣固無常分矣」〔一五〕。一方面宣稱「生不可惜」〔一六〕，「見危授命」〔一七〕；一方面又指出「人身難得」〔一八〕，「有此生然後養之，勿徒養其無生也」〔一九〕。因之，他雖「播越他鄉」，還是「靦冒人間，不敢墜失」〔二〇〕。「一手之中，向背如此」〔二一〕，終於像他自己所說的那樣，「三爲亡國之人」〔二二〕。 然而，他還在向他的子弟强聒：「泯軀而濟國，君子不咎。」〔二三〕甚至還大頌特頌梁鄱陽王世子謝夫人之罵賊而死〔二四〕，北齊宦者田敬宣之「以學成忠」〔二五〕，而痛心「侯景之難，……賢智操行，若此之難」〔二六〕；大罵特罵「齊之將相，比敬宣之奴不若也」〔二七〕。當其興酣落筆之時，面對自己之「予一生而三化」〔二八〕、「往來賓主如郵傳」〔二九〕者，吾不知其將自居何等？如此訓家，難道像他那樣，擺出一副問心無愧的樣子，説兩句「未獲殉陵墓，獨生良足恥」〔三〇〕，「小臣恥其獨死，實有媿於胡顏」〔三一〕，就可以「爲汝曹後車」〔三二〕嗎？然而，後來的封建士大夫却有像陸奎勳之流，硬是胡説什麽「家訓流傳者，莫善於北齊之顏氏，……是皆修德於己，居家則爲孝子，許國則爲忠臣」〔三三〕。這難道不是和顏之推一樣，無可奈何地故作自欺欺人之語嗎？

顏之推的悲劇，也是時代的悲劇。唐人崔塗曾有一首讀庾信集詩寫道：「四朝十帝盡風流，建業、長安兩醉游；唯有一篇楊柳曲，江南江北爲君愁。」〔三四〕我們讀了這首詩，就會自然而然地聯想到顏之推，因爲，他二人生同世，行同倫，他們對於「朝市遷革」〔三五〕所持的態度，本來就是伯仲之間的。他們一個寫了一篇哀江南賦，一個寫了一篇觀我生賦，對於身經亡國喪家的變故，痛哭流涕，慷慨陳辭，實則都是爲他們之「競己棲而擇木」〔三六〕作辯護，這正是這種悲劇的具體反映。姚範跋顏氏家訓寫道：「昔顔介生遭衰叔，身狎流離，宛轉狄俘，阽危鬼録，三代之悲，劇於荼蓼，晚著觀我生賦云：『向使潛於草茅之下，甘爲畎畝之民，無讀書而學劍，莫抵掌以膏身，委明珠而樂賤，辭白璧以安貧，堯、舜不能辭其素樸，桀、紂無以汙其清塵，此窮何由而至？茲辱安所自臻？』玩其辭意，亦可悲矣。」〔三七〕他「生於亂世，長於戎馬，流離播越，聞見已多」〔三八〕，於是他掌握了一套庸俗的處世祕訣，説起來好像頭頭是道，面面俱圓，而内心實則無比空虚，極端矛盾。他在序致篇寫道：「每常心共口敵，性與情競，夜覺曉非，今悔昨失，自憐無教，以至於斯。」這是他由衷的自白。紀昀在他手批的黄叔琳節鈔本中一再指出：「此自聖賢道理。然出自黄門口，則另有别腸——除却利害二字，更無家訓矣。此所謂貌似而神離。」〔三九〕「極好家訓，只末句一個費字，便差了路頭。楊子曰：『言，心聲也。』蓋此公見解，只到此段地位，亦莫知其然而然耳。」〔四〇〕「老世故語，隔紙捫之，亦知爲顔黄門語。」〔四一〕紀氏這些假道學的庸言，却深深擊中了這位真雜學〔四二〕的要害。當日者，顔氏飄泊西南，間關陝、洛，可謂「仕宦不止車生耳」〔四三〕了。他爲時勢所迫，往往如他自己所説那様，「在時君所命，不得自專」〔四四〕。梁武帝蕭衍好佛，小名命曰阿練〔四五〕，後又舍身同泰；顔氏亦嚮風慕義，直至歸心。梁元帝蕭繹崇玄，「至乃倦劇愁憤，輒以講自釋」〔四六〕；顔氏雖自稱「亦所當日者，梁武之餓死臺城，梁元之身爲俘虜，玄、釋二教作爲致敗之一端，都爲顏氏所聞所見，他却無動於中，執迷不悟，這難道不是像他所諷刺的「眼不能見其睫」〔四八〕嗎？他徘徊於玄、釋之間，出入於「内外兩教」〔四九〕之際，又想成爲「專儒」〔五〇〕，又要「求諸内典」〔五一〕。當日者，梁武帝手勑江革寫道：「世間果報，不可不信。」〔五二〕王褒著幼訓寫道：「釋氏之義，見苦斷身，證滅循道，明因辨果，偶凡成聖，斯雖爲教等差，而義歸汲引。」〔五三〕因果報應之説，風靡一時，於是顏之推也推波助瀾地倡言：「今人貧賤疾苦，莫不怨尤前世不修功業；以此而論，安可不爲之作地乎？」〔五四〕又勸誘他的子弟：「汝曹若顧俗計，樹立門户，不棄妻子，未能出家；但當兼修戒行，留心誦讀，以爲來世津梁。人身難得，勿虚過也。」〔五五〕他這一席話，難道僅僅是在向他的子弟「勸誘歸心」〔五六〕而已嗎？不是的，他的最終目的是在「偕化黔首，悉入道場」〔五七〕。何孟春就曾經指出：「是雖一家之云，而豈姁姁私焉爲其子孫計哉？」〔五八〕南宋時，黄震在曉諭新城縣免饑殺榜寫道：「人生難得，中土難生。」〔五九〕這八個字，不是這個理學家平白無故地捃摭前人牙慧，而是封建統治階級的代言人，爲要熄滅如火如荼的階級鬥爭，而使用的釜底抽薪的亘古心傳。馬克思曾一針見血地指出：「宗教是人民的鴉片，宗教是苦難世界的靈光圈。」〔六〇〕恩格斯也尖鋭地指出：「在歷史上各個時期中，絶大多數的人民都不過是以各種不同形式充當了一小撮特權者發財致富的工具。但是所有過去的時代，實行這種吸血的制度，都是以各種各樣的道德、宗教和政治的謬論來加以粉飾的：牧師、哲學家、律師和國家的活動家總是向人民説，爲了個人幸福他們必定要忍饑挨餓，因爲這是上帝的意旨。」〔六一〕顏之推正是這樣的哲學家。

顏氏此書，雖然乍玄乍釋，時而説「神仙之事，未可全誣」〔六二〕，時而説「歸周、孔而背釋宗，何其迷也」〔六三〕，而其「留此二十篇」〔六四〕之目的，還是在於「務先王之道，紹家世之業」〔六五〕。這是封建時期一般士大夫所以訓家的唯一主題。

但是，今天我們整理此書，誠能「剔除其封建性的糟粕，吸收其民主性的精華」〔六六〕，則此書仍不失爲祖國文化遺產中一部較爲有用的歷史資料。

此書涉及範圍，比較廣泛。那時，河北、江南，風俗各别，豪門庶族，好尚不同。顏氏對於佛教之流行，玄風之復扇〔六七〕，鮮卑語之傳播〔六八〕，俗文字之盛興〔六九〕，都作了較爲翔實的紀録。至如梁元帝之「民百萬而囚虜，書千兩而煙煬」〔七〇〕，使寶貴的文化遺産，蒙受歷史上最大的一厄〔七一〕；以及「齊之季世，多以財貨託附外家，諠動女謁」〔七二〕；以及當時的「貴遊子弟，多無學術，至於諺云：『上車不落則著作，體中何如則秘書』」〔七三〕；以及俗儒之迂腐，至於「鄴下諺云：『博士買驢，書券三紙，未有驢字』」〔七四〕。這些，都是很好的歷史文獻，提供給我們知人論世的可靠依據，外此其餘，顔氏對於研討祖國豐富的文化遺産，亦作出了一定的貢獻。

第一，此書對於研究南北諸史，可供參攷。顔氏作品，除觀我生賦自注外，像風操篇所言「梁武帝問一中土人，……何故不知有族」，這個人就是夏侯亶〔七五〕；勉學篇所言「江南有一權貴」，以羊肉爲蹲鴟，這個人就是王翼〔七六〕；文章篇言「并州有一士族，好爲可笑詩賦」，這個人就是姜質〔七七〕；省事篇所言「近世有兩人，朗悟士也，性多營綜」，這兩個人就是祖珽、徐之才〔七八〕：這些，都可以補證南北諸史。教子篇所説的高儼〔七九〕，兄弟篇所説的劉瓛〔八〇〕，治家篇所説的房文烈〔八一〕和江禄〔八二〕，風操篇所説的裴之禮〔八三〕，勉學篇所説的田鵬鸞〔八四〕和李恕〔八五〕，文章篇所説的劉逖〔八六〕，名實篇所説的韓晉明〔八七〕，歸心篇所説的王克〔八八〕，風操篇所説的武烈太子蕭方等〔八九〕：這些，都可與南北諸史參證。而風操篇所説的臧逢世〔九〇〕，慕賢篇所説的丁覘，涉務篇所説的梁世士大夫不能乘馬云云〔九一〕：這些，更足補梁書之闕如。慕賢篇所説的張延雋〔九二〕，勉學篇所説的姜仲岳：這些，更足補北齊書之俄空。又如雜藝篇所説常射與博射之分，則提供給我們弄通南史柳惲傳所言博射之事。

第二，此書對於研究漢書，可供參攷。舊唐書顔師古傳寫道：「父思魯，以學藝稱。……叔父游秦，……撰漢書決疑十二卷，爲學者所稱；後師古注漢書，亦多取其義。」大顔、小顔之精通漢書，或多或少地都受了家訓的影響。如書證篇言「猶豫」之「猶」爲獸名，漢書高后紀師古注即以猶爲獸名；同篇引太公六韜以説賈誼傳之「日中必熭」，師古注亦引六韜爲説；同篇又引司馬相如封禪書「導一莖六穗于庖」，而訓導爲擇，師古注亦從鄭氏説，訓導爲擇。這些地方，師古都暗用之推之説，尤足攷見其遵循祖訓，墨守家法，步趨惟謹，淵源有自也。

第三，此書對於研究經典釋文，可供參攷。經典釋文是研究儒、道兩家代表作品的重要參攷書。纂寫經典釋文的陸德明，是顔之推商量舊學的老朋友，他們的意見，往往在二書中可攷見其異同。如書證篇言「杕杜，河北本皆爲夷狄之狄，此大誤也」；詩唐風杕杜釋文則云：「本或作夷狄之狄，非也。」書證篇言「左傳『齊侯痎，遂痁』……世間傳本多以痎爲疥，……此臆説也」；釋文則引梁元帝之改疥爲痎，此尤足攷見他們君臣間治學的相互影響之處。書證篇引王制「贏股肱」鄭注之「擐衣」，謂：「蕭該音宣是，徐爰音患非。」釋文則云：「擐舊音患，今宜讀宣，依字作擐，字林云：『捋臂也，先全反。』是。」音辭篇言：「物體自有精麤，精麤謂之好惡；人心有所去取，去取謂之好惡。」釋文叙録條例則云：「質有精麤，謂之好惡；心有愛憎，謂之好惡。」至如書證篇言：「詩云黄鳥于飛，集于灌木。傳云：灌木，叢木也。」「近世儒生，因改爲寂」，而有徂會、祖會之音之失，更可訂正釋文所下徂會、祖會，亦外等犯的錯誤。

第四，此書對於研究文心雕龍，可供參攷。如文章篇云：「夫文章者，原出五經：詔命策檄，生於書者也；序述論議，生於易者也；歌詠賦頌，生於詩者也；祭祀哀誄，生於禮者也；書奏箴銘，生於春秋者也。」文心雕龍宗經篇則云：「故論説辭序，則易統其首；詔策章奏，則書發其源；賦頌歌讚，則詩立其本；銘誄箴祝，則禮統其端；記傳盟檄（從唐寫本），則春秋爲根。」與顔氏説可互參，這是古代主張文章原本五經的代表作。同篇又云：「自古文人，多陷輕薄：屈原露才揚己，顯暴君過；宋玉體貌容冶，見遇俳優；東方曼倩滑稽不雅；司馬長卿竊貲無操；王褒過章僮約；揚雄德敗美新；李陵降辱夷虜；劉歆反覆莽世；傅毅黨附權門；班固盜竊父史；趙元叔抗竦過度；馮敬通浮華擯壓；馬季長佞媚獲誚；蔡伯喈同惡受誅；吴質詆訶鄉里；曹植悖慢犯法；杜篤乞假無厭；路粹隘狹已甚；陳琳實號麤疎；繁欽性無檢格；劉楨屈強輸作；王粲率躁見嫌；孔融、禰衡誕傲致殞；楊修、丁廙扇動取斃；阮籍無禮敗俗；嵇康淩物凶終；傅玄忿鬭免官；孫楚矜誇淩上；陸機犯順履險；潘岳乾没取危；顔延年負氣摧黜；謝靈運空疎亂紀；王元長凶賊自詒；謝玄暉侮慢見及。凡此諸人，皆其翹秀者，不能悉記，大較如此。」文心雕龍程器篇則云：「略觀文士之疵：相如竊妻而受金；楊雄嗜酒而少算；敬通之不循廉隅；杜篤之請求無厭；班固諂竇以作威；馬融黨梁而黷貨；文舉傲誕以速誅；正平狂憨以致戮；仲宣輕脆以躁競；孔璋傯恫以麤疎；丁儀貪婪以乞貨；路粹餔啜而無恥；潘岳詭譸於愍、懷；陸機傾仄於賈、郭；傅玄剛隘而詈臺；孫楚狠愎而訟府。諸有此類，並文士之瑕累。」顔氏論證，與之大同。同篇又云：「文章當以理致爲心腎，氣調爲筋骨，事義爲皮膚，華麗爲冠冕。」文心雕龍附會篇則云：「夫才量學文，宜正體製，必以情志爲神明，事義爲骨髓，辭采爲肌膚，宫商爲聲色；然後品藻玄黄，摛振金玉，獻可替否，以裁厥中：斯綴思之恒數也。」他們所持的文學理論，都以思想性爲第一，藝術性爲第二。不過，之推所謂事義偏重在事，彦和所謂事義偏重在義，故一爲皮膚，一爲骨髓，非有所抵牾也。蕭統文選序寫道：「事出於沉思，義歸乎翰藻。」很好地説明了二者的具體内容及其相互關係。

第五，音辭一篇，尤爲治音韻學者所當措意。周祖謨顏氏家訓音辭篇注補序寫道：「黄門此製，專爲辨析聲韻而作，斟酌古今，掎摭利病，具有精義，實爲研求古音者所當深究。」〔九三〕

外此其餘，在重道輕器的封建歷史時期，他對於祖暅之的算術〔九四〕，陶弘景〔九五〕、皇甫謐、殷仲堪〔九六〕的醫學，都給予應有的重視，也是難能而可貴的。

這部集解，是以盧文弨抱經堂校訂本爲底本，而校以宋本、董正功續家訓〔九七〕、羅春本〔九八〕、傅太平本〔九九〕、顏嗣慎本〔一〇〇〕、程榮漢魏叢書本〔一〇一〕、胡文煥格致叢書本〔一〇二〕、何允中漢魏叢書本〔一〇三〕、朱軾朱文端公藏書十三種本〔一〇四〕、黄叔琳顏氏家訓節鈔本〔一〇五〕、文津閣四庫全書本〔一〇六〕、鮑廷博知不足齋叢書本〔一〇七〕、屏山聶氏汗青簃刊本〔一〇八〕。我所見到的還有嘉慶丁丑廿二年南省顏氏通譜本，以其所據爲顏本，無所異同，且間有新出訛謬之處，故未取以讎校。其它援引各書，亦頗夥頤，不復一一覼縷了。

此書在唐代，即有別本流傳，如歸心篇「儒家君子」條以下，廣弘明集卷二十八引作「誡殺、家訓」，而法苑珠林卷一百十九且著録之推誡殺一卷，則唐代且以此單行了。同篇之「高柴、折像」，廣弘明集「折像」作「曾晳」，原注云：「一作『折像』。」凡此都是唐代有别本之證。而廣弘明集卷三引歸心篇「欲頓棄之乎（今本『乎』作『哉』）」句下，尚有「故兩疎得其一隅，累代詠而彌光矣」兩句，則本書尚有佚文；這當是顔書之舊，固非郭爲崍所引風操篇「班固書集亦云家孫」之下，尚有「戴逵稱安道則家弟」一句〔一〇九〕之比（此乃郭氏妄爲竄入，因爲乾隆時人所見家訓，不會多於今本）。宋淳熙台州公庫本，今所見者，係元廉台田氏補修重印本，故間有不避宋諱之處。此本頗有影鈔傳世者，知不足齋叢書即據述古堂鈔本重刻（無校刊名銜），光緒間，汗青簃又據以重刻。盧文弨校定本所據宋本，蓋亦鈔本，故與宋本時有出入，翁方綱譏其未見宋本〔一一〇〕，是也。我所據的，尚有海昌沈氏静石樓藏影宋鈔本及秦曼君校宋本。此外，又得見董正功續家訓宋刻殘本卷六至卷八共三卷，此書除全引顔氏原文可供校勘外，頗時有疏證顔書之處，今亦加以甄録〔一一一〕。惜錢遵王讀書敏求記所載之七卷本半宋刻半影鈔者，祁承㸁淡生堂藏書目叢書類所載顔氏傳書八種中之顔氏家訓，今亦不可得而見矣。外此其餘，如敦煌卷子本勤讀書鈔（伯・二六〇七）、劉清之戒子通録〔一一二〕、胡寅崇正辨〔一一三〕、吕祖謙少儀外傳、曾慥類説〔一一四〕等，亦頗引顔書，多爲前人所未見或未及徵引，今皆得而讎校之，於以是正文字，實已不無小補，不知能免於顔氏所譏之「妄下雌黄」〔一一五〕否也？

爲了更全面地了解顔之推其人，除了把他的這部著作從事集解之外，我還把顔之推傳和他流傳下來的作品，統統收輯在一起，加以校注，以供研究者參攷。本書脱稿後，承楊伯峻同志撥冗審閲，謹此致謝。

一九五五年五月初稿
一九七八年三月五日重稿
一九八九年三月第三次增訂

〔一〕道宣廣弘明集、道世法苑珠林、法琳辨正論、祥邁辨僞録、法雲翻譯名義集等都徵引顔氏家訓。

〔二〕〔三〕陸奎勳陸堂文集三訓家恆語序。案：袁桷清容居士集卷三十二先大夫行述：「公幼從王先生鐈學問，戒以躬行爲持身本，每授以言行編諸書，公守而行之。至是書陶靖節詩、顔氏家訓爲一編以寄意。」舉此一端，亦足以見其書影響之大矣。

〔三〕王鉞讀書叢殘。

〔四〕隋文帝楊堅父名忠，見隋書高祖紀上。

〔五〕隋書儒林何妥傳：「蘭陵蕭該者，梁鄱陽王恢之孫也。……梁荊州陷，與何妥同至長安。……開皇初，賜爵山陰縣公，拜國子博士。」

〔六〕〔二八〕〔三一〕〔三六〕〔七〇〕觀我生賦。

〔七〕止足篇。

〔八〕據澤存堂本廣韻，古逸叢書本則作「顔外史」。

〔九〕文選卷五八。

〔一〇〕李百藥北齊書杜弼傳史臣曰。

〔一一〕姚思廉陳書後主紀史臣曰。

〔一二〕〔三三〕〔六四〕序致篇。

〔一三〕〔一七〕〔二一〕〔二五〕〔二七〕〔三五〕〔四六〕〔四七〕〔五〇〕〔六五〕〔六七〕〔七三〕〔七四〕〔一一五〕勉學篇。

〔一四〕〔一五〕〔四一〕〔四四〕文章篇。

〔一六〕〔一九〕〔二三〕〔二四〕〔二六〕〔六二〕〔九五〕養生篇。

〔一八〕〔四九〕〔五四〕〔五五〕〔五六〕〔五七〕〔六三〕歸心篇。

〔二〇〕〔五一〕終制篇。

〔二二〕觀我生賦自注。

〔二九〕全唐詩詹敦仁勸王氏入貢寵予以官作辭命篇。

〔三〇〕顏之推古意。

〔三四〕才調集卷七。唐詩紀事卷六一云：「塗，字禮山，光啓進士也。」全唐詩收入無名氏卷一，未知何據。此條承四川師範學院王仲鏞同志以出處見告。

〔三七〕援鶉堂文集卷二。

〔三八〕慕賢篇。

〔三九〕〔六八〕教子篇。

〔四〇〕治家篇。

〔四二〕顏氏家訓舊列入儒家，直齋書録解題始歸之雜家，而述古堂藏書目及清修四庫全書從之。

〔四三〕太平御覽四九六引漢官儀，又七七三引異語。

〔四五〕一切經音義卷十四大寶積經第八十二卷：「阿練兒：梵語廣質不妙；舊云阿蘭，唐云寂静處也。」

〔四八〕涉務篇。

〔五二〕梁書江革傳。

〔五三〕梁書王規傳。

〔五八〕餘冬叙録卷四十五。

〔五九〕黄氏日鈔卷七十九。

〔六〇〕馬克思恩格斯全集中文版第一卷第四五三頁。
〔六一〕馬克思恩格斯全集中文版第七卷第二六九到二七〇頁。
〔六六〕新民主主義論，毛澤東選集横排本第二卷第六六八頁。
〔六九〕〔九四〕〔九六〕雜藝篇。
〔七一〕隋書牛弘傳。
〔七二〕省事篇。
〔七五〕梁書夏侯亶傳。
〔七六〕梁書王翼傳。
〔七七〕魏書成淹傳。
〔七八〕杭世駿諸史然疑、繆荃孫雲自在龕隨筆俱以爲指祖珽、徐之才二人。
〔七九〕北齊書武成十二王琅邪王儼傳。
〔八〇〕南史劉瓛傳。
〔八一〕北史房法壽傳。
〔八二〕南史江夷傳。
〔八三〕南史裴邃傳。
〔八四〕北齊書、北史傅伏傳。

〔八五〕李慈銘謂「李恕」當作「李庶」，見北史李崇傳。
〔八六〕北齊書文苑劉逖傳。
〔八七〕北齊書韓軌傳。
〔八八〕北周書王褒傳。
〔八九〕南史梁元帝諸子傳。
〔九〇〕梁書文苑臧嚴傳。
〔九一〕資治通鑑卷一百九十二本此。
〔九二〕資治通鑑卷一百二十七本此。
〔九三〕輔仁學誌十二卷一、二合期，一九四三年。
〔九七〕今即稱續家訓。
〔九八〕成化刊本上卷題署爲「建寧府同知績溪程伯祥刊」，下卷爲「建寧府通判廬陵羅春刊」，而日本寬文二年壬寅三月吉日村田莊五郎刊行本，則上下卷俱題爲「建寧府通判廬陵羅春刊」，兩本前後俱無序跋，取其與程榮本有別，故簡稱羅本。
〔九九〕今簡稱傅本。
〔一〇〇〕今簡稱顏本。
〔一〇一〕今簡稱程本。

〔一〇二〕今簡稱胡本。

〔一〇三〕萬曆壬辰臘月何允中據何鏜本刻入漢魏叢書者，改署「東海屠隆緯真甫纂」，故或稱屠本，今則簡稱何本。

〔一〇四〕今簡稱朱本。

〔一〇五〕今簡稱黄本。

〔一〇六〕今簡稱文津本。

〔一〇七〕據述古堂影宋本重雕，今簡稱鮑本。

〔一〇八〕光緒間刻，蓋從鮑本出，今簡稱汗青簃本。

〔一〇九〕咫聞集稱名篇。

〔一一〇〕復初齋文集卷十六書盧抱經刻顏氏家訓注本後。

〔一一一〕顏如瓌曾見董書於都穆處，已取以參互校訂矣，見所撰後序。案：清光緒嘉定縣志卷六水利志上：「嘉靖元年，巡撫李充嗣、水利郎中顏如瓌濬。」此則顏如瓌宦績之可考見者。

〔一一二〕文津閣四庫全書本。

〔一一三〕成化刊本。

〔一一四〕明刊本。

卷第一

序致　教子　兄弟　後娶　治家

序致第一〔一〕

夫聖賢之書，教人誠孝〔二〕，慎言檢迹〔三〕，立身揚名〔四〕，亦已備矣。魏、晉已〔五〕來，所著諸子〔六〕，理重事複，遞相模斆〔七〕，猶屋下架屋，牀上施牀耳〔八〕。吾今所以復爲此者〔九〕，非敢軌物範世也〔一〇〕，業以整齊門内〔一一〕，提撕〔一二〕子孫。夫同言而信〔一三〕，信其所親；同命而行，行其所服。禁童子之暴謔〔一四〕，則師友之誡不如傅婢之指揮〔一五〕；止凡人之鬭鬩〔一六〕，則堯、舜之道不如寡妻之誨諭〔一七〕。吾望此書爲汝曹之所信，猶賢於傅婢寡妻耳。

〔一〕六朝以前作品，自序往往在全書之末，亦有在全書之首者，如孝經之開宗明義第一章是，此亦其比。傅本「第」作「篇」。

〔二〕誠孝，即忠孝，隋人避文帝父楊忠諱改爲「誠」。隋書高祖紀下：「仁壽元年正月辛丑，戰亡者入墓詔：『君子立身，雖云百行，唯誠與孝，最爲其首。』」誠孝即忠孝。北史文苑許善心傳：「上顧左右曰：『我平陳國，唯獲此人，既能壞其舊君，即我誠臣也。』……又撰誠臣傳一卷。」隋書楊素傳：「煬帝手詔勞素，引古人有言曰：『疾風知勁草，世亂有誠臣。』」誠臣即忠臣，俱避隋諱改。

〔三〕盧文弨曰：「檢，居奄切。檢迹，猶言行檢，謂有持檢，不放縱也。」器案：樂府詩集卷六十七張華遊獵篇：「伯陽爲我誡，檢迹投清軌。」則檢迹亦六朝習用語。

〔四〕立身揚名，盧文弨曰：「見孝經。」案：孝經開宗明義章：「立身行道，揚名於後世，以顯父母，孝之終也。」

〔五〕已，傳本作「以」，古通。後不出。

〔六〕趙曦明曰：「隋書經籍志儒家有徐氏中論六卷，魏太子文學徐幹撰；王氏正論一卷，王肅撰；杜氏體論四卷，魏幽州刺史杜恕撰；顧子新語十二卷，吴太常顧譚撰；譙子法訓八卷，譙周撰；袁子正論十九卷，袁準撰；新論十卷，晉散騎常侍夏侯湛撰。」

〔七〕斆，盧文弨曰：「與『效』同。」

〔八〕盧文弨曰：「世説文學篇：『庾仲初作揚都賦，謝太傅云：「此是屋下架屋耳。」』劉孝標引王隱論楊雄太玄經曰：『玄經雖妙，非益也，是以古人謂其屋下架屋耳。』」劉盼遂曰：「太平御覽六百一引三國典略曰：『祖珽上修文殿御覽，徐之才謂人曰：「此可謂床上之床，屋下之屋也。」』知此語固六朝之恒言矣。」陳直曰：「盧説是也。大義謂廢材重叠而無用也。」器案：隋薛道衡大將軍趙芬碑銘並序：「不復架屋施牀。」唐釋法琳辨正論信毁交報篇：「是周因殷禮，損益可知，名目雖殊，還廣前致，亦猶床上鋪床，屋下架屋也。」則此語爲六朝、唐人習用語，居然可知。程氏遺書伊川先生語録五：「作太玄，本要明易，却尤悔如易，其實無益，真屋下架屋，牀上疊牀。」宋景文筆記卷上：「夫文章必自名一家，然後可以傳不朽；若體規畫圓，準方作矩，終爲人之臣僕。古人譏屋下架屋，信然。陸機曰：『謝朝花於已披，啓夕秀於未振。』韓愈曰：『惟陳言之務去。』此乃爲文之要。五經皆不同體，孔子没後，百家奮興，類不相沿，皆得此旨。」宋祁以疊床架屋指斥模擬派文學，意亦與顔氏相近。鮑本「耳」作「尒」。

〔九〕元注：「一本無『今』字。」

〔一〇〕盧文弨曰：「車有軌轍，器有模範，喻可爲世人儀型也。」案：左傳隱公五年：「吾將納民於軌物者也。」

〔一一〕通鑑一四七梁武紀三：「國子博士封軌，素以方直自業。」胡三省注：「業，事也，以方直爲事。」此文之業，意與之同。

〔一二〕盧文弨曰：「詩大雅抑：『匪面命之，言提其耳。』箋：『我非但對面語之，親提撕其耳。』」

〔一三〕意林一、後漢書王良傳注、御覽四三〇引子思子累德篇：「同言而信，信在言前；同令而化，化在令外。」淮南子繆稱篇：「同言而民信，信在言前也；同令而民化，誠在令外也。」徐幹中論貴驗篇：「子思曰：『同言而信，信在言前也；同令而化，化在令外也。』」即此文所本。文子精誠篇：「故同言而信，信在言前也；同令而行，誠在令外也。」劉晝新論履信篇：「同言而信，信在言前；同教而行，誠在言外。」「化」作「行」，與此同。

〔一四〕郝懿行曰：「謔，謂謔浪也。或謂『謔』當爲『虐』，非是。」

〔一五〕盧文弨曰：「傅婢，見漢書王吉傳，師古注：『傅婢者，傅相其衣服衽席之事。』指揮，與指麾義同。漢書韓信傳：『雖有舜、禹之智，嘿而不言，不如瘖聾之指麾也。』」器案：傅婢，即侍婢，後漢書呂布傳：「私與傅婢情通。」三國志魏書呂布傳作「與卓侍婢私通」，是其證也。

〔一六〕凡人，顔本作「兄弟」。

〔一七〕盧文弨曰：「詩大雅思齊：『刑于寡妻。』傳：『適妻也。』箋：『寡有之妻。』案：寡者，少也，故云適妻。朱子則訓寡德之妻，謙辭也。」朱亦棟曰：「案：吴越春秋：『專諸者，堂邑人也。伍胥之亡楚如吴時，遇之於塗，專諸方與人鬭，將就敵，其怒有萬人之氣，甚不可當，其妻一呼即還。子胥怪而問其狀：「何夫子之盛怒也，聞一女子之聲而折還，寧有説乎？」專諸曰：「子觀吾之儀，寧類愚者也？何言之鄙也！夫屈一人之下，必伸萬人之上。」』之推正用此語。」

吾家風教〔一〕，素爲整密。昔在齠齔，便蒙誘誨〔二〕；每從兩兄〔三〕，曉夕温清〔四〕，規行矩步〔五〕，安辭定色〔六〕，鏘鏘翼翼〔七〕，若朝嚴君焉〔八〕。賜以優言，問所好尚，勵短引長，莫不懇篤。年始九歲，便丁荼蓼〔九〕，家塗〔一〇〕離散，百口索然〔一一〕。慈兄鞠養，苦辛備至；有仁無威〔一二〕，導示不切。雖讀禮傳〔一三〕，微愛屬文〔一四〕，頗爲凡人之所陶染〔一五〕，肆欲輕言，不脩邊幅〔一六〕。年十八九，少知砥礪〔一七〕，習若自然〔一八〕，卒難洗盪。二十已後〔一九〕，大過稀焉；每常心共口敵〔二〇〕，性與情競〔二一〕，夜覺曉非，今悔昨失〔二二〕，自憐無教，以至於斯。追思平昔之指，銘肌鏤骨〔二三〕，非徒古書之誡，經目過耳也〔二四〕。故留此二十篇，以爲汝曹後車耳〔二五〕。

〔一〕風、教，義同。毛詩序：「風，風也，教也，風以動之，教以化之。」又文章篇及觀我生賦俱有「風教」語。

〔二〕誘誨，各本及戒子通録（以下簡稱通録）卷二引俱作「誨誘」，今從宋本。

〔三〕趙曦明曰：「案：南史顏協傳：『子之儀、之推。』此云兩兄，或兼有羣從也。」盧文弨曰：「顏氏家廟碑（案：顏真卿撰）有名之善者，云之推弟，隋葉令。據此則之善亦是之推兄。」陳直曰：「按：南史顏協傳：『二子之儀、之推。』顏真卿顏含大宗碑銘云：『之儀，周御正中大夫新野公。之儀弟之推，之推弟之善，隋葉令侍讀。』據此之推僅有一兄，之善則爲三弟。真卿屬于嫡支，當決然可信。或之儀有弟早卒，故稱兩兄耳。又庾信集有同顏大夫初晴詩，亦和之儀之作也。」

〔四〕盧文弨曰：「禮記曲禮上：『凡爲人子之禮，冬温而夏凊。』注：『温以禦其寒，凊以致其凉。』釋文：『凊，七性反，字从仌，本或作水旁，非也。』」

〔五〕王叔岷曰：「案莊子田子方篇：『進退一成規，一成矩。』韓詩外傳一：『行步中規，折旋中矩。』（又見説苑辨物篇）晉書潘尼傳：「規行矩步者，皆端委而陪於堂下。」

〔六〕盧文弨曰：「禮記曲禮上：『安定辭。』又冠義：『凡人之所以爲人者，禮義也。禮義之始，在於正容體，齊顏色，順辭令。』」

〔七〕盧文弨曰：「廣雅釋訓：『鏘鏘，走也。翼翼，敬也，又和也。』案鏘鏘，猶蹌蹌，禮記曲禮下：『士蹌蹌。』言不得如大夫已上容儀之盛也。」

〔八〕趙曦明曰：「易：『家人有嚴君焉，父母之謂也。』」器案：後漢書張湛傳：「矜嚴好禮，動止有則，居處幽室，必自修整，雖遇妻子，若嚴君焉。」御覽二一二引謝承後漢書：「魏朗動有禮序，室家相待如賓，子孫如事嚴君焉。」世説新語德行篇：「華歆遇子弟甚整，雖閒室之内，嚴若朝典。」朝典以禮言，嚴君以人言。

〔九〕盧文弨曰：「言失所生也。荼蓼，喻苦辛。上音徒，下音了。」器案：此以苦辛喻喪失父母，家境困難，下文「苦辛備至」，即承此言。周頌良耜篇毛傳以爲「荼蓼，苦菜」。後漢書陳蕃傳：

「諸君奈何委荼蓼之苦，息偃在牀。」李賢注：「詩國風曰：『誰謂荼苦，其甘如薺。』周頌曰：『未堪家多難，予又集于蓼。』」

〔一〇〕家塗，程本、胡本、何本、黄本作「家徒」，今從宋本，終制篇亦言「家塗空迫」。家塗，猶終制篇之言家道。南齊書高帝紀：「策相國齊公文曰：『妖沴載澄，國塗悦穆。』」塗字義同。

〔一一〕世説言語篇：「郗超曰：『大司馬……必無若此之慮，臣爲陛下以百口保之。』」又尤悔篇：「王大將軍起事，丞相兄弟詣闕謝，……丞相呼周侯曰：『百口委卿。』」通鑑一一三五胡注：「人謂其家之親屬爲百口。」

〔一二〕盧文弨曰：「晉書嵇康傳：『幽憤詩曰：「母兄鞠育，有慈無威。」』」李詳曰：「唐書李善果傳載母崔氏訓善果曰：『吾寡婦也，有慈無威，使汝不知教訓，以負清忠之業。』」

〔一三〕禮傳，所以别禮經而言，禮經早已失傳，今之禮記與大戴禮記即禮傳也。

〔一四〕屬文，聯字造句，使之相屬，成爲文章，猶言作文也。本書慕賢篇：「有丁覘者，洪亭民耳，頗善屬文。」漢書賈誼傳：「年十八，以能誦詩書屬文，稱於郡中。」師古曰：「屬謂綴輯之也，言其能爲文。」劉淇助字辨略一曰：「顔氏家訓：『雖讀禮傳，微愛屬文。』此微字，不辭也。」楊伯峻曰：「微，少也，小也。故下文云云。」

〔一五〕北齊書顔之推傳：「還習禮傳，博覽羣書，無不該洽。」即本此文。盧文弨曰：「言爲凡庸人之所熏陶漸染也。」

〔一六〕脩，舊本皆作「備」，盧文弨、郝懿行俱校作「脩」，盧云：「案：北齊書之推傳云：『好飲酒，多任誕，不脩邊幅。』正本此。後漢書馬援傳：『公孫述欲授援以封侯大將軍位，賓客皆樂留，援曉之曰：「公孫不吐哺走迎國士，反脩飾邊幅，如偶人形，此子何足久稽天下士乎？」』」器案：馬援傳注：「言若布帛脩整其邊幅也。左傳曰：『如布帛之有幅焉，爲之度，使無遷。』」又公孫述傳論：「方乃坐飾邊幅。」注：「邊幅，猶有邊緣，以自矜持。」脩、飾義同，今據改正。

〔一七〕禮記儒行篇：「近文章，砥礪廉隅。」盧文弨曰：「『少』與『稍』同。」郝懿行曰：「終制篇云：『年十九，值梁家喪亂。』觀此，知古人顛沛之頃，不忘脩行也。」

〔一八〕盧文弨曰：「大戴禮保傅篇：『少成若天性，習貫如自然。』」王叔岷曰：「案賈誼新書保傅篇：『孔子曰：少成若天性，習貫如自然。』（一本「貫」作「慣」，古通；又見漢書賈誼傳。）大戴禮保傅篇：『習貫如自然』，作『習貫之爲常』，盧氏失檢。」

〔一九〕二十，舊本都作「二十」，宋本注云：「一本作『三十』。」抱經堂本據定作「三十」。按此上緊承「年十八九」言，自以作「二十」爲是，後勉學篇亦有「二十之外」，今仍定作「二十」。

〔二〇〕盧文弨曰：「心共口敵，謂口易放言，而心制之，使不出也。」器案：三國志魏書武帝紀注引魏略載策魏公上書：「口與心計，幸且待罪。」又周魴傳：「目語心計。」嵇康家誡：「若志之所之，則口與心誓，守死無二。」太平御覽三六七引傅子擬金人銘：「心與口謀。」文選盧子諒贈劉琨一首並序：「口存心想。」俱謂心口自語也。用目語義同。

〔二一〕王叔岷曰：「案劉子防慾篇：『性貞則情銷，情熾則性滅。』」

〔二二〕淮南子原道篇高誘注：「月悔朔，今悔昨。」蓋此文所本。王叔岷曰：「案莊子則陽篇：『未嘗不始於是之，而卒詘之以非也。』寓言篇：『始時所是，卒而非之。』陶淵明歸去來辭：『覺今是而昨非。』」

〔二三〕盧文弨曰：「鏤，盧候切。猶言刻骨。」器案：文選左太沖魏都賦：「或鏤膚而鑽髮。」劉淵林注以鏤膚即文身。王叔岷曰：「案曹植上責躬詩表：『刻肌刻骨，追思罪戾。』」

〔二四〕各本俱無「也」字，宋本注云：「一本有『也』字。」抱經堂本據補，今從之。器案：抱朴子内篇對俗：「經喬、松之目。」又雜應：「外形不經目，外聲不入耳。」又外篇博喻：「故有不能下棋，而經目識勝負；不能徽絃，而過耳解鄭雅。」用經目、過耳，與此正同。

〔二五〕元注：「『車』一本作『範』。」趙曦明曰：「漢書賈誼傳：『前車覆，後車戒。』」案：傅本作「範」。鮑本「耳」作「尒」。王叔岷曰：「新書保傅篇：『前車覆，而後車戒。』大戴禮保傅篇：『前車覆，後車誡。』」

教子第二〔一〕

上智不教而成，下愚雖教無益，中庸之人，不教不知也〔二〕。古者，聖王有胎教之法：懷子三月，出居别宫，目不邪視，耳不妄〔三〕聽，音聲滋味，以禮節之〔四〕。書之玉版，藏諸金匱〔五〕。生子咳𠻘〔六〕，師保固明孝仁禮義，導習之矣〔七〕。凡庶縱不能爾，當及嬰稚〔八〕，識人顏色，知人喜怒，便加教誨，使爲則爲，使止則止〔九〕。比及數歲，可省笞罰。父母威嚴而有慈，則子女畏慎而生孝矣。吾見世間，無教而有愛，每不能然；飲食運爲〔一〇〕，恣其所欲〔一一〕，宜誡翻奬〔一二〕，應訶反笑〔一三〕，至有識知，謂法當爾。驕〔一四〕慢已習，方復〔一五〕制之，捶撻至死而無威，忿怒日隆而增怨，逮于〔一六〕成長，終爲敗德〔一七〕。孔子云「少成若天性，習慣如自然」是也〔一八〕。俗諺曰：「教婦初來，教兒嬰孩〔一九〕。」誠哉斯語！

〔一〕傳本「第」作「篇」，下不更出。

〔二〕後漢書楊終傳：「終以書戒馬廖云：『上智下愚，謂之不移；中庸之流，要在教化。』」即此文所本。論語陽貨篇：「唯上智與下愚不移。」後漢書胡廣傳：「京師諺曰：『天下中庸有胡公。』」李賢注：「中，和也；庸，常也；中和可常行之德也。」郝懿行曰：「秦、漢以來，以中庸爲中材之稱號，故賈誼過秦論云：『材能不及中庸。』」王叔岷曰：「王符潛夫論德化篇：『上智與下愚之民少，而中庸之民多。中民之生世也，猶鑠金之在鑪也。從篤變化，惟冶所爲；方圓厚薄，隨鎔制爾。』荀悅申鑒雜言下篇：『上、下不移，其中則人事存焉爾。』」

〔三〕元注：「一本作『傾』。」

〔四〕趙曦明曰：「大戴禮保傅篇：『青史氏之記曰：「古者胎教：王后腹之七月而就宴室，太史持銅而御户左，太宰持斗而御户右；比及三月者。王后所求聲音非禮樂，則太師緼瑟而稱不習，所求滋味非正味，則太宰倚斗而言曰：不敢以待王太子。」』盧辯注：『王后以七月就宴室，夫人婦嬪，即以三月就其側室。』又云：『周后妃任成王於身，立而不跛，坐而不差，獨處而不倨，雖怒而不詈：胎教之謂也。』」盧文弨曰：「列女傳：『太任有娠，目不視惡色，耳不聽淫聲，口不出傲言。』」

〔五〕匱，羅本、傅本、顔本、程本、胡本、南北朝文別解（以後簡稱別解）一作「櫃」，字同。趙曦明曰：「大戴禮保傅篇：『素成胎教之道，書之玉版，藏之金匱，置之宗廟，以爲後世戒。』」案：事文類聚引「藏諸」作「藏之」。

〔六〕生子，各本都作「子生」，司馬温公家範三、事文類聚後集六引亦作「子生」，此從抱經堂本。咳喂，元注：「説文：『咳，小兒笑也。喂，號也。』一本作『孩提』。」案：家範、事文引正作「孩提」。郝懿行曰：「説文：『嗁，號也。』字不作喂，廣韻：『喂，鳥鳴。』集韻：『音題，與嗁同。』即本顔氏此訓也。」器案：史記扁鵲傳：「曾不可以告咳嬰之兒。」漢夏承碑：「咳孤憤泣。」説文口部：「咳，古文从子作孩。」孟子盡心上：「孩提之童。」趙岐注：「孩提，二三歲之間，在襁褓，知孩笑，可提抱者也。」是咳孩本爲一字，後人始分咳爲笑貌、孩爲嬰孩也。趙岐釋提爲提抱，漢書賈誼傳：「孩提有識。」顔師古曰：「孩，小兒也；提謂提撕之。」又王莽傳上顔師古注：「嬰兒始孩，人所提挈，故曰孩提也。孩者，小兒笑也。」説與趙氏同。真誥卷七甄命授第三：「忽發哀音之兮㳚。」注：「此作奚胡音，猶今小兒啼不止，謂爲『咳呱』也。」則咳又有𠴫義。劉盼遂引吴承仕説，僅就咳爲言，可備一説，其言曰：「内則名子之禮：『三月之末，姆先相曰：「母某敢用時日，祗見孺子。」夫對曰：「欽有師。」父執子之右手，咳而名之。妻對曰：「記有成。」遂左還授師。』欽有師者，教之敬，使有循；記有成者，識夫言使有就。所謂子生三月則父名之，爲師保父母教子之始。此云咳𠴫，蓋用此義。」

〔七〕孝仁禮義，宋本、羅本、傅本作「仁孝禮義」，家範、事文引同；顔本、程本、胡本、别解作「仁智禮義」；宋本元注：「一本作『孝禮仁義』。」抱經堂本從漢書改作「孝仁禮義」，今從之。趙曦明引漢書賈誼傳曰：「昔者，成王幼，在襁褓之中，召公爲太保，周公爲太傅，太公爲太師，此三公之職也；於是爲置三少，皆上大夫也，曰少保、少傅、少師。故廼孩提有識，三公三少，固明孝仁禮誼以導習之矣。」器案：漢書是，所謂「孝爲百行之首」也。

〔八〕及，顔本、程本、胡本、文津本、别解作「撫」，琴堂諭俗編上引亦作「撫」。

〔九〕紀昀曰：「此自聖賢道理，然出自黄門口，則另有别腸，除却利害二字，更無家訓矣，此所謂貌合而神離。」

〔一〇〕盧文弨曰：「運爲，即云爲。管子戒篇注：『云，運也。』」器案：琴堂諭俗編正作「云爲」。運爲，猶言所爲，運即音云，施肩吾春日美新緑詞：「天公不語能運爲，驅遣羲和染新緑。」正讀平聲，用法與此相同，則六朝、唐人，俱以運爲作云爲用也。周法高曰：「班固東都賦：『烏覩大漢之云爲乎？』」陳槃曰：「案從『軍』從『云』之字，往往相通。如鴆鳥，一名『運日鳥』，『運』又作『暉』，或作『䲰』，或作『雲』（參李貽德左傳賈服注輯述四莊三十二年使鍼季酖之條）。盧氏謂『運爲』即『云爲』，當是也。又案『云爲』，兩漢人常辭。漢書王莽傳中、下書曰：『帝王相改，各有云爲。』又莽曰：『災異之變，各有云爲。』」又曰：「從『員』、從『軍』、從『云』之字亦互通。越語上『廣運百里』，西山經作『廣員百里』。哀十二年左氏經：『公會衛侯、宋皇瑗于鄖』，『鄖』，公羊作『運』，宣四年左傳『䢵子』，釋文云：『本又作鄖。』商頌玄鳥：『景員維河。』箋：『員，古文作云。』『運』之爲『員』，亦猶『鄖』之爲『運』、『䢵』之爲『鄖』、『云』之爲『員』、『云』之爲『運』矣。……『云爲』，舊籍常辭。說苑善說載晉獻公時東郭民祖朝對獻公曰：『古之將曰桓司馬者，朝朝其君，舉而晏，御呼車，驂亦呼車。御肘其驂曰：「子何越云爲乎？」』」又曰：「王念孫讀書雜志淮南内篇第十五：『運字古讀若云。』原注：『呂氏春秋論大篇引夏書天子之德廣運，與文爲韻；管子形勢篇：受辭者，名之運也，與尊爲韻；越語：廣運百里，韋注曰：東西爲廣，南北爲運；西山經：廣員百里，廣員即廣運；墨子非命上篇：譬猶運鈞之上而立朝夕者也，中篇運作員；莊子天運篇釋文曰：天運，司馬氏作天員；管子戒篇：四時云下而萬物化，云即運字。』說文：『鴆一名曰運日。』劉逵吳都賦注作『雲日』。是『運』『云』古通，王氏已言之矣。」

〔一一〕盧文弨曰：「各本『欲』皆作『慾』。」案：少儀外傳上、事文類聚後六引作「欲」，今從之。

〔一二〕誡，元注：「一本作『訓』。」

〔一三〕黄叔琳曰：「曲傳常態，善道凡情，可爲烱戒也。」盧文弨曰：「説文：『訶，大言而怒也。從言，可聲，虎何切。』」元注：「『笑』，一本作『嗤』。」案：少儀外傳引「訶」作「呵」。

〔一四〕驕，元注：「一本作『憍』。」案：家範引正作「憍」。

〔一五〕復，元注：「一本作『乃』。」案：家範、琴堂諭俗編引正作「乃」。

〔一六〕于，少儀外傳、通録二引作「乎」。

〔一七〕器案：尚書大禹謨：「反道敗德。」某氏傳：「敗德義。」左傳僖公十五年：「先君之敗德，及可數乎？」文選劉孝標廣絶交論：「敗德殄義。」

〔一八〕盧文弨曰：「漢書賈誼傳引。」器案：抱朴子勗學篇：「蓋少則志一而難忘，長則神放而易失，故修學務早，及其精專，習與性成，不異自然也。」足爲此説注脚。

〔一九〕司馬温公書儀四：「古有胎教，況於已生？子始生未有知，固舉以禮，況於已有知？孔子曰：『幼成若天性，習慣如自然。』顔氏家訓曰：『教婦初來，教子嬰孩。』故慎在其始，此其理也。若夫子之幼也，使之不知尊卑長幼之禮，每致侮詈父母，毆擊兄姊，父母不加訶禁，反笑而奬之，彼既未辨好惡，謂禮當然；及其既長，習已成性，乃怒而禁之，不可復制，於是父疾其子，子怨其父，殘忍悖逆，無所不至。此蓋父母無深識遠慮，不能防微杜漸，溺於小慈，養成其惡故也。」困學紀聞一：「（易）蒙之初曰發，家人之初曰閑。顔氏家訓曰：『教兒嬰孩，教婦初來。』」翁元圻注：「楊誠齋易家人初九傳：『婦訓始至，子訓始穉。』蓋本此。」至正直記一曰：「『惜兒惜食，痛子痛教。』此言雖淺，可謂至當。至『教子嬰孩，教婦初來』，亦同。」案：教兒，少儀外傳作「教子」，與書儀、至正直記同。海録碎事卷七上引仍作「教兒」。又野客叢書二九引此文，二語倒植，與困學紀聞、至正直記同。

凡人不能教子女者，亦非欲陷其罪惡；但重於訶怒〔一〕。傷其顔色，不忍楚撻慘〔二〕其肌膚耳。當以疾病爲諭〔三〕，安得不用湯藥鍼艾〔四〕救之哉？又宜思勤督訓者，可願〔五〕苛虐於骨肉乎？誠不得已也。

〔一〕文選喻巴蜀檄：「重煩百姓。」李善注：「重，難也；不欲召聚之。」怒，類説四四引作「恐」。

〔二〕類説「不」上有「又」字，「撻」下無「慘」字。禮記學記：「夏楚二物，收其威也。」注：「楚，荆也。」

〔三〕類説引「諭」作「喻」。

〔四〕類説「艾」作「灸」。

〔五〕可願，顔本作「豈願」，家範同。

王大司馬母魏夫人〔一〕，性甚嚴正；王在湓城〔二〕時，爲三千人將，年踰四十，少不如意，猶捶撻之，故能成其勳業。梁元帝時〔三〕，有一學士，聰敏〔四〕有才，爲父所寵，失於教義：一言之是，徧於行路，終年譽之；一行之非，揜藏文飾〔五〕，冀其自改。年登婚宦〔六〕，暴慢日滋，竟以言語不擇，爲周逖〔七〕抽腸〔八〕釁鼓〔九〕云。

〔一〕趙曦明曰：「梁書王僧辯傳：『僧辯字君才，右衛將軍神念之子也。世祖以僧辯爲征東將軍、開府儀同三司、江州刺史，封長寧縣公。承聖三年，加太尉、車騎大將軍；頃之，丁母太夫人憂，策謚曰貞敬太夫人。夫人姓魏氏，性甚安和，善于綏接，家門内外，莫不懷之。及僧辯尅復舊京，功蓋天下，夫人恒自謙損，不以富貴驕物，朝野咸共稱之，謂爲明哲婦人也。』」錢大昕曰：「注中應增入『貞陽既踐位，仍授僧辯大司馬，領太子太傅、揚州牧』數句，則『大司馬』字，方有着落。」

〔二〕趙曦明曰：「尋陽記：『晉武太康十年，因江水之名，而置江州；成帝咸和元年，移理湓城，即今郡是。』」周一良曰：「此説非也。宋齊史書屢見湓城，俱不言爲州治所在。梁書四三韋粲傳：『見江州刺史當陽公大心曰：中流任重，當須應接，不可缺鎮。今直且張聲勢，移鎮湓城。』知梁世湓城亦非江州治所。蓋尋陽要地，有兵事則置兵，猶建康之有石頭、東府等城也。且家訓此事非指僧辯爲江州刺史時而言。據梁書四五王僧辯傳，『湘東王爲江州，仍除雲騎將軍司馬，守湓城』，爲三千人將，正是時也。若指爲刺史時，奚啻三千人將耶？梁書敬帝紀，太平二年正月分尋陽等五郡置西江州。輿地紀勝引廬山記云，梁太清二年蕭大心因侯萬之亂，欲依險固，乃移于湓口城，即今城也。元和郡縣志謂江州自晉元帝後或理湓城，或理尋陽，或理半洲，並在湓城近側。陳書二〇華皎傳，鎮湓城，知江州事，是陳代江州又嘗治湓城矣。」

〔三〕趙曦明曰：「梁書元帝紀：『世祖孝元皇帝諱繹，字世誠，小字七符，高祖第七子也，承聖元年冬十一月丙子，即皇帝位於江陵。』」

〔四〕少儀外傳上引「敏」作「明」。

〔五〕通録二引「揜」作「掩」，文同。盧文弨曰：「文亦飾也。集韻文運切。」

〔六〕婚宦，即後娶篇所謂「宦學婚嫁」，爲六朝人習用語。本書後娶篇：「爰及婚宦。」列子力命篇：「語有之：『人不婚宦，情欲失半；人不衣食，君臣道息。』」世說新語棲逸篇：「李廞是茂曾第五子，清貞有遠操，而少羸病，不肯婚宦。」宋書鄭鮮之傳：「文皇帝以東關之役，尸骸不反者，制其子弟，不廢婚宦。」北史韓麒麟傳：「朝廷每選舉人士，則校其一婚一宦，以爲升降，何其密也。」法苑珠林七五、太平廣記二九四引幽明録：「此人歸家，遂不肯別婚，辭親出家作道人。……後母老邁，兄喪，因還婚宦。」

〔七〕盧文弨曰：「周逖無攷，唯陳書有周迪傳，梁元帝授迪持節通直散騎常侍、壯武將軍、高州刺史，封臨汝縣侯。始與周敷相結，後紿敷害之。其人強暴無信義，宜有斯事。但未知此學士何人耳。」

〔八〕北齊書王琳傳：「張載性深刻，爲帝所信，荆州疾之如讎，故陸納等因人之欲，抽腸繫馬脚，使繞而走，腸盡氣絶。」文選劉孝標廣絶交論：「隳膽抽腸。」吕延濟注：「抽，拔也。」

〔九〕史記高祖本紀：「而釁鼓。」集解：「應劭云：『釁，祭也，殺牲以血塗鼓曰釁。』」

父子之嚴，不可以狎；骨肉之愛，不可以簡。簡則慈孝不接，狎則怠慢生焉。由命士以上，父子異宫，此不狎之道也〔一〕；抑搔癢痛〔二〕，懸衾篋枕〔三〕，此不簡之教也。或問曰：「陳亢喜聞君子之遠其子〔四〕，何謂也？」對曰：「有是也。蓋君子之不親教其子也，詩有諷刺之辭，禮有嫌疑之誡，書有悖亂之事，春秋有衺僻〔五〕之譏，易有備物〔六〕之象：皆非父子之可通言，故不親授耳〔七〕。」

〔一〕趙曦明曰：「禮記内則：『由命士以上，父子皆異宫，昧爽而朝，慈以旨甘，日出而退，各從其事，日入而夕，慈以旨甘。』」

〔二〕趙曦明曰：「禮記内則：『子事父母，婦事舅姑，及所，下氣怡聲，問衣寒燠，疾痛苛癢，而敬抑搔之，出入則或先或後，而敬扶持之。』」器案：抑搔，鄭玄注解爲按摩，孟子梁惠王篇：「爲長者折枝。」趙岐注：「折枝，按摩也。」則按摩爲古代保健工作之一。

〔三〕趙曦明曰：「禮記内則：『父母舅姑將坐，奉席請何鄉；將衽，長者奉席請何趾，少者執牀與坐，御者舉几，斂席與簟，懸衾篋枕，斂簟而襡之。』」案：孔穎達疏云：「懸其所卧之衾，以篋貯所卧之枕。」

〔四〕陳亢，孔子弟子。論語季氏篇：「陳亢問於伯魚曰：『子亦有異聞乎？』對曰：『未也。嘗獨立，鯉趨而過庭，曰：「學詩乎？」對曰：「未也。」「不學詩，無以言。」鯉退而學詩。他日，又獨立，鯉趨而過庭。曰：「學禮乎？」對曰：「未也。」「不學禮，無以立。」鯉退而學禮。聞斯二者。』陳亢退而喜曰：『問一得三：聞詩，聞禮，又聞君子之遠其子也。』」皇疏引范甯曰：「孟子曰：『君子不教子，何也？勢不行也。教者必以正，以正不行，繼之以忿，繼之以忿，則反夷矣。父子相夷，惡也。』」

〔五〕僻，類説作「辟」，字同。

〔六〕易繫辭上：「備物致用，立成器以爲天下利。」

〔七〕元注：「其意見白虎通。」趙曦明曰：「案：白虎通辟雍篇：『父所以不自教子何？爲其渫瀆也。又授受之道，當極説陰陽夫婦變化之事，不可以父子相教也。』」郝注同。

齊武成帝〔一〕子琅邪王〔二〕，太子母弟也，生而聰慧，帝及后並篤愛之，衣服飲食，與東宫相準。帝每面稱之曰：「此黠兒也，當有所成〔三〕。」及太子即位〔四〕，王居别宮〔五〕，禮數〔六〕優僭〔七〕，不與諸王等；太后猶謂不足，常以爲言。年十許歲〔八〕，驕恣無節，器服玩好，必擬乘輿〔九〕；嘗朝南殿，見典御〔一〇〕進新冰，鈎盾〔一一〕獻早李，還索不得，遂大怒，詢〔一二〕曰：「至尊已有，我何意〔一三〕無？」不知分齊〔一四〕，率皆如此。識者多有叔段州吁〔一五〕之譏。後嫌宰相，遂矯詔斬之〔一六〕，又懼有救〔一七〕，乃勒麾下軍士，防守殿門〔一八〕；既無反心，受勞而罷，後竟坐此幽薨〔一九〕。

〔一〕趙曦明曰：「北齊書武成紀：『世祖武成皇帝諱湛，神武第九子也。』」

〔二〕琅邪，鮑本、傅本等作「瑯琊」，字同。趙曦明曰：「北齊書武成十二王傳：『明皇后生後主及琅邪王儼。』琅邪王儼傳：『儼字仁威，武成第三子也，初封東平王，武成崩，改封琅邪。』」

〔三〕北齊書琅邪王儼傳：「帝每稱曰：『此黠兒也，當有所成。』以後主爲劣，有廢立意。」盧文弨曰：「方言一：『自關而東，趙、魏之間，謂慧爲黠。』」

〔四〕趙曦明曰：「北齊書後主紀：『後主緯，字仁綱，大寧二年，立爲皇太子，河清四年，武成禪位於帝，夏四月景（唐避「丙」字嫌名諱改爲「景」）子，皇帝即位於景陽宮，大赦，改元天統。』」

〔五〕趙曦明曰：「儼傳：『儼恒在宮中，坐含光殿以視事，和士開、駱提婆忌之，武平二年，出儼居北宮。』」

〔六〕古言禮亦謂之數，左傳昭公三年：「子太叔爲梁丙、張趯説朝聘之禮，張趯曰：『善哉！吾得聞此數。』」前言禮，後言數，此二文同義之證。詩小雅我行其野序鄭玄箋云：「刺其不正嫁娶之數。」即用數爲禮。

〔七〕優僭，言禮數優待，不嫌其僭越過分。盧文弨以爲「僭」當是「借」之誤，非是。

〔八〕六朝人言數目時，率於其下綴以「許」字，俱不定之詞，猶今言「左右」也。此文「年十許歲」，即十歲左右也。又治家篇：「三四許日。」即三四天左右也。又風操篇：「一百許日。」即一百天左右也。又慕賢篇：「四萬許人。」即四萬人左右也。又勉學篇：「五十許字。」即五十字左右也。法苑珠林六五引荀氏靈鬼志：「未達減一里許。」幽明録：「忽見大坎，滿中螻蛄，將近斗許。」於「許」字之上，復以「減」字、「將近」字形容之，則其爲「左右」之義，至爲明白矣。

〔九〕盧文弨曰：「獨斷：『天子至尊，不敢渫瀆言之，故託之于乘輿。乘猶載也，輿猶車也；天子以天下爲家，不以京師宫室爲常處，則當乘車輿以行天下，故羣臣託乘輿以言之。』」

〔一〇〕趙曦明曰：「隋書百官志：『中尚食局，典御二人，總知御膳事。』」

〔一一〕趙曦明曰：「隋書百官志：『司農寺，掌倉市薪菜、園池果實，統平準、太倉、鉤盾等署令丞；而鉤盾又別領大囿、上林、遊獵、柴草、池藪、苜蓿等六部丞。』」郝懿行曰：「鉤盾，義見漢書昭帝紀。」案：昭紀注引應劭曰：「鉤盾，宦者近署。」續漢書百官志三：少府「鉤盾令一人，六百石。本注曰：『宦者，典諸近池苑遊觀之處。』丞、永安丞各一人，三百石。本注曰：『宦者，永安，北宮東北別小宮名，有園、觀。』苑中丞、果丞、鴻池丞、南園丞各一人，二百石。本注曰：『苑中丞，主苑中離宫。果丞，主果園。』」

〔一二〕顔本注曰：「詾、訽同，怒也，詈也。音后。」盧文弨曰：「詾，呼寇切，説文同訽，左氏襄公十七年傳杜注：『詾，駡也。』」

〔一三〕北齊書儼傳：「儼器服玩飾，皆與後主同，所須悉官給於南宫，嘗見新冰早李，還怒曰：『尊兄已有，我何意無。』從是，後主先得新奇，屬官及工匠必獲罪，太上、胡后猶以爲不足。」器案：何意，猶言孰料。文選劉越石重贈盧諶詩：「何意百鍊剛，化爲繞指柔。」又謝靈運還舊園作見顔范二中書：「何意衝飇激，烈火縱炎烟。」又曹子建雜詩：「何意迴飇舉，吹我入雲中。」又吴季重答魏太子：「何意數年之間，死喪略盡。」古詩爲焦仲卿妻作：「新婦謂府吏：『何意出此言？』」御覽九六〇引幽明録：「空中有駡者曰：『虞晚，汝何意伐我家居？』」

〔一四〕分齊，謂本分齊限也。詩小雅楚茨：「或肆或將。」正義：「將，分齊也。」義近。

〔一五〕趙曦明曰：「見左氏隱元、二、三年傳。」案：見三年及四年兩年。

〔一六〕趙曦明曰：「儼傳：『儼以和士開、駱提婆等奢恣，盛修第宅，意甚不平，謂侍中馮子琮曰：「士開罪重，兒欲殺之。」子琮贊成其事。儼乃令王子宜表彈士開，請付禁推；子琮雜以他文書奏之，後主不審省而可之。儼誑領軍厙狄伏連曰：「奉勅令領軍收士開。」伏連信之，伏五十人於神獸門外（唐避「虎」字諱，改「虎」爲「獸」，亦或稱「神武門」），詰旦，執士開，送御史，儼使馮永洛就臺斬之。』後主紀：『武平二年七月，太尉（案：據北齊書，當爲太保）琅邪王儼矯詔殺録尚書事和士開於南臺。」

〔一七〕救，顏本、朱本作「敕」。

〔一八〕趙曦明曰：「儼傳：『儼率京畿軍士三千餘人屯千秋門。』」

〔一九〕趙曦明曰：「儼傳：『帝率宿衛者授甲，將出戰，斛律光曰：「至尊宜自至千秋門，琅邪必不敢動。」從之。光强引儼手以前，請帝曰：「琅邪王年少，長大自不復然，願寬其罪。」良久，乃釋之。何洪珍與士開素善，陸令萱、祖珽並請殺之。九月下旬，帝啓太后，欲與出獵。是夜四更，帝召儼，至永巷，劉桃枝反接其手，出至大明宮，拉殺之。時年十四。』」

人之愛子，罕亦〔一〕能均；自古及今，此弊多矣。賢俊者自可賞愛，頑魯〔二〕者亦當矜憐，有偏寵者，雖欲以厚之，更所以禍之〔三〕。共叔之死，母實爲之〔四〕。趙王之戮，父實使之〔五〕。劉表之傾宗覆族〔六〕，袁紹之地裂兵亡〔七〕，可爲靈龜明鑒也〔八〕。

〔一〕類説引「罕亦」作一「在」字。

〔二〕王符潛夫論考績篇：「羣僚舉士者，或以頑魯應茂才。」

〔三〕王叔岷曰：「案淮南子人閒篇：『事，或欲以利之，適足以害之。』（又見文子微明篇）」

〔四〕共叔，即上條之叔段，叔段逃亡至共國，因稱之爲共叔。

〔五〕趙曦明曰：「史記呂后紀：『高祖得戚姬，生趙隱王如意。戚姬日夜啼泣，欲其子代太子，賴大臣及留侯計，得毋廢。高祖崩，吕后乃令永巷囚戚夫人，而召趙王鴆之。趙王死，斷戚夫人手足，去眼煇耳，飲瘖藥，使居廁中，曰人彘。』」

〔六〕趙曦明曰：「後漢書劉表傳：『表字景升，山陽高平人，爲鎮南將軍、荆州牧。二子：琦、琮。表初以琦貌類己，甚愛之。後爲琮娶後妻蔡氏之姪，蔡氏遂愛琮而惡琦，毁譽日聞，表每信受。妻弟蔡瑁，及外甥張允，並得幸於表，又睦於琮，琦不自寧，求出爲江夏太守，表病，琦歸省疾，允等遏於户外，不使得見。琦流涕而去。遂以琮爲嗣，琮以印授琦，琦怒投之地，將因喪作亂，會曹操軍至新野，琦走江南，琮後舉州降操。』」

〔七〕趙曦明曰：「後漢書袁紹傳：『紹字本初，汝南南陽人，領冀州牧，有三子：譚字顯思，熙字顯奕，尚字顯甫。譚長而惠，尚少而美。紹後妻劉氏有寵，而偏愛尚，紹乃以譚繼兄後，出爲青州刺史，中子熙爲幽州刺史。官度之敗，紹發病死，未及定嗣，逢紀、審配，夙以驕侈爲譚所病，辛評、郭圖，皆比於譚，而與配、紀有隙，衆以譚長，欲立之；配等恐譚立而評等爲害，遂矯紹遺命，奉尚爲嗣。譚自稱車騎將軍，軍黎陽。曹操渡河攻譚，尚救譚，敗，退還鄴；操進軍，尚逆擊破操，譚欲及其未濟，出兵掩之，尚疑而不許，譚怒，引兵攻尚，敗，還南皮；尚復攻譚，譚大敗，尚圍之急，譚遣辛毗詣操求救；操渡河，尚乃釋平原還鄴，操進攻鄴，尚奔中山。操之圍鄴也，譚背之，略取甘陵、安平等處，攻尚於中山；尚走故安，從熙。明年，操討譚，譚墮馬見殺。熙、尚爲其將張綱所攻，奔遼西烏桓，操擊烏桓，熙、尚敗，乃奔公孫康於遼東，康蕲送之。』」

〔八〕鮑本「爲」作「謂」。類説引此句作「可爲龜鑒也」。盧文弨曰：「龜可以占事，鑒可以照形，故以此爲比。」器案：易頤卦：「舍爾靈龜。」爾雅釋魚：「二曰靈龜。」郭注：「涪陵郡出大龜，甲可以卜，緣中文似蝳蝐，俗呼爲靈龜。」

齊朝有一士大夫，嘗謂吾曰：「我有一兒，年已十七，頗曉書疏〔一〕，教其鮮卑語及彈琵琶〔二〕，稍欲通解，以此伏事〔三〕公卿，無不寵愛，亦要事也。」吾時俛而不答〔四〕。異哉，此人之教子也！若由〔五〕此業，自致卿相，亦不願汝曹爲之〔六〕。

〔一〕盧文弨曰：「疏，所助切，記也。晉書陶侃傳：『遠近書疏，莫不手答。』」器案：書疏，爲六朝人習用語，後雜藝篇亦有「書疏尺牘，千里面目」之語。三國志魏書高貴鄉公傳明元郭后追貶高貴鄉公令：「見其好書疏文章，冀可成濟。」御覽五九五引李充起居誡：「牀頭書疏，亦不足觀。」

〔二〕趙曦明曰：「隋書經籍志：『鮮卑語五卷，又十卷。』」文廷式純常子枝語十：「按此，則北朝頗尚鮮卑語，然自隋以後，鮮卑語竟失傳，其種人亦混入中國，不可辨識矣。」劉盼遂曰：「高齊出鮮卑種，性喜琵琶，故當時朝野之干時者，多倣其言語習尚，以投天隙。北齊書中所紀者，孫搴以能通鮮卑語，宣傳號令；『祖孝徵以解鮮卑語，得免罪，復參相府』；『劉世清能通四夷語，爲當時第一，後主命之作突厥語翻涅槃經，以遺突厥可汗』；『和士開以能彈胡琵琶，因此得世祖親狎』，如此等類，屢見非一。又本書省事篇亦云『近世有兩人，朗悟士也，天文、畫繪、棊博、鮮卑語、胡書、煎胡桃油、鍊錫爲銀，如此之類，略得梗概』云云。又庾信哀江南賦云：『新野有生祠之廟，河南有胡書之碣。』知鮮卑語、胡書，爲爾時技藝之一矣。」器案：續高僧傳十九釋法藏傳：「天和四年，……周武帝躬趨殿下，口號鮮卑，問訊衆僧，幾無人對者；藏在末行，挺出衆立，作鮮卑語答，殿庭僚衆，咸喜斯酬。勅語百官：『道人身小心大，獨超羣友，報朕此言，可非健人耶！』」此亦當時朝野好尚之一證。隋書音樂志述齊代音樂云：「雜樂有西涼、鼙舞、清樂、龜茲等，然吹笛、彈琵琶、五絃、歌舞之伎，自文襄以來，皆所愛好，至河清以後，傳習尤甚。後主唯賞胡戎樂，耽愛無已；於是繁手淫聲，爭新哀怨，故曹妙達、安未弱、安馬駒之徒，至有封王開府者。」器案：北史恩幸傳敘云：「亦有西域醜胡、龜兹雜伎，封王開府，接武比肩，非直獨守幸臣，且復多干朝政，賜予之費，帑藏以虛，杼柚之資，剥掠將盡，齊運短促，固其宜哉！」蓋慨乎其言之矣。又案：類説卷十九三朝聖政録：「太祖曰：『資蔭子弟，但能在家彈琵琶弄絲竹，豈能治民？』於是未許親民。」則宋初猶有此惡習。

〔三〕盧文弨曰：「伏與服同。」李詳曰：「文選陸機吴王郎中時從梁陳作：『誰謂伏事淺。』李善注：『周禮：「大司徒頒職事，十有二曰服事。」鄭司農曰：「服事，謂爲公家服事，伏與服同。」』」陳漢章説同。

〔四〕盧文弨曰：「俛與俯同。」黄叔琳曰：「俯而不答，便算諍友。」陳直曰：「按：北史恩幸傳云：『曹僧奴子妙達，齊末以能彈胡琵琶，甚被寵遇，官至開封王。』之推所言，似即指妙達也。」

〔五〕元注：「一本作『用』。」案：類説引亦作「由」。

〔六〕抱朴子譏惑篇：「余謂廢已習之法，更勤苦以學中國之書，尚可不須也；況於乃有轉易其聲音，以效北語，既不能便，良似可恥可笑，所謂不得邯鄲之步，而有匍匐之嗤者。」其識與顔之推同。顧炎武日知録十三曰：「嗟乎！之推不得已而仕於亂世，猶爲此言，尚有小宛詩人之意；彼閹然媚於世者，能無媿哉！」

兄弟〔一〕第三

夫有人民而後有夫婦，有夫婦而後有父子〔二〕，有父子而後有兄弟：一家之親，此三而已矣〔三〕。自兹以往，至於九族〔四〕，皆本於三親焉，故於人倫爲重者也，不可不篤。兄弟者，分形連氣〔五〕之人也，方其幼也，父母左提右挈〔六〕，前襟後裾〔七〕，食則同案〔八〕，衣則傳服〔九〕，學則連業〔一〇〕，遊則共方〔一一〕，雖有悖亂之人〔一二〕，不能不相愛也。

及其壯也，各妻其妻，各子其子，雖有篤厚之人〔一三〕，不能不少衰也。娣姒之比兄弟〔一四〕，則疏薄矣；今使疏薄之人，而節量〔一五〕親厚之恩，猶方底而圓蓋，必不合矣。惟友悌深至，不爲旁人〔一六〕之所移者，免夫！

〔一〕文苑英華卷七百四十八載常得志兄弟論，可與此文互參。

〔二〕鮑本「子」誤「母」。

〔三〕趙曦明曰：「句首宋本有『盡』字，小學所引無。」器案：通録、小學紺珠三引「三」下都有「者」字，少儀外傳上引此句作「盡此三者而已矣」。盧文弨曰：「王弼注老子道經：『六親，父子、兄弟、夫婦也。』」

〔四〕趙曦明曰：「詩王風葛藟序：『周室道衰，棄其九族焉。』箋：『九族者，據己上至高祖，下及元孫之親。』正義：『此古尚書説，鄭取用之。異義：「今禮戴、尚書歐陽説云，九族：父族四，母族三，妻族二。」』鄭有駁，文繁不録。」器案：正義所引五經異義，又見尚書堯典疏、桓公六年左氏傳疏及通典卷七十三。白虎通宗族篇與此説同。父族四者，五屬之内爲一族，父女昆弟適人者與其子爲一族，己女昆弟適人者與其子爲一族，己之女子子適人者與其子爲一族。母族三者，母之父姓爲一族，母之母姓爲一族，母女昆弟適人者與其子爲一族。妻族二者，妻之父姓爲一族，妻之母姓爲一族。

〔五〕吕氏春秋精通篇：「故父母之於子也，子之於父母也，一體而兩分，同氣而異息，……此之謂骨肉之親。」文選曹子建求自試表：「誠與國分形同氣，憂患共之者也。」集注：「鈔曰：『分形，即與父操分形，與兄□□□。』」梁書武陵王紀傳：「世祖與紀書曰：『友于兄弟，分形共氣。』」文苑英華七四八引常得志兄弟論：「且夫兄弟者，同天共地，均氣連形。」王叔岷曰：「案後漢書陳寵傳：『夫父母於子，同氣異息，一體而分。』」

〔六〕史記張耳陳餘傳：「左提右挈。」又見漢書張耳傳。顏師古注：「提挈，言相扶持也。」

〔七〕公羊傳哀公十四年何休注：「袍，衣前襟也。」（王念孫謂「袍」當作「裦」。）爾雅釋器：「衱謂之裾。」郭璞注：「衣後裾也。」吴訥小學集解五曰：「左提右挈，謂幼時父母左手引兄以行、右手攜弟以走也。前襟後裾，謂兄前挽父母之襟、弟後牽父母之裾也。」

〔八〕盧文弨曰：「説文：『案，几屬。』」後漢書梁鴻傳：「妻爲具食，不敢於鴻前仰視，舉案齊眉。」惠棟後漢書補注曰：「案：方言以案爲栝椀之屬，云：『陳、楚、宋、魏之間謂之槁，自關東西謂之案。』故楚漢春秋：『淮陰侯曰：「漢王賜臣玉案之食。」』史記：『高祖過趙，趙王自持案進食。』焦氏易林云：『玉杯大案。』王褒僮約云：『滌栝整案。』以此推之，其爲飲食之具明矣。」沈欽韓兩漢書疏證曰：「王念孫廣雅疏證引戴氏補注云：『案者，棜禁之屬，禮器注：「禁，如今方案，隋長，局足，高三寸。」案所以置食器，其制蓋如今承盤而有足。凡案，或以承食器，或以承用器，皆與几同類，故説文云：「案，几屬。」』曲禮：『凡奉者當心。』今舉案高至眉，敬之至。」器案：案，進食之盤也，下安短足，以便席地就食，今所見實物，信與禮器鄭玄注合。

〔九〕傳服，謂孩子衣服，大孩不能用者，可留給小孩也。晉書儒林氾毓傳：「奕世儒素，敦睦九族，客居青州，逮毓七世，時人號其家：『兒無常父，衣無常主。』」北史序傳：「邢子才爲李禮之墓誌云：『食有奇味，相待乃飡；衣無常主，易之而出。』」

〔一〇〕「業」謂書寫經典之大版，連業，謂其兄曾用之經籍，其弟又從而連用之也。管子宙合篇：「修業不息版。」注：「版，牘也。」戴望校正引宋云：「曲禮：『請業則起。』鄭注：『業謂篇卷也。』此言修業不息版。古人寫書用方版，爾雅曰：『大版謂之業。』故書版亦謂之業，鄭訓業爲篇卷，以今語古也。」器案：宋氏釋業義極是。業蓋書六藝之大版，先生以是傳之弟子，曰「授業」，弟子從而承之，則曰「受業」，學記曰：「一年視離經辨志，三年視敬業樂羣。」玉藻曰：「父命呼，唯而不諾，手執業則投之，食在口則吐之。」俱謂是物也。左傳文公四年：「衛甯武子來聘，公與之宴，爲賦湛露及彤弓，不辭，又不答賦。使行人私焉，對曰：『臣以爲肄業及之也。』」又定公十年：「叔孫謂郈工師駟赤曰：『郈非惟叔孫氏之憂，社稷之患也，將若之何？』對曰：『臣之業，在揚水卒章之四言矣。』」國語魯語下：「叔孫穆子聘於晉，晉悼公饗之，樂及鹿鳴之三，而後拜樂三，晉侯使行人問焉，……對曰：『……臣以爲肄業及之，故不敢拜。』」俱謂書詩之大版爲業也。後漢書獨行傳：「李業，字巨游。」蓋以「游於藝」爲義，周、秦、兩漢人以六經爲六藝，名業字巨游，義正相應也。

〔一〕論語里仁篇："遊必有方。"鄭玄注："方，常也。"胡三省通鑑注二九："遊謂宴遊，學謂講學。"

〔二〕趙曦明曰："宋本『人』作『行』。"

〔三〕趙曦明曰："宋本『人』作『行』。"

〔四〕趙曦明曰："爾雅：『長婦謂稚婦爲娣婦，娣婦謂長婦爲姒婦。』"器案：此見釋親，"娣婦謂"趙引誤作"稚婦謂"，今改正。經典釋文卷十喪服經傳第十一："娣姒，音似，兄弟之妻。娣姒或云謂先後，亦曰妯娌。"

〔五〕吴訥小學集解五曰："節量，節制度量也。"黄叔琳曰："節量二字甚妙，不必離閒搆釁也，只節量其恩，便有多少不如意不盡理處。"器案：治家篇亦有"妻子節量"語，世説政事篇："何驃騎作會稽，虞存弟謇作郡主簿，以何見客勞損，欲斷常客，使家人節量，擇可通者作白。"則節量爲六朝人習用語。

〔六〕旁人，傅本、鮑本、小學作"傍人"，吴訥曰："傍人，謂兄弟妻也。"

二親既殁，兄弟相顧，當如形之與影，聲之與響；愛先人之遺體〔一〕，惜己身之分氣，非兄弟何念哉？兄弟之際，異〔二〕於他人，望深則易怨〔三〕，地親則易弭〔四〕。譬猶〔五〕居室，一穴則塞之，一隙則塗之，則〔六〕無頹毁之慮；如雀鼠之不邮〔七〕，風雨之不防〔八〕，壁陷楹淪，無可救〔九〕矣。僕妾之爲雀鼠，妻子之爲風雨，甚哉！

〔一〕吴志薛綜傳：「瑩獻詩曰：『嗟臣蔑賤，惟昆及弟，幸生幸育，託綜遺體。』」通鑑一四二胡三省注曰：「託靈、託體，皆兄弟同氣之謂也。」

〔二〕元注：「『異』，一本作『易』。」

〔三〕温公家範七引「則」作「雖」。盧文弨曰：「望，責望也，弟望兄愛我之不至，兄望弟敬我之不至，責望太深，故易生怨。」楊伯峻曰：「疑望爲漢書黥布傳『布大喜過望』之望，句言希望過奢而不能滿足，則易怨。」

〔四〕地，各本作「他」，温公家範作「比他」，宋本、文津本、抱經堂本作「地」，今從之。少儀外傳上引「弭」作「彌」。盧文弨曰：「地近則情親，怨雖易起，亦易消弭，孟子所謂『不藏怒，不蓄怨』是也。詩小雅沔水傳：『弭，止也。』」王國維曰：「『弭』當是『渳』之訛，渳之言釁。」

〔五〕類説引「猶」作「如」。

〔六〕則，少儀外傳引作「故」，類説引作「斯」。

〔七〕趙曦明曰：「雀鼠本行露。」案：詩召南行露：「誰謂雀無角，何以穿我屋？誰謂女無家，何以速我獄？雖速我獄，室家不足。誰謂鼠無牙，何以穿我墉？誰謂女無家，何以速我訟？雖速我訟，亦不女從。」

〔八〕趙曦明曰：「風雨本鴟鴞。」案：詩豳風鴟鴞：「予室翹翹，風雨所漂摇。」

〔九〕救，類説作「久」。

兄弟不睦，則子姪〔一〕不愛；子姪不愛，則羣從〔二〕疏薄；羣從疏薄，則僮僕〔三〕爲讎敵矣。如此，則行路〔四〕皆踖其面而蹈其心〔五〕，誰救之哉？人或交天下之士〔六〕，皆有歡愛〔七〕，而失敬於兄者，何其能多而不能少也！人或將數萬之師，得其死力，而失恩於弟者，何其能疏而不能親也〔八〕！

〔一〕盧文弨曰：「子姪，謂兄弟之子也，其緣起，顔氏於風操篇詳之，見卷二，謂晉世已來，始呼叔姪。晉書王湛傳：『濟才氣抗邁，於湛略無子姪之敬。』是也。史記魏其武安侯傳：『田蚡未貴，往來侍酒魏其，跪起如子姪。』又吕氏春秋亦已有子姪語，是則秦、漢已來即有此稱，互見後注。」案：吕氏春秋見疑似篇，王念孫讀書雜志餘編上謂史記、吕覽之「子姪」當作「子姓」，此自指先秦之稱謂言之，六朝以來固不爾也，不可泥古以執今。

〔二〕錢馥曰：「羣從之從，疾用切，『從』母；集韻、類篇似用切，『邪』母；若子用切，則『精』母，乃曲禮『欲不可從』、論語『從之純如也』之從。」案盧文弨音從，子用切，故錢氏正之。羣從，謂族中子弟。

〔三〕僮僕，類説作「兒童」。

〔四〕行路，即下條之「行路人」，漢、魏、南北朝人習用語，猶言陌生人。文選蘇子卿詩：「四海皆兄弟，誰爲行路人。」隋書李諤傳：「平生交舊，情若弟兄，及其亡没，杳同行路。」

〔五〕顏本注：「踖，迹、七亠音，踏也。」郝懿行曰：「踖，音籍，踐也。」

〔六〕少儀外傳上引跳行另起。

〔七〕愛，宋本作「笑」，各本皆作「愛」，温公家範七、少儀外傳引俱作「愛」，今從之。

〔八〕器案：北齊書韋子粲傳：「粲富貴之後，遂特棄其弟道諧，令其異居，所得廪禄，略不相及，其不顧恩義如此。」則之推所斥實有所指。紀昀曰：「必如公言，則苟可以不須人救，便不愛亦可矣；聖賢論理，未必如此。」盧文弨曰：「將，子匠切。」

娣姒者，多争之地也，使骨肉居之，亦不若各歸四海，感霜露而相思〔一〕，佇日月之相望也〔二〕。况以行路之人，處多争之地，能無閒者鮮〔三〕矣。所以然者，以其當公務而執〔四〕私情，處重責而懷薄義也；若能恕己而行，换子而撫，則此患不生矣。

〔一〕詩秦風兼葭：「兼葭蒼蒼，白露爲霜；所謂伊人，在水一方。」即此文所本。

〔二〕之，别解作「以」。文選李陵與蘇武詩：「安知非日月，弦望自有時。」

〔三〕盧文弨曰：「閒，古莧反。」「鮮，息淺切。」

〔四〕執，温公家範七作「就」。

人之事兄，不可同於事父〔一〕，何怨愛弟不及愛子乎〔二〕？是反照而不明也。沛國〔三〕劉璡，嘗與兄瓛〔四〕連棟隔壁，瓛呼之數聲不應，良久方答〔五〕；瓛怪問之，乃曰：「向來〔六〕未着衣帽故也。」以此事兄，可以免矣。

〔一〕不可同於事父，少儀外傳上、通録二俱作「不可不同於事父」，温公家範七作「不同於事父」。今案：不可同於事父，原意自通，林思進先生曰：「爾雅釋言：『猷，肯，可也。』肯、可互訓，此『可』字正作『肯』用。」韓愈故貝州司法參軍李君墓誌銘：「事其兄如事其父，其行不敢有出焉。」蓋本此文。

〔二〕怨，原作「爲」，宋本、顔本、朱本、鮑本、汗青簃本俱作「怨」，温公家範亦作「怨」，今從之。

〔三〕通録提行另起。趙曦明曰：「續漢書郡國志：『沛國屬豫州。』」案：類説引「沛國」上有「吴」字。

〔四〕趙曦明曰：「南史劉瓛傳：『瓛字子圭，沛郡相人。篤志好學，博通訓義。弟璡，字子璥，方軌正直，儒雅不及瓛，而文采過之。』瓛音桓，璡音津。」器案：劉瓛，南齊書亦有傳。藝文類聚三八引任昉求爲劉瓛立館啓云：「劉瓛澡身浴德，修行明經。」文選劉孝標辯命論：「近世有沛國劉瓛，瓛弟璡，並一時秀士也：瓛則關西孔子，通涉六經，循循善誘，服膺儒行；璡則志烈秋霜，心貞崑玉，必亭亭高竦，不雜風塵；皆毓德於衡門，並馳聲於天地。而官有微於侍郎，位不登於執戟，相次殂落，宗祀無饗。」

〔五〕宋本「答」作「應」。通鑑四八胡注：「毛晃曰：『良，頗也；良久，頗久也。』或曰：良久，少久也。一曰：良，略也，聲輕，故轉略爲良。」

〔六〕向來，猶今言剛纔。陶淵明挽歌詩：「向來相送人，各已歸其家。」世説新語文學篇：「丞相乃歎曰：『向來語，乃竟未知理源所歸。』」又：「孫問深公：『上人當是逆風家，向來何以都不言？』」又方正篇：「問：『楊右衛何在？』客曰：『向來不坐而去。』」又假譎篇：「興公向來忽言欲與阿智婚。」案：「向來」又可單用「向」字。世説新語賞譽篇：「向客何如尊。」又文學篇：「無復向一字。」皆與「向來」之義一也。

江陵〔一〕王玄紹，弟〔二〕孝英、子敏，兄弟三人，特相愛友，所得甘旨新異，非共聚食，必不先嘗，孜孜〔三〕色貌，相見如不足者〔四〕。及西臺陷没〔五〕，玄紹以形體魁梧〔六〕，爲兵所圍；二弟争共抱持，各求代死，終不得解，遂并命〔七〕爾。

〔一〕趙曦明曰：「江陵，梁元帝初爲荆州刺史所治也。」

〔二〕弟，温公家範七無此字。

〔三〕廣雅釋訓：「孜孜，勴也。」「勴，勤務也。」

〔四〕論語鄉黨篇：「其言似不足者。」邢疏：「其言似不足者，下氣怡聲，似如不足者也。」器案：此文謂兄弟三人雖勤勉不怠，相見仍有做得不够之感。

〔五〕通鑑一四四胡注："江陵在西，故曰西臺。"趙曦明曰："梁書元帝紀：'承聖元年冬十一月景(丙)子，世祖即皇帝位於江陵。三年九月，魏遣柱國萬紐、于謹來寇，反者納魏師，世祖見執，西魏害世祖，遂崩焉。'"案：西臺亦見慕賢篇。

〔六〕盧文弨曰："史記留侯世家索隱：'蘇林云："梧音忤。"蕭該云："今讀爲吾，非也。"'顔師古注漢書張良傳：'魁，大貌也；梧者，言其可驚梧。'"器案："驚梧"當作"驚悟"。

〔七〕并命，謂相從而死也。後漢書公孫瓚傳："瓚表紹罪狀云：'紹又上故上谷太守高焉、故甘陵相姚貢，橫責其錢，錢不備畢，二人并命。紹罪八也。'"三國志張紘傳注引吴書："合肥城久不拔，紘進計曰：'古之圍城，開其一面，以疑衆心；今圍之甚密，攻之又急，誠懼并命戮力，死戰之寇，固難卒拔。'"世説賢媛篇注引漢晉春秋："後殺經，並及其母。將死，垂泣謝母，母顔色不變，笑而謂曰：'人誰不死！往所以止汝者，恐不得其所也；今以此并命，何恨之有！'"晉書卞壼傳："弘訥重議卞壼贈謚云：'賊峻造逆，戮力致討，身當矢鏠，再對賊鋒，父子并命，可謂破家爲國，守死勤事。'"周書庾信傳："哀江南賦云：'才子并命，俱非百年。'"是并命爲漢、魏、南北朝人習用語。亦有作"併命"者，太真外傳二："國忠大懼，歸謂姊妹曰：'我等死在旦夕，今東宮監國，當與娘子等併命矣。'"集韻四十静："併，并，或省。"

後娶第四

吉甫，賢父也，伯奇，孝子也，以〔一〕賢父御孝子，合得終於天性，而後妻間之，伯奇遂放〔二〕。曾參婦死，謂其子曰：「吾不及吉甫，汝不及伯奇〔三〕。」王駿喪妻，亦謂人曰：「我不及曾參，子不如華、元〔四〕。」並終身不娶，此等足以爲誡。其後，假繼〔五〕慘虐孤遺，離閒骨肉，傷心斷腸者〔六〕，何可勝數。慎之哉！慎之哉〔七〕！

〔一〕以，各本無，宋本有。事文類聚後五、合璧事類前二五引有，今從之。

〔二〕趙曦明曰：「琴操履霜操：『尹吉甫子伯奇，母早亡，更娶後妻，乃譖之吉甫曰：「伯奇見妾美，有邪念。」吉甫曰：「伯奇慈心，豈有此也？」妻曰：「置妾空房中，君登樓察之。」乃取蜂置衣領，令伯奇掇之。於是吉甫大怒，放伯奇於野。宣王出遊，吉甫從，伯奇作歌以感之。宣王曰：「此放子之詞也。」吉甫感悟，射殺其妻。』」陳直曰：「趙氏原注引琴操，但太平御覽引列女傳，叙事尤詳。」器案：曹植貪禽惡鳥論：「昔尹吉甫信後妻之讒，而殺孝子伯奇，其弟伯封求而不得，作黍離之詩。」御覽四六九引韓詩亦云：「黍離，伯封作也。」

〔三〕盧文弨曰：「家語七十二弟子解：『曾參，後母遇之無恩，而供養不衰，及其妻以藜烝不熟，遂出之，終身不娶妻，其子元請焉，告其子曰：「高宗以後妻殺孝己，尹吉甫以後妻放伯奇，吾上不及高宗，中不及吉甫，庸知其得免於非乎？」』」陳槃曰：「案伯奇放流之說，諸家所傳，其詞繁多，閒雜閭巷猥談。汪師韓以爲『此必齊、魯、韓三家有此遺說』（韓門綴學一伯奇作小弁詩說考）。然有未可遽信者。丁泰、何楷二氏並有辨。丁氏曰：『詩小弁，趙注孟子，謂尹伯奇詩。論衡亦云：伯奇被放，首髮早白，詩云：維憂用老。按困學紀聞：韓云：黍離，伯封作（後漢書黄瓊傳注引説苑同）。陳思王植貪禽惡鳥論：昔尹吉甫信後妻之讒而殺孝子伯奇，其弟伯封求而不得，作黍離之詩。其韓詩之説與？秋槎雜記云：説苑（原注：「據文選陸士衡君子行李善注引。」），王國君前母子伯奇，後母子伯封，兄弟相愛。後母欲其子爲太子，言王曰：伯奇好妾。王上臺視之，母取蜂除其毒而置衣領之中，往過伯奇，伯奇往視袖中，殺蜂。王見，讓伯奇。伯奇出，使者袖中有死蜂。使者白王，王見蜂，追之，已自投河中。則伯奇自讒而死，非放逐，安得作小弁詩？』（赤廬札記小弁條）何氏曰：『趙岐孟子注云：伯奇仁人，而父虐之，故作小弁之詩曰何辜于天。親親而悲怨之詞也。中山勝亦如此説。劉更生且以伯奇爲王國子，正謂繼母欲立其子伯封而譖之王，王以信之。王充論衡亦云：伯奇放流，首髮早白，故詩云惟憂用老。子貢傳、申培説（槃案此僞書）翕然同辭，而以爲吉甫之鄰大夫所作。案琴操云：尹吉甫子伯奇，事親甚孝。甫娶後妻，欲害伯奇，乃取蜂去尾而自着衣領上，伯奇恐其螫也，趨而掇衣，後妻呼曰：伯奇牽我衣。甫聞之，曰：唉！伯奇懼，走之野，履霜以足，采楟花以食。其鄰大夫憫伯奇無罪，爲賦小弁，以諷吉甫。吉甫悟，逐後妻而召伯奇。伯奇至，請父復後母，吉甫從之。後母感伯奇孝，化而爲慈。諸家之説，蓋本於此。但如所云，則不過關人家庭之事，於義小矣。且踧踧周道，鞫爲茂草，此豈伯奇之言哉？又韓詩及曹植皆謂吉甫信後妻之讒，殺孝子伯奇，其弟伯封求而不得，作黍離之詩，則與琴操言吉甫感悟召伯奇相矛盾。總之，皆委巷傳訛之語，要不足信。』（詩經世本古義）水經注三三引楊雄琴清音：『尹吉甫子伯奇，至孝。後母譖之，自投江中，衣苔帶藻。忽夢見水仙，賜其美樂，思惟養親，揚聲悲歌。船人聞之而學之。吉甫聞船人之歌，疑似伯奇，援琴作子安之操。』案此一事，諸家未引，然亦詭異。韓詩外傳七：『傳曰：伯奇孝而棄於親。』楊樹達曰：『文稱傳曰，則固故傳記之文也。』（漢書管窺）案：伯奇被放，自是先秦以來流傳舊説，然後來遞加傅會，蓋亦多有之矣。」

〔四〕羅本、顏本、何本「華元」作「曾元」，今從宋本。盧文弨曰：「漢書王吉傳：『吉子駿，爲少府，時妻死，因不復娶，或問之，駿曰：「德非曾參，子非華、元，亦何敢娶。」』案：元與華，曾子之二子也，大戴禮及説苑敬慎篇俱云：『曾子疾病，曾元抱首，曾華抱足。』檀弓作『曾元、曾申』，是華一名申。」器案：盧引大戴禮，見曾子疾病篇。曾子二子，獨檀弓作「曾元、曾申」，與他書異，疑「申」爲「華」之壞文也。王吉傳注引韓詩外傳：「曾參喪妻不更娶，人問其故，曾子曰：『以華、元善人也。』」所引韓詩外傳乃佚文，又見白帖卷六及天中記卷十九引。三國志管寧傳：「初，寧妻先卒，知故勸更娶，寧曰：『每省曾子、王駿之言，意常嘉之。豈自遭之而違本心哉？』」則後娶引曾、王之言以爲戒，實自管幼安發之，之推蓋又本之耳。

〔五〕盧文弨曰：「假繼，謂假母、繼母也。顏師古注漢書衡山王賜傳：『假母，繼母也。一曰，父之旁妻。』」器案：抱朴子外篇嘉遯篇：「後母假繼，非密於伯奇。」又案：隸釋卷十六武梁祠畫像有「齊繼母」、「前母子」題字；史記衡山王傳：「元朔四年中，人有賊傷王后假母者。」又見漢書衡山王傳，師古曰：「繼母也。」漢書王尊傳：「美陽女子告假子不孝。」假子即前母子，則不僅繼母可稱假，即前母子亦可稱假，假者謂其非親生母子也。

〔六〕合璧事類引「斷腸」作「腸斷」。

〔七〕事文類聚、合璧事類作「謹之哉，謹之哉」，避宋孝宗趙昚諱改。

江左〔一〕不諱庶孽〔二〕，喪室之後，多以妾媵終〔三〕家事；疥癬蚊虻〔四〕，或未〔五〕能免，限以大分，故稀鬭鬩之恥。河北鄙於側出〔六〕，不預人流〔七〕，是以必須重娶，至於三四〔八〕，母年有少於子者。後母之弟，與前婦之兄〔九〕，衣服飲食，爰及婚宦〔一〇〕，至於士庶貴賤之隔，俗以爲常。身沒之後，辭訟盈公門，謗辱彰道路，子誣母爲妾，弟黜兄爲傭，播揚先人之辭迹，暴露祖考之長短，以求直己者，往往而有。悲夫〔一一〕！自古姦臣佞妾，以一言陷人者衆矣！況夫婦之義，曉夕移之〔一二〕，婢僕求容，助相說引〔一三〕，積年累月，安有孝子乎？此不可不畏。

〔一〕江左，程本、胡本作「江右」，黑心符引同；宋本、羅本、傅本、顏本作「江左」，今從之。六朝人稱江東爲江左。

〔二〕封建社會稱妾所生之子女爲庶孽。史記商君傳：「商君者，衞之諸庶孽子也。」又呂不韋傳：

「子楚，秦諸庶孽孫。」

〔三〕王楙野客叢書十五引「終」作「主」。

〔四〕盧文弨曰：「疥癬比癰疽之患輕，蚊虻比蛇蝎之害小，以言縱有所失，不甚大也。」器案：國語吴語：「申胥進諫曰：『譬越之在吴也，猶人之有腹心之疾也。……夫齊、魯譬諸疾疥癬也。』」韋昭解：「疥癬在外，爲害微也。」此文本之。

〔五〕未，宋本作「不」，今從諸本，黑心符、通録二都作「未」。

〔六〕野客叢書十五曰：「自古賤庶出之子，王符無外家，爲鄉人所賤。孝成曰：『崔道固如此，豈可以偏庶侮之。』顏氏家訓曰：『江左不諱庶孽，河北鄙於側出。江左喪室之後，多以妾媵主家事；河北必須重娶，至於三四母。』至唐而此風猶存，觀褚遂良請千牛不薦嫡庶表曰：『永嘉以來，王塗不競，在於河北，風俗乖亂，嫡待庶如奴，妻遇妾若婢。降及隋代，斯流遂遠，獨孤后禁庶子不得近侍。聖朝深革前弊，人以才進，不論嫡庶，於今二紀；今日薦千牛、舍人，仍此爲制，禮所未安。』觀此，可以見漢、晉以來，重嫡而輕庶矣。竊又考之，趙簡子使姑布子卿相諸子，至毋卹，曰：『此真將軍矣。』簡子曰：『此其母賤，翟婢也。』對曰：『天之所授，雖賤必貴。』於是以毋卹爲世子。知此意自古而然。」

〔七〕人物志流業篇：「人流之業，十有二焉：有清節家，有法家，有術家……。」人流之流，與士流、學流、文流、某家者流之流義同。周一良曰：「案黄門此語，稽之史册，信而有徵。梁書二一王志傳載年九歲居所生母憂，哀容毀瘠，是志乃庶子，而下文云弱冠選尚宋孝武女安固公主，拜駙馬都尉秘書郎。褚涉亦以庶子而尚公主。皆是江左不諱庶孽之證。重嫡庶之別固是周漢以來舊俗，邊塞各族入中原亦相沿成風。晉書一〇二劉聰載記：『既殺兄和，羣臣勸即尊位。聰初讓其弟北海王乂，久乃許曰：四海未定，貪孤年長，待乂年長，復子明辟。』蓋以其非正后所出也。北魏庶子確不預人流，如魏書二四崔道固傳：『道固賤出，嫡母兄攸之、目蓮等輕侮之，……略無兄弟之禮。』又崔邪利傳：『二女侮法始庶孽。』魏書四六李訢傳：『訢母賤，爲諸兄所輕。』又八九高遵傳：『遵賤出，兄矯等常欺侮之，及父亡，不令在喪位。』又一〇四序傳載魏收『有賤生弟仲同，先未齒録』。皆與黃門所言符合。魏書一八元孝友傳稱：『將相多尚公主，王侯亦取后族，故無妾媵，習以爲常。……舉朝略是無妾，天下殆皆一妻。』此又某一時期之特殊情況矣。少數民族之漢化未深者亦不乏例證。宋書九六鮮卑吐谷渾傳：『渾庶長，廆正嫡。渾自稱我是卑庶，理無並大。』魏書七三楊大眼傳：『武都氐難當之孫也，側出，不爲其宗親顧待，頗有飢寒之切。』是氐人亦歧視側出矣。

〔八〕平步青霞外攟屑卷五艷雪盦雜觚五娶四娶：「況太守年譜：『十八歲娶熊恭人，二十六歲，熊卒；二十八歲，續王宜人，四十四歲，王卒；四十六歲，再續舒宜人，五十歲，舒卒；五十二歲，三續李宜人，五十六歲，李卒；五十七歲，四續萬恭人。』是太守凡五娶。獨異志言：『鍾繇年七十而納正室。』是亦不可以已乎？顏氏家訓云：『江左喪室之後，多以妾媵主家；河北必須重娶，至於三四。』至唐而此風猶存。按國朝沈端恪公亦四娶，邵文靖（燦）娶史，繼娶李（知瑗女）、蔡、陶、李（即繼李弟右文女，可怪），何獨河北乎？」

〔九〕盧文弨曰：「此弟與兄，皆指其子言。」

〔一〇〕通録「婚宦」作「婚嫁」，誤。婚宦即下條所謂「宦學婚嫁」也。教子篇亦云：「年登婚宦。」

〔一一〕趙曦明曰：「北史崔亮傳：『亮祖修之，修之弟道固，字季堅，其母卑賤，嫡母兄攸之、目蓮等輕侮之，父緝以爲言，侮之愈甚。乃資給之，令其南仕。時宋孝武爲徐、兗二州刺史，以爲從事。道固美形貌，善舉止，習武事；會青州刺史新除，過彭城，孝武謂曰：「崔道固人身如此，而世人以其偏庶侮之，可爲歎息。」目蓮子僧深，位南青州刺史，元妻房氏，生子伯驎、伯驥，後納平原杜氏，生四子：伯鳳、祖龍、祖螭、祖虬。後遂與杜氏及四子居青州，房母子居冀州，僧深卒，伯驥奔赴，祖龍與訟嫡庶，並以刀劍自衞，若怨讎焉。』」李慈銘曰：「案：魏書楊大眼傳：『大眼妻潘氏，善騎射，生三子：長甑生，次領軍，次征南。後娶繼室元氏。大眼死，甑生等問印綬所在，時元氏始懷孕，自指其腹曰：「開國當我兒襲之，汝等婢子，勿有所望。」甑生深以爲恨。』又酷吏李洪之傳：『洪之微時，妻張氏助洪之經營資産，自貧至貴，多所補益。有男女幾十人。後得劉氏，劉芳從妹，洪之欽重，而疏薄張氏，爲兩宅別居；由是二妻妒競，互相訟詛，兩宅母子，往來如讎。』北齊書薛琡傳：『魏東平王元匡妾張氏，婬逸放恣，琡納以爲婦，惑其讒言，逐前妻于氏，不認其子，家内怨忿，竟相告列，深爲世所譏鄙。』」

〔一二〕之，通録引作「時」。

〔一三〕盧文弨曰：「説，舒芮切。」器案：説引，猶言誘引。

凡庸之性，後夫多寵前夫之孤〔一〕，後妻必虐〔二〕前妻之子；非唯婦人懷嫉妒之情〔三〕，丈夫有沈惑之僻，亦事勢使之然也。前夫之孤，不敢與我子爭家，提攜鞠養，積習生愛，故寵之；前妻之子，每居己生之上，宦學〔四〕婚嫁，莫不爲防焉，故虐之。異姓寵則父母被怨，繼親〔五〕虐則兄弟爲讐，家有此者，皆門户〔六〕之禍也。

〔一〕孤，倭名類聚鈔一作「子」。

〔二〕必虐，倭名類聚鈔作「多惡」，合璧事類後五作「又虐」。

〔三〕北齊書元孝友傳「嘗奏表云：『凡今之人，通無準節，父母嫁女則教以妒，姑姊逢迎必相勸以忌，以制夫爲婦德，以能妒爲女工』」云云。與之推所言相合，此亦當時之壞風習也。

〔四〕盧文弨曰：「宦學，見禮記曲禮上，正義：熊氏云：『宦謂學仕宦之事，學謂學習六藝之事。』」器案：漢書樓護傳：「以君卿之才，何不宦學乎？」敦煌寫本父母恩重經講經文：「何名婚嫁宦學？婚嫁又別，宦學又別。宦爲士（仕）宦，學爲學業。」

〔五〕繼親，後母也。蔡邕胡公碑：「繼親在堂。」

〔六〕門户，猶今言家庭。漢書東方朔傳：「或失門户。」晉書衛玠傳：「玠妻先亡。山簡見之曰：

『昔戴叔鸞嫁女，唯賢是與，不問貴賤；況衞氏權貴門户，令望之人乎？』於是遂以女妻焉。」又樂廣傳：「夏侯玄謂樂方曰：『卿家雖貧，可令專學，必能興卿門户也。』」

思魯等〔一〕從舅殷外臣〔二〕，博達之士也。有子基、諶〔三〕，皆已成立，而再娶王氏。基每拜見後母，感慕嗚咽，不能自持，家人莫忍仰視。王亦悽愴，不知所容，旬月求退，便以禮遣，此亦悔事也。

〔一〕郝懿行曰：「杭大宗諸史然疑云：『顏之推二子：一思魯，一敏楚。家訓中屢言之。敏作愍。』」

〔二〕陳直曰：「顏真卿顏含大宗碑銘云：『思魯字孔歸，隋司經校書，長寧王侍讀，東宮學士。』殷外臣當爲顏之推之妻兄弟，史籍無考，殷、顏二姓，世爲婚姻。」器案：顏魯公集顏勤禮碑：「父思魯，娶御正中大夫殷美童女，殷美童集呼顏郎是也。」則思魯亦娶於殷，是顏氏與殷氏爲舊婚媾矣。爾雅釋親：「母之從兄昆弟爲從舅。」

〔三〕傅本、鮑本奪「諶」字。

後漢書曰：「安帝時，汝南薛包〔一〕孟嘗，好學篤行，喪母，以至孝聞。及父娶後妻而憎包，分出之。包日夜號泣，不能去，至被毆杖〔二〕。不得已，廬於舍外，旦入而洒埽〔三〕。父怒，又逐之，乃廬於里門，昏晨不廢〔四〕。積歲餘，父母慚而還之。後行六年服，喪過乎哀〔五〕。既而弟子求分財異居，包不能止，乃中分其財：奴婢引〔六〕其老者，曰：『與我共事久，若不能使也。』田廬取其荒頓者〔七〕，曰：『吾少時所理〔八〕，意所戀也。』器物取其朽敗者，曰：『我素所服〔九〕食，身口所安也。』弟子數〔一〇〕破其產，還復〔一一〕賑給。建光中〔一二〕，公車特徵〔一三〕，至拜侍中〔一四〕。包性恬虛〔一五〕，稱疾不起，以死自乞。有詔賜告歸也〔一六〕。」

〔一〕各本「包」下有「字」字，此從宋本。

〔二〕盧文弨曰：「說文：『毆，捶轂物也。』徐鍇曰：『以杖擊也。』」

〔三〕洒埽，各本作「洒掃」，文選答賓戲注：「『埽』，即今『掃』字。」

〔四〕器案：通鑑五〇載此事，胡三省注曰：「不廢定省之禮也。」

〔五〕盧文弨曰：「見易小過大象傳。」案：易小過象曰：「山有雷，小過，君子以行過乎恭，喪過乎哀，用過乎儉。」封建社會，父母死，子行三年服，薛包行六年服，故曰喪過乎哀。

〔六〕引，宋本作「取」，餘本亦作「引」。趙曦明曰：「案：范書作『引』，小學同。」器案：引亦取也。後漢書孔融傳注引融家傳：「生四歲時，每與諸兄共食梨，融輒引小者。大人問其故，答曰：『我小兒，法當取小者。』」御覽三八五引孔融外傳同。上言引，下言取，互文見義也。

〔七〕後漢書李賢注：「頓猶廢也。」元注本之。

〔八〕理，後漢紀十一、御覽四一四引汝南先賢傳作「治」。此蓋傳鈔者避唐高宗李治諱改。

〔九〕器案：古謂用爲服，説文舟部：「服，用也。」周武王劍銘：「帶之以爲服。」御覽三四四引沈約具東宫謝勑賜孟嘗君劍啓：「謹加玩服，以深存古。」俱爲「用」義。

〔一〇〕盧文弨曰：「數音朔。」

〔一一〕劉淇助字辨略一曰：「還，廣韻云：『復也。』世説：『世人即以王理難裴，理還復申。』還復，重言也，然還亦有仍意，理還復申，若云理仍復申也。」

〔一二〕趙曦明曰：「建光，安帝年號。」

〔一三〕趙曦明曰：「續漢書百官志：『衛尉屬有公車司馬令一人，六百石，掌宫南闕門，凡吏民上章、四方貢獻及徵詣公車者。』」胡三省注曰：「特，獨也，獨徵之，當時無與並者。」

〔一四〕趙曦明曰：「續漢書百官志：『侍中，比二千石，無員，掌侍左右，贊導衆事，顧問應對，法駕出，則多識者一人參乘，餘皆騎在乘輿車後。』」

〔一五〕汝南先賢傳：「包歸先人冢側，種稻種芋，稻以祭祀，芋以充飯，眈道説理，玄虛無爲。」見御覽九七五引。

〔一六〕盧文弨曰：「此段見范書卷六十九劉平等傳首總序。章懷注：『漢制：吏病滿三月當免，天子優賜其告，使得帶印綬，將官屬歸家養病，謂之賜告也。』」器案：漢書高紀注引漢律：「吏二千石有賜告。」

治家第五

夫風化者〔一〕，自上而行於下者也，自先而施於後者也。是以父不慈則子不孝，兄不友則弟不恭，夫不義則婦不順矣。父慈而子逆，兄友而弟傲，夫義而婦陵，則天之兇民，乃刑戮之所攝〔二〕，非訓導之所移也。

〔一〕後漢書順帝紀：「漢安元年八月丁卯，遣侍中杜喬、光禄大夫周舉、守光禄大夫郭遵、馮羨、欒巴、張綱、周栩、劉班等八人，分行州郡，班宣風化，舉實臧否。」

〔二〕向宗魯先生曰：「『攝』借作『懾』，孫氏墨子閒詁有説。」案：孫云：「説文心部：『懾，失氣也。一曰：服也。』呂氏春秋論威篇：『威所以懾之也。』高注：『懾，懼也。』此懾字與之同。古攝字多借爲懾。左襄十一年傳云：『武震以攝威之。』韓詩外傳云：『上攝萬乘，下不敢敖於匹夫。』」説並見王引之經義述聞。

笞怒廢於家，則豎子之過立見〔一〕；刑罰不中，則民無所措手足〔二〕。治家之寬猛，亦猶國焉〔三〕。

〔一〕盧文弨曰：「呂氏春秋蕩兵篇：『家無怒笞，則豎子嬰兒之有過也立見。』廣韻：『豎，童僕未冠者，臣庾切。』見，形電切。」器案：史記律書：「故教笞不可廢于家，刑罰不可捐于國，誅伐不可偃于天下。」楊雄方言二：「傳曰：『慈母之怒子也，雖折葼笞之，其惠存焉。』」郭璞注：「言教在其中也。」抱朴子用刑篇：「鞭扑廢於家，則僮僕怠惰。」唐律疏議卷一名例：「刑罰不可弛於國，笞捶不得廢於家。」宋景文筆記下：「父慈於箠，家有敗子。」

〔二〕論語子路篇：「刑罰不中，則民無所措手足。」邢疏：「刑罰枉濫，則民蹐地局天，動罹刑網，故無所錯其手足也。」

〔三〕趙曦明曰：「左氏昭二十年傳：『子産曰：惟有德者，能以寬服民；其次莫如猛。夫火烈，民望而畏之，故鮮死焉。水濡弱，民狎而玩之，則多死焉，故寬難。』」

孔子曰：「奢則不孫〔一〕，儉則固；與其不孫也，寧固〔二〕。」又云：「如〔三〕有周公之才之美，使驕且吝，其餘不足觀也已〔四〕。」然則可儉而不可吝已。儉者，省〔五〕約爲禮之謂也；吝者，窮急不卹之謂也。今有施則奢〔六〕，儉則吝；如能施而不奢，儉而不吝〔七〕，可矣〔八〕。

〔一〕孫，同遜，羅本、傅本、顔本、程本、胡本、何本作「遜」，下並同。

〔二〕見論語述而篇。孔安國曰：「固，陋也。」

〔三〕如，羅本、傅本、顔本、程本、胡本、何本作「雖」，今論語作「如」。

〔四〕見論語泰伯篇。

〔五〕盧文弨曰：「案：説文繫傳：『媘，減也。』徐鍇謂顔氏家訓作此媘字，今本殆亦後人所改矣。」

〔六〕施則奢，盧文弨曰：「舊本皆作『奢則施』，今依下文乙正。」

〔七〕吝，羅本、傅本、顔本、程本、胡本、何本作「悋」，字同。

〔八〕藝文類聚二三引王昶家誡：「治家亦有患焉：積而不能散，則有鄙吝之累；積而好奢，則有驕上之罪。大者破家，小者辱身，此二患也。」

生民之本，要當稼穡而食，桑麻以衣。蔬果之畜，園場之所産；雞豚之善〔一〕，塒圈之所生。爰及棟宇器械，樵蘇〔二〕脂燭〔三〕，莫非種殖〔四〕之物也。至能守其業者，閉門而爲生之具以〔五〕足，但家無鹽井耳〔六〕。今北土風俗，率能躬儉節用，以贍衣食；江南奢侈，多不逮焉。

〔一〕善，少儀外傳下作「膳」。周禮天官膳夫鄭玄注：「膳之言善也，今時美物曰珍膳。」案：顔氏言善，亦猶漢人之言珍膳也。

〔二〕盧文弨曰：「漢書韓信傳：『樵蘇後爨。』方言：『蘇，芥，草也。』」器案：史記淮陰侯傳集解引漢書音義：「樵，取薪也。蘇，取草也。」

〔三〕盧文弨曰：「古者以麻蕡爲燭，灌以脂；後世唯用牛羊之脂，又或以蠟，或以柏，或以樺。」李詳曰：「韋昭博弈論：『窮日盡明，繼以脂燭。』」陳漢章説同。

〔四〕殖，抱經堂本作「植」，古通。

〔五〕少儀外傳下「以」作「已」。

〔六〕趙曦明曰：「左思蜀都賦：『家有鹽泉之井。』劉良注：『蜀都臨邛縣、江陽漢安縣，皆有鹽井。巴西充國縣鹽井數十。』杜預益州記：『州有卓王孫鹽井，舊常於此井取水煮鹽。義熙十五年治井也。』」案：「蜀都」當作「蜀郡」。陳直曰：「本段係述北土人士之治生，鹽井爲西蜀之特産，在此比擬，殊覺不倫。當爲之推入北周後，遊益州時所聯系之感想耳。」器案：華陽國志巴志：「臨江縣……其豪門亦家有鹽井。」又：「廣都縣……大豪馮氏有魚池鹽井。」又梓潼人士：「張壽字伯僖，涪人也，少給縣丞楊放爲佐。放爲梁賊所得，壽求之積六年，始知其生存，乃賣家鹽井得三十萬，市馬五匹，往贖放。」北堂書鈔一四六引杜預益州記：「益州有卓王孫井，舊嘗於此井取水煮鹽。」

梁孝元世，有中書舍人〔一〕，治家失度，而過嚴刻〔二〕，妻妾遂共貨刺客，伺醉而殺之〔三〕。

〔一〕趙曦明曰：「隋書百官志：『中書省通事舍人，舊入直閣内；梁用人殊重，簡以才能，不限資地，多以他官兼領，其後除通事，直曰中書舍人。』」

〔二〕晉書荀晞傳：「以嚴刻立功。」嚴刻謂嚴酷苛刻也。

〔三〕少儀外傳下引句末有「也」字。

世間名士〔一〕，但務寬仁；至於飲食饟饋〔二〕，僮僕〔三〕減損，施惠然諾〔四〕，妻子節量，狎侮賓客，侵耗鄉黨：此亦爲家之巨蠹矣。

〔一〕案：名士，謂享大名之士，無論文武顯隱也。漢末名士録見三國志注引，世説新語文學篇袁宏作名士傳，晉張輔有名士優劣論。

〔二〕盧文弨曰：「『饟』與『餉』同，式亮切。」

〔三〕盧文弨曰：「古僮僕作『童』，童子作『僮』，後乃互易，此下『家童』字却與古合。」

〔四〕通鑑六二胡注：「然，是也，決辭也；諾，應也，許辭也。」

齊吏部侍郎房文烈〔一〕，未嘗嗔怒，經霖雨〔二〕絶糧，遣婢糴米，因爾逃竄，三四許日，方復擒之。房徐曰：「舉家〔三〕無食，汝何處來？」竟無捶撻〔四〕。嘗寄人宅〔五〕，奴婢〔六〕徹屋爲薪略盡，聞之顰蹙〔七〕，卒無一言。

〔一〕盧文弨曰：「北史房法壽傳：『法壽族子景伯，景伯子文烈，位司徒左長史，性温柔，未嘗嗔怒。』爲吏部郎時，下載此事。」

〔二〕趙曦明曰：「左氏隱九年傳：『凡雨自三日以往爲霖。』」

〔三〕李調元勦説三：「舉家，猶云全家，今尚有此言。」

〔四〕宋本、鮑本、汗青簃本「捶撻」下有「之意」二字，注云：「一本無『之意』兩字。」

〔五〕盧文弨曰：「以宅寄人也。」

〔六〕婢，宋本、鮑本、汗青簃本作「僕」。

〔七〕孟子滕文公下：「己頻顣曰：『惡用是鶃鶃者爲哉！』」趙岐注：「頻顣，不悦。」「顰蹙」即「頻顣」。

裴子野〔一〕有疎親故屬飢寒不能自濟者，皆收養之；家素清貧〔二〕，時逢水旱，二石米爲薄粥，僅得徧焉，躬自同之，常無厭色。鄴下〔三〕有一領軍〔四〕，貪積已甚，家童八百，誓滿一千〔五〕；朝夕每人〔六〕肴膳，以十五錢爲率，遇有客旅，更〔七〕無以兼。後坐事伏法，籍其家産〔八〕，麻鞋一屋，弊衣數庫，其餘財寶，不可勝言。南陽有人，爲生奧博〔九〕，性殊儉吝，冬至後〔一〇〕女壻謁之，乃設一銅甌酒〔一一〕，數臠麞肉；壻恨其單率，一舉盡之。主人愕然，俛仰命益，如此者再；退而責其女曰：「某郎〔一二〕好酒，故汝常〔一三〕貧。」及其死後，諸子爭財，兄遂殺弟〔一四〕。

〔一〕趙曦明曰：「南史裴松之傳：『松之曾孫子野，字幾原，少好學，善屬文。居父喪，每之墓所，草爲之枯，有白兔白鳩，馴擾其側。外家及中表貧乏，所得奉，悉給之，妻子恒苦飢寒。』」

〔二〕清貧，謂清寒貧窮也。三國志魏書華歆傳：「歆素清貧，禄賜以賑施親戚。」

〔三〕鄴下，即鄴城，北齊建都於此，在今河南省臨漳縣境。六朝人率稱建都之地爲某下，如洛下、吴下、鄴下是，猶後代之稱京師爲都下也。

〔四〕趙曦明曰：「晉書職官志：『中領軍將軍，魏官也，文帝踐祚，始置領軍將軍。』」李慈銘曰：「案：此謂厙狄伏連也。北齊書慕容儼傳：『代人厙狄伏連字仲山，爲鄭州刺史，專事聚歛。武平中，封宜都郡王，除領軍大將軍，尋與琅邪王儼殺和士開，伏誅。伏連家口有百數，盛夏之日，料以倉米二升，不給鹽菜，常有饑色。冬至之日，親表稱賀，其妻爲設豆餅，伏連問此豆何得，妻對於食馬豆中分減充用，伏連大怒，典馬、掌食之人，並加杖罰。積年賜物，藏在別庫，遣侍婢一人，專掌管籥。每入庫檢閲，必語妻子云：「此是官物，不得輒用。」至是簿録，並歸天府。』北史云：『死時，惟著敝褌，而積絹至二萬匹。』」

〔五〕一千，宋本、羅本、傅本、顔本、何本、鮑本、汗青簃本作「千人」。

〔六〕每人，此二字各本無，宋本有，今從之。

〔七〕抱經堂校本「更」作「便」。陳直曰：「在六朝時，稱幾錢尚不稱幾文，得此可以爲證。便無以兼，謂不能得兼味也。」

〔八〕器案：家産，猶言家貲。史記李將軍列傳：「終廣之身，爲二千石四十餘年，家無餘財，終不言家産事。」漢書楚元王傳：「家産過百萬，則以振昆弟，賓客食飲，曰：『富，民之怨也。』」今則謂之財産。又案：齊東野語十六舉王黼、蔡京、童貫、賈似道事，以爲多藏之戒，云：「胡椒八百斛，領軍鞋一屋，不足多也。」下句即本此文。

〔九〕盧文弨曰：「奥博，言幽隱而廣博也。」又曰：「文選陸士衡君子有所思行：『善哉膏粱士，營生奥且博。』李善注：『韋昭漢書注曰：「生，業也。」廣雅曰：「奥，藏也。」』」器案：李周翰注曰：「言營生深奥且廣博矣。」白居易與元九書：「康樂之奥博，多溺於山水；泉明（即淵明）之高古，偏放於田園。」

〔一〇〕太平廣記一六五引「後」作「日」。風操篇：「南人，冬至歲首，不詣喪家。」足爲此文旁證。

〔一一〕甌，盛酒器，勉學篇言梁元帝「以銀甌貯山陰甜酒」。

〔一二〕六朝人呼壻爲郎。通鑑二〇一胡注：「今人猶呼壻爲郎。」

〔一三〕宋本「常」作「嘗」，注云：「一本作『常』字。」案：各本都作「嘗」，今從一本，太平廣記正作「常」。常貧，猶漢書陳平傳之言「長貧」矣。

〔一四〕兄遂殺弟，太平廣記作「逐兄殺之」。

婦主中饋〔一〕，惟事酒食衣服之禮耳〔二〕，國不可使預政，家不可使幹蠱〔三〕；如有聰明才智，識達古今，正當輔佐君子〔四〕，助其不足〔五〕，必無牝雞晨鳴〔六〕，以致禍也。

〔一〕趙曦明曰：「易家人：『六二，无攸遂，在中饋。』」

〔二〕趙曦明曰：「詩小雅斯干：『無非無儀，惟酒食是議。』魯語：『敬姜曰：王后親織玄紞；公侯之夫人，加之以紘綖；卿之內子，爲大帶；命婦成祭服；大夫之妻，加之以朝服；自庶人以下，皆衣其夫。』」器案：朱熹小學嘉言篇引顏氏此文，張伯行集解亦據易、詩爲說，又引孟母曰：「婦人之禮：精五飯，羃酒漿，養舅姑，縫衣裳而已。」孟母云云，見列女傳孟子母傳。

〔三〕趙曦明曰：「易蠱爻辭：『幹父之蠱。』序卦傳：『蠱者，事也。』案：昔人用幹蠱皆美辭。」器案：王弼注云：「幹父之事，能承先軌，堪其任者也。」

〔四〕嚴式誨曰：「詩卷耳序：『卷耳，后妃之志也，又當輔佐君子，求賢審官。』」盧文弨曰：「君子，謂良人。」

〔五〕小學「助」作「勸」。黄叔琳曰：「代爲籌畫，閨閣之良謨也。易云：『地道無成，而代有終。』

亦是此意。」紀昀曰：「孟母不云乎：『婦人之職：奉舅姑，縫衣裳，精五飯，事酒漿而已。』助其不足，即司晨之漸也。老子之教，流爲刑名，不可謂非老子之過也。東坡韓非論，可謂洞入本原。」

〔六〕趙曦明曰：「書牧誓：『牝雞無晨；牝雞之晨，惟家之索。』」

江東婦女，略無交遊，其婚姻〔一〕之家，或十數年間，未相〔二〕識者，惟以信命〔三〕贈遺，致殷勤焉。鄴下風俗〔四〕，專以婦持門户〔五〕，争訟曲直，造請逢迎，車乘填街衢，綺羅盈府寺〔六〕，代子求官，爲夫訴屈。此乃恒、代之遺風乎〔七〕？南間貧素，皆事外飾，車乘衣服，必貴齊整；家人妻子，不免飢寒。河北人事〔八〕，多由内政，綺羅金翠，不可廢闕，羸馬顇奴，僅充而已；倡和〔九〕之禮，或爾汝之〔一〇〕。

〔一〕盧文弨曰：「爾雅釋親：『壻之父爲姻，婦之父爲婚，婦之父母，壻之父母，相謂爲婚姻。』」

〔二〕通録「相」作「有」。

〔三〕盧文弨曰：「信，使人也；命，問也。」器案：程大昌演繁露續集五：「晉人書問，凡言信至或遺信者，皆指信爲使人也。」陳師禪寄筆談六辨疑：「晉武帝炎報帖末云：『故遣信還。』南史：『晨出陌頭，屬與信會。』古者謂使者曰信，真誥云：『公至山下，又遣一信見告。』謝宣城傳云：『荆州信居倚待。』陶隱居帖云：『明旦信還，仍過取反。』虞永興帖云：『事已信人口具。』凡信者，皆謂使者也。」器案：續談助四引殷芸小説載魏武楊彪傳：「彪妻袁氏答曹公夫人卞氏書：『禮頗非宜，荷受，輒付往信。』」世説文學篇：「魏朝封晉文王爲公……司空鄭中馳遣信就阮籍求文。」則謂使者爲信，自魏建安時已然矣。

〔四〕器案：抱朴子外篇疾謬：「而今俗：婦女休其蠶織之業，廢其玄紞之務，不績其麻，市也婆娑，舍中饋之事，修周旋之好，更相從詣，之適親戚，承星舉火，不已于行，多將侍從，暐曄盈路，婢使吏卒，錯雜如市，尋道褻謔，可憎可惡，或宿于他門，或冒夜而反，游戲佛寺，觀視漁畋，登高臨水，出境慶弔，開車褰幃，周章城邑，盃觴路酌，絃歌行奏，轉相高尚，習非成俗。」葛洪所述吳末晉初風俗，已然如此，可與此文互證，足見宋、明理學未興之前，中國婦女之社會活動，固與男子初無二致也。

〔五〕唐書宰相世系表：「有爵爲卿大夫，世世不絶，謂之門户。」尋晉書衛玠傳：「玠妻先亡，山簡見之曰：『昔戴叔鸞嫁女，唯賢是與，不問其貴賤，況衛氏權貴門户、令望之人乎？』於是遂以女妻焉。」又樂廣傳：「夏侯玄謂樂方曰：『卿家雖貧，可令專學，必能興卿門户也。』」梁書王茂傳：「茂年數歲，爲大父深所異，嘗謂親識曰：『此吾家之千里駒，成門户者，必此兒也。』」又本書止足篇：「汝家書生門户。」玉臺新詠一古樂府隴西行：「健婦持門户，勝一大丈夫。」傅玄苦相篇豫章行：「男兒當門户，墮地自生神。」當門户即持門户，後世言當家本此。

〔六〕趙曦明曰：「廣韻引風俗通：『府，聚也，公卿牧守道德之所聚也。』釋名：『寺，嗣也，治事者嗣續於其内也。』」陳直曰：「漢制，丞相公廨稱府，御史大夫以下稱寺。外官太守都尉皆稱府，縣令長稱寺。」

〔七〕趙曦明曰：「閻若璩潛邱劄記：『有以恒、代之遺風問者，余曰：拓跋魏都平城縣，縣在今大同府治東五里，故址猶存，縣屬代郡，郡屬恒州，所云恒、代之遺風，謂是魏氏之舊俗耳。』」器案：閻説是。張伯行小學集解以爲「由燕太子丹欲報秦，以宫女結士，餘風未殄故耳。」其説非是。燕自燕，恒、代自恒、代，未可混爲一談。魏書成淹傳：「朕以恒、代無漕運之路，故京邑人貧。」即指平城而言。楚辭九章：「悲江介之遺風。」朱熹集注：「遺風，謂故家遺俗之善也。」

〔八〕事，宋本原注：「一本作『士』字。」案：後漢書賈逵傳：「此子無人事於外。」晉書王長文傳：「閉門自守，不交人事。」

〔九〕倡和，從宋本，餘本作「唱和」，古通。盧文弨曰：「倡和，謂夫婦。」

〔一〇〕盧文弨曰：「世説惑溺篇載王安豐婦常卿安豐，安豐曰：『婦人卿壻，於禮爲不敬，後勿復爾。』是江南無爾汝之稱也。」郝懿行曰：「爾汝之稱，今北方猶多。爾，古音泥，上聲。」陳漢章曰：「案：此當即受爾汝之實。」器案：孟子盡心下：「人能充無爾汝之實，無所往而不爲義也。」趙注：「爾汝之實，德行可輕賤，人所爾汝者也。既不見輕賤，不爲人所爾汝，能充大而以自行，所至皆可以爲義也。」此文爾汝義正同。言夫婦之間，或相輕賤也。繆一鳳與陳二易論爾汝及謚法：「按：爾汝對我之稱，二字同語並用，古文對語之辭也。」（明文海卷一百七十一）北史儒林陳奇傳：「游雅性護短，因以爲嫌，嘗衆辱奇，或爾汝之，或指爲小人。」韓愈聽潁師彈琴詩：「昵昵兒女語，恩怨相爾汝。」俱用爲相輕賤意。又案：梁玉繩瞥記二：「爾汝者，賤簡之稱也，故孟子云：『人能充無受爾汝之實，無所往而不義。』世説載孫皓爲晉武帝作爾汝歌，帝悔之。魏書陳奇傳：『游雅嘗衆辱奇，或爾汝之。』隋書楊伯醜傳：『見公卿不爲禮，無貴賤皆汝之。』則雖敵以下猶不□。乃禹告舜曰：『安汝止。』伊尹之告太甲，呼爾者四，呼汝者二（僞書倣古），箕子爲武王陳洪範，呼汝者十有三，金縢呼三王爲爾者六，洛誥呼汝者七，立政篇呼爾者一，詩卷阿言爾者十三，又民勞『王欲玉汝』，蓋古之君臣尚質，不相嫌忌，所謂『忘形到爾汝』也。」

河北婦人，織紝組紃〔二〕之事，黼黻錦繡羅綺之工，大優於江東也。

〔二〕盧文弨曰：「禮記内則：『女子十年不出，姆教婉娩聽從，執麻枲，治絲繭，織紝組紃。』鄭注：『紃，絛。』正義：『紝爲繒帛，組、紃俱爲絛也。薄闊爲組，似繩者爲紃。』」

太公曰：「養女太多，一費也〔一〕。」陳蕃曰：「盜不過五女之門〔二〕。」女之爲累，亦以深矣。然天生蒸民〔三〕，先人傳體〔四〕，其如之何？世人多不舉女〔五〕，賊行〔六〕骨肉，豈當如此而望福於天乎？吾有疏親，家饒妓〔七〕媵，誕育將及，便遣閽豎守之。體有不安，窺窗倚户，若生女者，輒持將去；母隨號泣，使人不忍聞也。

〔一〕藝文類聚三五、御覽四八五引六韜：「太公曰：『……養女太多，四盜也。』」説本李詳、陳漢章。

〔二〕趙曦明曰：「後漢書陳蕃傳：『蕃字仲舉，上疏曰：「諺云：『盜不過五女之門。』以女貧家也。今後宮之女，豈不貧國乎？」』」

〔三〕詩大雅蕩：「天生烝民。」鄭箋：「烝，衆也。」

〔四〕傳體，宋本、鮑本、事文類聚後十一引作「遺體」。

〔五〕陳漢章曰：「韓非子内儲説六反篇：『産男則相賀，産女則殺之。』」

〔六〕事文類聚「行」作「其」。

〔七〕妓，家妓。抱朴子外篇崇教：「品藻妓妾之妍蚩。」

婦人之性，率寵子壻而虐兒婦。寵壻，則兄弟之怨生焉；虐婦，則姊妹之讒行焉。然則女之行留〔一〕，皆得罪於其家者，母實爲之。至有〔二〕諺云：「落索〔三〕阿姑餐。」此其相報也〔四〕。家之常弊，可不誡哉〔五〕！

〔一〕留，類説作「届」。

〔二〕至有，類説作「至於」。案勉學篇「梁朝全盛之時，貴遊子弟多無學術，至於諺云……」句法與此相同，亦作「至於」。

〔三〕盧文弨曰：「落索，當時語，大約冷落蕭索之意。」案：爾雅釋詁下：「貉縮，綸也。」郭注：「綸者，繩也，謂牽縛縮貉之，今俗語猶然。」郝懿行義疏曰：「貉縮，謂以縮牽連緜絡之也。……又變爲落索，顏氏家訓引諺云：『落索阿姑餐。』落索蓋緜聯不斷之意，今俗語猶然。」器案：朱子文集答呂子約書：「請打併了此一落索後，看却須有會心處也。」又朱子語類論語五：「無道理底，也見他是那裏背馳，那裏欠闕，那一邊道理是如何，一見便一落索都見了。」朱熹所用落索，即一連串之意，與郝氏所謂「緜聯不斷之意」相合，但家訓此文，却非此意，把「落索」一諺放在全文中去理解，仍以盧説爲長。林逋雪賦：「清爽曉林初落索，冷和春雨轉飄蕭。」用法與此諺相近。陶憲曾廣方言曰：「讐怨曰落索。」案：唐陳羽古意詩：「妾貌漸衰郎漸薄，時時强笑意索寞。」索寞亦落索也。

〔四〕孔齊至正雜記論述女擾母家，引證顏氏此文，並云：「夫婦皆人女，女必爲人婦，久之即爲人母，自受之，又自作之，其不悟爲可歎也。」而不知此爲封建制度之餘毒也。

〔五〕類説引「誡」作「戒」。

婚姻素對〔一〕，靖侯〔二〕成規〔三〕。近世嫁娶，遂有賣女納財，買婦輸絹，比量〔四〕父祖，計較〔五〕錙銖，責多還少，市井無異〔六〕。或猥婿〔七〕在門，或傲婦擅室，貪榮求利，反招羞恥，可不慎歟〔八〕！

〔一〕盧文弨曰：「爾雅釋詁：『妃、合、會，對也。』晉書衛瓘傳：『武帝勑瓘第四子宣尚繁昌公主，瓘自以諸生之胄，婚對微素，抗表固辭。』」器案：王羲之帖：「中郎女頗有所向不？今日婚對，自不可復得。」又：「二族舊對，故欲援諸葛，若以家窮，自當供助昏事。」見全晉文二六，對字義同。

〔二〕趙曦明曰：「晉書孝友傳：『顏含字宏都，琅邪莘人也。豫討蘇峻功，封西平縣侯，拜侍中。桓温求婚於含，含以其盛滿不許。致仕二十餘年，年九十三卒，謚曰靖侯。』」盧文弨曰：「案：靖侯，之推九世祖也。」

〔三〕郝懿行曰：「第五卷止足篇云：『靖侯戒子姪曰：「婚姻勿貪勢家。」』」器案：顏魯公集晉侍中右光禄大夫本州大中正西平靖侯顏公大宗碑銘：「桓温求婚，以其盛滿不許，因誡子孫云：『自今仕宦不可過二千石，婚姻勿貪世家。』」

〔四〕器案：比量，猶今言衡量也。本書勉學篇：「比量逆順。」又省事篇：「比較材能，酌量功伐。」文選賈誼過秦論：「比權量力。」語又見史記游俠傳。

〔五〕較，羅本、程本、胡本、何本作「校」，古通。

〔六〕史記平準書正義：「古人未有市及井，若朝聚井汲水，便將貨物於井邊貨賣，故言市井也。」器案：市井猶言市道。御覽二一五引語林：「卿何事人中作市井？」又七〇四引語林：「温曰：『承允好賄，被下必有珍寶，當有市井事。』令人視之，果見向囊皆珍玩焉，與胡父諧賈。」則市井爲六朝人習用語。當時婚姻論財，文中子以爲「夷虜之道」。尋魏書文成紀，和平四年詔曰：「中代以來，貴族之門，多不率法，或貪利財賄，或因緣私好，在於苟合，無所選擇，令貴賤不分，巨細同貫，塵穢清化，虧損人倫。」所言「貪利財賄」，即謂婚姻論財也。北齊書封述傳：「前妻河内司馬氏。一息爲娶隴西李士元女，大輸財娉，及將成禮，猶競懸違。述忽取供養像對士元打像作誓，士元笑曰：『封公何處常得應急像，須誓便用！』一息娶范陽盧莊之女，述又逕府訴云：『送贏乃嫌脚跛，評田則云鹹薄，銅器又嫌古廢。』皆爲吝嗇所及，每致紛紜。」其計較錙銖之事，可見一斑。梁武帝謂侯景曰：「王、謝門高，當於朱、張以下求之。」沈約奏彈王源有云：「王、滿連姻，實駭物聽。」此皆比量父祖之事也。

〔七〕猥，謂鄙賤。風操篇之猥人，書證篇之猥朝，雜藝篇之厮猥之人、猥拙、猥役，北史楊愔傳「魯漫漢自言猥賤」，義俱同。

〔八〕盧文弨曰：「古重氏族，致有販鬻祖曾，以爲賈道，如沈約彈王源之所云者。此風至唐時，猶未衰止也。庸猥之壻，驕傲之婦，唯不求佳對，而但論富貴，是以至此。」

借人典籍〔一〕，皆須〔二〕愛護，先有缺壞，就爲補治〔三〕，此亦士大夫百行之一也〔四〕。濟陽江禄〔五〕，讀書未竟，雖有急速，必待卷束〔六〕整齊，然後得起，故無損敗，人不厭其求假焉。或有狼籍几案，分散部帙〔七〕，多爲童幼婢妾之所點汙〔八〕，風雨蟲鼠〔九〕之所毁傷，實爲累德〔一〇〕。吾每讀聖人之書，未嘗不肅敬對之；其故紙有五經詞義，及賢達〔一一〕姓名，不敢穢用〔一二〕也。

〔一〕典籍，吕氏雜記作「書籍」。

〔二〕皆須，事文類聚别三引作「須加」。

〔三〕魏書李業興傳：「業興愛好墳籍，鳩集不已，手自補治，躬加題帖，其家所有，垂將萬卷。」

案：齊民要術三有治書法。

〔四〕封建士大夫所訂立身行己之道，共有百事，因謂之爲百行。説苑談叢篇、玉海十一引鄭玄孝經序、詩經氓鄭箋、風俗通義十反篇，都言及百行，新唐書藝文志有杜正倫百行章一卷，今有敦煌唐寫本傳世。吕希哲吕氏雜記上：「予小時，有教學老人謂予曰：『借書而與之，借人書而歸之，皆癡也。』聞之便不喜其語。後見顔氏家訓説：『借人書籍，皆當愛護，雖有缺壞，先爲補治，此亦士大夫百行之一也。』」王士禛居易録三：「顔氏家訓云：『借人典籍，皆當護惜，先有殘缺，就爲補綴，亦士大夫百行之一也。』此真厚德之言。或謂還書一癡，小人之言反是。」

〔五〕盧文弨：「江禄，南史附其高祖江夷傳。禄字彦遐，幼篤學，有文章，位太子洗馬，湘東王録事參軍，後爲唐侯相，卒。」器案：金樓子聚書篇載曾就江録處寫得書，當即此人，「録」蓋「禄」之誤。

〔六〕郝懿行曰：「古無鏤版書，其典籍皆書絹素，作卷收藏之，故謂之書卷；其外作衣帙包裹之，謂之書帙。」器案：書之多卷者，則分別部居，各爲一束。杜甫暮秋枉裴道州手札率爾遣興寄遞呈蘇涣侍御：「久客多枉友朋書，素書一月凡一束。」則書札卷束，唐時猶如此也。

〔七〕部，以類相聚之部居也。古代書籍就内容分爲甲乙丙丁四部。「帙」原作「秩」，今據顔本、程本、胡本、何本、汗青簃本及少儀外傳、類説引校改。説文巾部：「帙，書衣也。」陳繼儒羣碎録：「書曰帙者，古人書卷外，必有帙藏之，如今裹袱之類，白樂天嘗以文集留廬山草堂，屢亡逸，宋真宗令崇文院寫校，包以斑竹帙送寺。余嘗于項子京家，見王右丞書畫一卷，外以斑竹帙裹之，云是宋物。帙如細簾，其内襲以薄繒，觀帙字巾旁可想也。」案：香祖筆記引此，「草堂」作「東林寺」，「項子京家」作「秀水項氏」。日本藤原貞幹好古小録下有竹帙，云：「二故舊所圖。長一尺五分，廣一尺三寸，襲緋綾。」大正新修大正藏圖像部三寶物具鈔二有竹帙圖，云是敕書卷帙，與陳繼儒所説正合。白氏長慶集蘇州南禪院白氏文集記：「樂天有文集七帙，合六十七卷。」「袟」與「帙」同，其作用與今書套相同。一般以十卷爲一帙。

〔八〕楚辭七諫：「唐、虞點灼而毁議。」王逸注：「點，汙也。」漢書司馬遷傳：「適足以發笑而自點耳。」師古曰：「點，汙也。」三國志吴書韋曜傳：「數數省讀，不覺點汙。」文選奏彈王源：「玷辱流輩。」集注：「音決：『玷音點。』鈔『玷』爲『點』。」則點又通玷。

〔九〕蟲鼠，宋本作「犬鼠」（少儀外傳同），原注：「一本作『蟲鼠』。」抱經堂本據小學外篇嘉言引定作「蟲鼠」。案：顔本、朱本及類説引都作「蟲鼠」，今從之。

〔一〇〕本書文章篇：「虞舜歌南風之詩，周公作鴟鴞之詠，吉甫、史克雅、頌之美者，未聞皆在幼年累德也。」尚書旅獒：「不矜細行，終累大德。」莊子庚桑楚：「惡欲喜怒哀樂六者，累德也。」成玄英疏曰：「德家之患累也。」

〔一一〕賢達，盧文弨曰：「小學作『聖賢』。」

〔一二〕穢用，顔本、朱本及小學引作「他用」，他用，如覆瓿、當薪、糊窗之類。盧文弨曰：「穢，褻也。」

吾家巫覡〔一〕禱請，絶於言議〔二〕；符書〔三〕章醮〔四〕亦無祈焉，並汝曹所見也。勿爲妖妄之費〔五〕。

〔一〕盧文弨曰：「楚語下：『明神降之，在男曰覡，在女曰巫。』韋注：『巫、覡，見鬼者，周禮男亦曰巫。』」

〔二〕辨惑編二引「絶於言議」作「絶於吾手」。

〔三〕盧文弨曰：「魏書釋老志：『化金銷玉，行符勑水，奇方妙術，萬等千條。』」陳直曰：「道家書符，起于東漢末期。現出土有初平元年朱書陶瓶，上畫符文一道，爲流傳符文之最古者。」

〔四〕盧文弨曰：「案：道士設壇伏章祈禱曰醮，蓋附古有醮祭之禮而名之耳。醮，子肖切。」器案：法苑珠林卷六十八注：「今見章醮，似俗祭神，安設酒脯棊琴之事。」通鑑一七五胡注：「道士有消災度厄之法，依陰陽五行數術，推人年命，書之如章表之儀，并具贄幣，燒香陳讀，云奏上天曹，請爲除厄，謂之上章。夜中于星辰之下，陳設酒果䊦餌幣物，歷祀天皇、太一、五星、列宿，爲書如上章之儀以奏之，名爲醮。」吴訥小學集注五：「符章，即今道士所爲符籙章醮，爲人祈禱薦拔者。」

〔五〕「爲」字原無，趙曦明據小學外篇嘉言引補。器案：朱本及少儀外傳下引亦有「爲」字，今從之。小學、通録、辨惑編二、合璧事類前五五、新編事文類聚翰墨大全壬九（以後簡稱事文類聚）引此並作「勿爲妖妄」。紀昀曰：「極好家訓，只末句一個費字，便差了路頭。楊子曰：『言，心聲也。』蓋此公見解，只到此段地位，亦莫知其然而然耳。」

卷第二

風操　慕賢

風操第六

吾觀禮經，聖人之教：箕帚〔一〕匕箸〔二〕，咳唾〔三〕唯諾〔四〕，執燭〔五〕沃盥〔六〕，皆有節文〔七〕，亦爲至矣。但既殘缺，非復全書；其有所不載，及世事變改者，學達君子，自爲節度，相承行之，故世號士大夫風操〔八〕。而家門〔九〕頗有不同，所見互稱長短；然其阡陌〔一〇〕，亦自可知。昔在江南，目能視而見之，耳能聽而聞之；蓬生麻中〔一一〕，不勞翰墨〔一二〕。汝曹生於戎馬之閒，視聽之所不曉，故聊記録〔一三〕以傳示子孫〔一四〕。

〔一〕趙曦明曰：「禮記曲禮上：『凡爲長者糞之禮，必加帚於箕上，以袂拘而退，其塵不及長者；以箕自鄉而扱之。』」

〔二〕趙曦明曰：「禮記曲禮上：『飯黍毋以箸。』」

〔三〕趙曦明曰：「禮記内則：『在父母舅姑之所，不敢噦噫、嚏咳、欠伸、跛倚、睇視，不敢唾洟。』」

〔四〕趙曦明曰：「禮記曲禮上：『摳衣趨隅，必慎唯諾；父召無諾，先生召無諾，唯而起。』」案：鄭玄注：「慎唯諾者，不先舉，見問乃應。」

〔五〕趙曦明曰：「禮記少儀：『執燭，不讓不辭不歌。』」盧文弨曰：「管子弟子職：『昏，將舉火，執燭隅坐，錯總之法：横於坐所，櫛之遠近，乃承厥火，居句如矩，蒸間容蒸，然者處下，捧椀以爲緒，右手執燭，左手正櫛，有墮代燭。』案：櫛亦作堲，謂燭燼；緒亦燭之燼也。墮，倦也，倦則易一人代之。」

〔六〕趙曦明曰：「禮記内則：『進盥，少者奉槃，長者奉水，請沃盥；盥卒，授巾，問所欲而敬進之。』」

〔七〕「節文」，各本皆作「節度」，涉下文而誤，今從宋本。禮記坊記曰：「禮者，因人之情，而爲之節文，以爲民坊者也。」史記禮書：「事有宜適，禮有節文。」此顔氏所本。

〔八〕風操，謂風度節操。晉書裴秀傳：「少好學，有風操。」又王劭傳：「美姿容，有風操。」

〔九〕後漢書皇甫規傳：「劉祐、馮緄、趙典、尹勳，正直多怨，流放家門。」南史蕭引傳：「引曰：『吾家再世爲始興郡，遺愛在人，政可南行，以存家門耳。』」家門，猶今言家庭。

〔一〇〕黄生義府卷下「阡陌」：「晉帖：『不審謂粗得阡陌否？』猶言得其梗概也。」器案：阡陌，即途徑義。漢書叙例：「澄蕩愆違，審定阡陌。」法書要録十王羲之帖云：「前試論意，久欲呈，多疾，憒憒，遂忘，致今送；願因暇日，可垂試省。大期賢達興廢之道，不審謂粗得阡陌否？」藝文類聚二引李顒雷賦：「來無轍跡，去無阡陌。」宋書王微傳：微以書告弟僧謙靈曰：「書此數紙，無復詞理，略道阡陌，萬不寫一。」廣弘明集十六范泰與謝侍中書：「見熾公阡陌如卿；問栖僧於山，誠是美事。」宋書鄭鮮之傳載其滕羨仕宦議云：「舉其阡陌，皆可略言矣。」南齊書張融傳載融門律自序：「政以屬辭多出，比事不羈，不阡不陌，非途非路耳。」以「阡陌」與「途路」對文，其義可知。

〔一一〕趙曦明曰：「荀子勸學篇：『蓬生麻中，不扶而直。』亦見大戴禮記。」器案：大戴禮記見曾子制言上，又見説苑談叢篇及論衡程材、率性二篇。王叔岷曰：「褚少孫續史記三王世家：『傳曰：蓬生麻中，不扶自直。』」

〔一二〕翰墨，謂筆墨。文選楊子雲長楊賦序：「上長楊賦，聊因筆墨之成文章，故藉翰林以爲主人，子墨爲客卿以諷。」注：「韋昭曰：『翰，筆也。』」梁簡文帝昭明太子集序：「下國遠征，殷勤於翰墨。」陳直曰：「蓬生麻中，不扶自直。據馬總意林所引曾子，始見於此，但此書應爲戰國人所依託，正式始見于荀子勸學篇。」器案：此兩句文義不貫，疑當作「蓬生麻中，不扶自直；□□□□，不勞翰墨」，今本脱二句八字，義不可通。大戴禮曾子制言上：「蓬生麻中，不扶自直；白沙在泥，與之皆黑。」是其證。抑或「翰墨」是「繩墨」之誤，言蓬生麻中，不勞繩墨而自直，即不扶自直之意也。

〔一三〕「録」字宋本無，各本俱有，今據補。

〔一四〕王叔岷曰：「墨子兼愛下篇：『以其所獲，書於竹帛，傳遺後世子孫。』（據文選楊德祖答臨淄侯牋注引）」

禮云：「見似目瞿，聞名心瞿〔一〕。」有所感觸，惻愴心眼；若在從容平常之地，幸須申其情耳〔二〕。必不可避，亦當忍之；猶如伯叔兄弟，酷類先人，可得終身腸斷，與之絶耶？又：「臨文不諱，廟中不諱，君所無私諱〔三〕。」益知〔四〕聞名，須有消息〔五〕，不必期於顛沛而走也〔六〕。梁世謝舉〔七〕，甚有聲譽，聞諱必哭〔八〕，爲世所譏。又有〔九〕臧逢世〔一〇〕，臧嚴之子也〔一一〕，篤學修行，不墜門風〔一二〕；孝元經牧江州〔一三〕，遣往建昌〔一四〕督事，郡縣民庶，競修箋書〔一五〕，朝夕輻輳〔一六〕，几案〔一七〕盈積，書有稱「嚴寒」者，必對之流涕，不省取記，多廢公事，物情怨駭〔一八〕，竟以不辦而退。此並過事也。

〔一〕顏本注：「瞿，音懼，驚也。出雜記。」趙曦明注亦引禮記雜記，並引鄭玄注曰：「似謂容貌似其父母，名與親同。」

〔二〕「耳」，宋本作「爾」。器案：世說新語任誕篇：「桓南郡被召作太子洗馬，船泊荻渚；王大服散後，已小醉，往看桓。桓爲設酒，不能冷飲，頻語左右，令温酒來。桓乃流涕嗚咽，王便欲去。桓以手巾掩淚，因謂王曰：『犯我家諱，何預卿事？』王歎曰：『靈寶故自達。』」桓南郡謂桓玄，玄父温，故以王令左右「温酒」，爲犯其家諱，而流涕嗚咽也。

〔三〕文見禮記曲禮上，鄭玄注云：「君所無私諱，謂臣言於君前，不辟家諱，尊無二；臨文不諱，爲其失事正；廟中不諱，爲有事於高祖，則不諱曾祖以下，尊無二也，於下則諱上。」

〔四〕「益知」，各本皆作「蓋知」，今從抱經堂校定本校改。

〔五〕吴梅曰：「消息謂時地。」器案：本書文章篇：「當務從容消息之。」書證篇：「考校是非，特須消息。」是消息爲顔氏習用語。尋漢、魏、六朝人消息都作斟酌義用。古鈔本玉篇水部消下云：「野王案：消息猶斟酌也。」類聚五十五杜篤書槴賦：「承尊者之至意，惟高下而消息。」古文苑酈炎遺命書：「消息汝躬，調和汝體。」續漢書百官志注引風俗通：「嗇者，省也；夫者，賦也；言消息百姓，均其賦役。」後漢書鄭弘傳注引謝承後漢書：「消息繇賦，政不煩苛。」晉書恭帝紀：「安帝既不惠，帝每侍左右，消息温凉寢食之間。」晉書華嶠傳：「帝手詔報曰：『輒自消息，無所爲慮。』」陸雲與兄平原書：「兄常欲其作詩文，獨未作此曹語，若消息小往，願兄可試作之。」又云：「願當日消息。」抱朴子外篇嘉遯：「潛初飛五，與時消息。」晉書慕容超載記：「超下書議復肉刑：『其令博士已上參考舊事，依吕刑及漢、魏、晉律令，消息增損，議成燕律。』」宋書王弘傳：「弘上書言：『役召之應，存乎消息。』」魏書蘇綽傳：「綽奏行六條詔書曰：『善爲政者，必消息時宜，而適煩簡之中。』」又崔光傳坿鴻傳：「鴻大考百寮議：『雖明旨已行，猶宜消息。』」齊民要術卷七白醪麴第六十五：「穄米酎法：用神麴者，隨麴多少，以意消息。」義俱用爲斟酌。

〔六〕吳梅曰：「走謂避匿也。」器案：南史謝超宗傳：「道隆武人無識，正觸其父名，曰：『旦侍宴至尊，説君有鳳毛。』超宗徒跣還内。道隆謂檢覓毛，至閤待不得，乃去。」又王慈傳：「謝鳳子超宗嘗候僧虔，仍往東齋詣慈，慈正學書，未即放筆。超宗曰：『卿書何如虔公？』慈曰：『慈書比大人，如雞之比鳳。』超宗狼狽而退。」又王亮傳：「時有晉陵令沈巑之，性粗疎，好犯亮諱，亮不堪，遂啓代之。巑之怏怏，乃造坐云：『下官以犯諱被代，未知明府諱若爲攸字，當作無骹尊傍犬，爲犬傍無骹尊？若是有心攸？無心攸？乞告示。』亮不履下牀跣而走。巑之撫掌大笑而去。」此之聞諱而徒跣，而狼狽，而跣走，即之推所謂顛沛而走也。

〔七〕御覽五六二引「梁」作「近」。趙曦明曰：「梁書謝舉傳：『舉字言揚，中書令覽之弟，幼好學，能清言，與覽齊名。』」

〔八〕類説「哭」作「忌」。案：齊東野語四避諱：「梁謝舉聞家諱必哭。」即本此文。

〔九〕各本俱無「有」字，宋本有，今從之。

〔一〇〕盧文弨曰：「案：南史臧燾傳坿載諸臧，無逢世名。」陳直曰：「臧逢世精于漢書，亦見本書勉學篇。」

〔一一〕趙曦明曰：「梁書文學傳：『臧嚴，字彦威，幼有孝性，居父憂，以毀聞。孤貧勤學，行止書卷不離於手。』」抱經堂本脱「也」字，今據各本補。

〔一二〕周書王羆王述傳論：「述不隕門風，亦克稱也。」

〔一三〕趙曦明曰：「梁書元帝紀：『大同六年，出爲使持節都督江州諸軍事、鎮南將軍、江州刺史。』」

〔一四〕趙曦明曰：「隋書地理志：『九江郡舊曰江州。』『豫章郡統縣四。』有建昌縣。」

〔一五〕「箋」，從宋本、鮑本；餘本及事文類聚後三、天中記二四作「牋」，盧文弨曰：「牋，亦作箋，博物志：『鄭康成注毛詩曰箋，毛公嘗爲北海相，鄭是此郡人，故以爲敬。』案：文選所載牋，皆與王侯書，蓋表之次也。」

〔一六〕盧文弨曰：「輻輳，言如車輻之聚於轂也。老子：『三十輻共一轂。』」

〔一七〕姜宸英湛園札記一：「齊高元榮學尚有文才，長於几案。又薛慶之頗有學業，閒解几案。几案恐是案牘解。」吳承仕絸齋讀書記曰：「今名官中文件簿籍爲案卷，或曰案件，或曰檔案，亦有單稱爲案者，蓋文書計帳，皆就几案上作之，後遂以几案爲文件之稱。此事蓋起於南北朝，北史：『高元榮有文才，長於几案。』又：『薛慶之頗有學業，閒解几案。』又：『邢昕號有才藻，兼長几案。自孝昌之後，天下多務，世人競以吏事取達，文學大衰。』又：『世隆留心几案，遂有了解之名。』凡云几案者，皆指律令程式掾史簡牘言之。其實文章學問，亦几案閒事也；其時，乃以几案與文學對言，明以几案爲吏事之專名，蓋已久矣。」

〔一八〕器案：唐劉駕上巳日詩：「物情重此節。」物情，即謂人情。古代謂人爲物，國語周語：「女三爲粲，今以美物歸汝，而何德以堪之。」美物謂美人也。史記周本紀：「紂大説曰：『此一物足以釋西伯。』」索隱：「一物，謂㜪氏之美女也。」南齊書焦度傳：「見度身形黑壯，謂師伯曰：『真健物也。』」健物，猶言健兒。劉劭有人物志，即論人之作也。蓋單言之曰物，複言之則曰人物也。

近在揚都，有一士人諱審，而與沈氏交結周厚，沈與其書〔一〕，名而不姓〔二〕，此非人情也。

〔一〕「沈與其書」，朱本作「沈氏具書」。

〔二〕齊東野語四避諱：「如揚都士人名審，沈氏與書，名而不姓，皆誚之者過耳。」即本之推此文。

凡避諱者，皆須得其同訓以代換之〔一〕：桓公名白，博有五皓之稱〔二〕；厲王名長，琴有修短之目〔三〕。不聞謂布帛爲布皓，呼腎腸爲腎修也。梁武小名阿練，子孫皆呼練爲絹〔四〕；乃謂銷鍊〔五〕物爲銷絹物，恐乖其義。或有諱雲者，呼紛紜爲紛煙〔六〕；有諱桐者，呼梧桐樹爲白鐵樹，便似戲笑耳〔七〕。

〔一〕類説、事文類聚後三、合璧事類續三無「换」字。盧文弨曰：「如漢人以『國』代『邦』、以『滿』

代『盈』、以『常』代『恒』、以『開』代『啓』之類是也。近世始以聲相近之字代之。」

〔二〕沈揆曰：「博有五白，齊威公名小白，故改爲五皓。一本以『博』爲『傳』者，非。」案：類說、事文類聚、天中記二四即作「傳」。趙曦明曰：「宋玉招魂：『成梟而牟呼五白。』王逸注：『五白，博齒也。倍勝爲牟。』『博』亦作『簙』。」盧文弨曰：「『齊桓』作『齊威』，此又宋人避諱改也。之推作觀我生賦云：『慙四白之調護，廁六友之談說。』乃以『四皓』爲『四白』，此非有所諱，但取新耳。」器案：北堂書鈔九四引孔融集：「在家永有攸諱，齊稱五皓，魯有卿對也。」此即家訓所本。

〔三〕趙曦明曰：「漢書淮南厲王傳：『名長，高祖少子。』所出未詳。」盧文弨曰：「案：今淮南子凡『長』字俱作『修』。」李詳曰：「高注淮南子序：『以父諱長，故所著諸「長」字皆曰「修」。』」陳漢章說同。陳直曰：「淮南王安在國内避長字，最爲嚴格。現淮河流域所出漢鏡，銘云『長相思』者，皆改作『脩相思』，不僅在淮南子全書之内然也。」器案：琴有修短之說，別無所聞。尋淮南子齊俗篇：「修脛者使之跖钁。」許慎注：「長脛以蹋插者使入深。」案莊子駢拇篇：「是故鳧脛雖短，續之則憂；鶴脛雖長，斷之則悲。」是則脛以長短言之，維昔而然矣。「琴」疑當作「脛」，音近之誤也。又案：齊東野語四避諱類謂：「韓退之辨諱：『桓公名白，博有五皓之稱；厲王名長，琴有脩短之目。』不聞謂布帛爲布皓，腎腸爲腎脩。』」即本之推此文，而以爲韓文，蓋記憶偶疎耳。

〔四〕趙曦明曰：「梁書武帝紀：『高祖武皇帝諱衍，字叔達，小字練兒。』」器案：南史卷五十三梁武帝諸子傳：「徐州所有練樹，並令斬殺，以帝小名練故。」慧琳一切經音義十四大寶積經第八十二卷：「阿練兒，梵語虜質不妙，舊云阿蘭，唐云寂靜處也。」又十六：「阿練兒，梵語古譯虜質不妙也。亦云阿蘭若，唐云寂靜也。」蕭梁多以佛典取名，則阿練之名本於大寶積經也。又案：齊東野語四避諱：「梁武帝小名阿練，子孫皆呼練爲白絹。」「絹」上有「白」字。陳直曰：「漢書記司馬相如小字犬子，是爲特例。晉宋以來，普記小字，在世説新語中最爲顯著。若晉荀岳墓碣大書『小字異于』，在碑刻中殊爲罕見，亦可見當時之風氣。」器案：類説卷五冥祥記：「晉中書令王珉，有一胡沙門每瞻珉丰采，曰：『若我復生，得與此人作子，願亦足矣。』頃之，病卒。珉生一子，始能言，便解外國語及絶國珠具，生所未見即識名目，咸以爲沙門先身，故珉字之曰阿練。」則晉人已有以阿練爲名矣。晉書王珉傳：「二子朗、練，義熙中並歷侍中。」宋書王弘傳：「弘從父弟練，晉中書令珉子也，元嘉中，歷顯宦，侍中度支尚書。」

〔五〕「銷鍊」，鮑本作「銷練」，不可從；類説作「銷煉」，同。

〔六〕類説、事文類聚「紛煙」作「紛絪」。

〔七〕宋本「耳」作「爾」。盧文弨曰：「案：趙宋之時，嫌名皆避，有因一字而避至數十字者，此末世之失也。」

周公名子曰禽〔一〕，孔子名兒曰鯉〔二〕，止在其身，自可無禁。至若衛侯〔三〕、魏公子〔四〕、楚太子，皆名蟣蝨〔五〕；長卿名犬子〔六〕，王修名狗子〔七〕，上有連及〔八〕，理未爲通，古之所行，今之所笑也〔九〕。北土多有名兒爲驢駒、豚子者〔一〇〕，使其自稱及兄弟所名，亦何忍哉？前漢有尹翁歸〔一一〕，後漢有鄭翁歸，梁家亦有孔翁歸，又有顧翁寵〔一二〕；晉代有許思妣〔一三〕、孟少孤〔一四〕：如此名字，幸當避之。

〔一〕周公之子魯公名伯禽，見史記魯周公世家。

〔二〕盧文弨曰：「家語本姓解：『十九娶宋之幵官氏，一歲而生伯魚。魚之生也，魯昭公以鯉魚賜孔子；孔子榮君之賜，故因名曰鯉，而字伯魚。』」

〔三〕類説無「衛侯」二字。

〔四〕趙曦明曰：「史記韓世家：『襄王十二年，太子嬰死，公子咎、公子蟣蝨争爲太子，時蟣蝨質於楚。』案：戰國策韓策作『幾瑟』，此所云則未詳。」郝懿行曰：「『魏』當作『韓』。」亦引史記文爲證。器案：淮南子説林篇：「頭蝨與空木之瑟，名同實異也。」高誘注：「頭中蝨，空木瑟，其音同，其實則異也。」據此，則古人以瑟蝨同音通用，此荀子正名所謂「惑於用名以亂實」者也。

〔五〕器案：荀子議兵篇言世俗之善用兵者，有燕之繆蟣，命名亦同此類，足證春秋、戰國時，以蟣蝨命名者不少矣。

〔六〕趙曦明曰：「史記司馬相如傳：『蜀郡成都人也，字長卿。少時，好讀書，學擊劍，故其親名之曰犬子。』」

〔七〕李慈銘曰：「案：晉書：『王修，字敬仁，小名苟子，太原晉陽人。』顔氏所稱狗子，即其人也。六朝人往往以苟、狗通用，如張敬兒本名苟兒，其弟名猪兒，及敬兒貴後，齊武帝爲名，傍加『攵』字作『敬』。梁世何敬容自書名，往往大作『苟』小作『攵』，大作『父』小作『口』，人嘲之曰：『公家狗既奇大，父亦不小。』是皆以『苟』爲『狗』之證。敬本從苟，音急，説文：『自急敕也。』與從艸之苟迥殊，六朝已不講字學如此。」李詳曰：「世説新語文學篇：『許掾年少時，人以比王苟子。』劉孝標注：『苟子，王修小字。』南朝俗字，有假『苟』爲『狗』者，何敬容曾爲人所戲『苟子』，即『狗子』。」陳漢章説同。陳直曰：「按：晉書外戚傳：『王濛子修，字敬仁，小字苟子。』趙氏原注，誤作曹魏時之王修。」器案：張敬兒，南齊書有傳。侯景小字狗子，見隋書五行志上。又案：史記建元已來王子侯者年表有洮陽侯劉狗彘，則漢人以狗命名者，不止一犬子也。

〔八〕林思進先生曰：「如名狗子，則連及父爲狗之類。」

〔九〕器案：下文昔侯霸之子孫條，亦云：「古人之所行，今人之所笑也。」王叔岷曰：「案淮南子氾論篇：『於古爲義，於今爲笑。』」

〔一〇〕類説引「駒」作「狗」。郝懿行曰：「桂未谷繆篆分韻有趙豬、王豬、筐豬等名，又有尹豬子印，又有張狗、左狗等印。」器案：魏書卷九十一有周驢駒傳，此正顔氏所指斥者。類説引「駒」作「狗」，非是。又釋老志有涼州軍户趙苟子。宋俞成螢雪叢説一曰：「今人生子，妄自尊大，多取文武富貴四字爲名，不以希顔爲名，則以望回爲名，不以次韓爲名，則以齊愈爲名，甚可笑也。古者命名，多自貶損，或曰愚曰魯，或曰拙曰賤，皆取謙抑之義也。如司馬氏幼字犬子，至有慕名野狗，何嘗擇稱呼之美哉？嘗觀進士同年録，江南人習尚機巧，故其小名多是好字，足見自高之心；江北人大體任真，故其小名多非佳字，足見自貶之意。」案：尊大與謙抑之説，足補此書所未備。陳直曰：「如北魏李璧墓志之鄭班豚，孫秋生造像之□□白犢，即其例也。」

〔一一〕趙曦明曰：「漢書尹翁歸傳：『字子兄，平陵人，徙杜陵。』注：『兄讀曰況。』」陳直曰：「梁書文學傳：『孔翁歸，會稽人，工爲詩，爲南平王大司馬府記室。』玉臺新詠卷六有奉和湘東王教班婕妤詩。」

〔一二〕趙曦明曰：「未詳。」陳直曰：「鄭翁歸未詳，曹魏又有張翁歸，見魏志張既傳，之推原文未引及。」

〔一三〕孫志祖讀書脞録續編三曰：「案：許柳子永，字思妣，見世説政事篇。」李慈銘、李詳、陳漢章、嚴式誨、劉盼遂説同。

〔一四〕盧文弨曰：「晉書隱逸傳：『孟陋，字少孤，武昌人。』」孫志祖説同。李詳曰：「世説棲逸篇

注：『袁宏孟處士銘：「處士名陋，字少孤。」』」陳漢章説同。嚴式誨曰：「經典釋文叙録：『論語孟整注，十卷。一云孟陋。陋字少孤，江夏人，東晉撫軍參軍，不就。』」器案：御覽五〇四引晉中興書：「孟陋，字少孤，少而貞潔，清操絶倫，口不言世事，時或漁弋，雖家人亦不知所之。太宗輔政，以爲參軍，不起。桓温躬往造焉，或謂温宜引在府，温歎曰：『會稽王不能屈，非敢擬議也。』陋聞之，曰：『億兆之人，無官者十居其九，豈皆高士哉？我病疾，不堪恭相王之命，非敢爲高也。』」又通典一〇二引孟陋難孫放事。又案：平步青霞外攟屑卷五艷雪盦雜觚有連姓取名一條，討論及此，徵引甚博，然此似非連姓取名之類也。

今人避諱，更急於古。凡〔一〕名子者，當爲孫地。吾親識〔二〕中有諱襄、諱友〔三〕、諱同〔四〕、諱清、諱和、諱禹，交疏造次，一座百犯〔五〕，聞者辛苦，無憀〔六〕賴焉。

〔一〕羅本、顔本、程本、胡本、何本無「凡」字，今從宋本；事文類聚亦無「凡」字。

〔二〕親識，六朝人習用語。陶淵明形贈影詩：「親識豈相思。」謝惠連順東西門行：「華堂集親識。」

〔三〕宋本、類説、事文類聚無「諱友」二字，今從餘本。

〔四〕「諱同」，宋本、類説、事文類聚作「諱周」。

〔五〕盧文弨曰：「『交疏』當爲『疏交』，故容有不識者。疏如字讀。一云交往書疏，則當音所去切。造次，倉猝也。」器案：盧後説是，類説、事文類聚引亦作「交疏」。以有書疏交往，故爾造次百犯也。論語里仁篇：「造次必於是。」

〔六〕「憀」，程本、胡本作「僇」。盧文弨曰：「廣韻：『憀，落蕭切。』亦作聊，本或作『僇』，非。」郝懿行曰：「憀，音聊，玉篇云：『賴也。』集韻云：『無憀賴也。』」器案：汪琬堯峯文鈔題歐陽公集：「古人爲文，未有一無所本者，如韓退之諱辯本顔氏家訓。」即指此。

昔司馬長卿慕藺相如，故名相如〔一〕，顧元歎慕蔡邕，故名雍〔二〕，而後漢有朱倀字孫卿〔三〕，許暹字顔回〔四〕，梁世有庾晏嬰〔五〕、祖孫登〔六〕，連古人姓爲名字，亦鄙事也〔七〕。

〔一〕趙曦明曰：「見史記本傳。」器案：史記司馬相如傳：「相如既學，慕藺相如之爲人，更名相如。」藺相如，史記有傳。嵇康與山巨源絶交書：「長卿慕相如之節。」亦用此事。

〔二〕沈揆曰：「三國志：『顧雍，字元歎，以其爲蔡邕所歎。』一本作『元凱』者，非。」盧文弨曰：「『雍』與『邕』同。」邕，後漢書有傳。

〔三〕「朱倀」，原作「朱張」，今據孫志祖説校改。孫氏讀書脞録續編三：「『朱張』當作『朱倀』，倀字孫卿，見後漢書順帝紀注。」器案：後漢書順帝紀：「永建元年，長樂少府朱倀爲司徒。」注：「朱倀，字孫卿，壽春人也。」又來歷傳：「大中大夫朱倀。」又丁鴻傳：「門下由是益盛，遠方至者數千人，彭城劉愷、北海巴茂、九江朱倀，皆至公卿。」又劉愷傳：「倀能説經書，而用心褊狹。」又周舉傳：「後長樂少府朱倀代郃爲司徒。」風俗通義十反篇：「司徒九江朱倀，以年老爲司隸虞詡所奏。」字俱作「倀」，今據改正。

〔四〕趙曦明曰：「未詳。」器案：北齊書恩倖和士開傳有士曾參，亦連孔丘弟子姓爲名字者。

〔五〕錢大昕曰：「案：梁書文學傳：『庾仲容幼孤，爲叔父泳所養。初爲安西法曹行參軍，泳時已貴顯，吏部尚書徐勉擬泳子晏嬰爲宮僚，泳垂泣曰：「兄子幼孤，人才粗可，願以晏嬰所忝迴用之。」』」孫志祖説同。

〔六〕孫志祖讀書脞録續編三曰：「祖孫登，見陳書徐伯陽傳。」陳直曰：「祖孫登，文苑英華、樂府詩集載其紫騮馬等詩，丁福保氏全陳詩卷四共輯得八首。」器案：陳書徐伯陽傳：「伯陽與中記室李爽、記室張正見、左户郎賀徹、學士阮卓、黄門郎蕭詮、三公郎王由禮、處士馬樞、記室祖孫登、比部賀循、長史劉删等爲文會之友。」（又見南史徐伯陽傳）又侯安都傳：「自王琳平後，安都勳庸轉大，又自以功安社稷，漸用驕矜，數招聚文武之士，或射馭馳騁，或命以詩賦，第其高下，以差次賞賜之：文士則褚介、馬樞、陰鏗、張正見、徐伯陽、劉删、祖孫登，武士則蕭摩訶、裴子烈等，並爲之賓客，齋内動至千人。」即此人也。之推云梁世，則祖孫登亦由梁入陳者。

〔七〕「鄙事」，宋本作「鄙才」，今從餘本。論語子罕篇：「吾少也賤，故多能鄙事。」此之推所本。器案：南史孝義傳上：「蔡曇智，鄉里號蔡曾子。廬江何伯璵兄弟，鄉里號爲何展禽。」此則連古人姓名爲品題，與此又別。

昔劉文饒不忍罵奴爲畜産〔一〕，今世愚人〔二〕遂以相戲，或有指名爲豚犢者〔三〕：有識傍觀，猶欲掩耳〔四〕，況當〔五〕之者乎？

〔一〕趙曦明曰：「後漢書劉寬傳：『寬字文饒，嘗坐客，遣蒼頭市酒，迂久大醉而還；客不堪之，罵曰：「畜産！」寬使人視奴，疑必自殺，曰：「此人也，罵言畜産，故吾懼其死也。」』」李慈銘曰：「案：畜産字本當作『嘼』。」劉盼遂曰：「按：説文解字牛部：『犤，畜犤，畜牲也。』又歺部：『𣩘，畜産疫病也。』又嘼部：『嘼犤也。』以上三辭，字異而音義同，皆漢人常語也。」

〔二〕抱朴子行品篇：「冒至危以僥倖，值禍敗而不悔者，愚人也。」

〔三〕案：本篇上文「周公名子曰禽」條云：「北土多有名兒爲驢駒、豚子者。」尋史記司馬相如傳：「其親名之曰犬子。」此蓋稱兒爲賤名之始。若三國志吴書孫權傳注引吴歷：「劉景升兒子若豚犬耳。」則人之賤之耳，非其名之比。隋書音樂志載北齊有安馬駒，殆之推所斥言者也。

〔四〕左傳昭公三十一年：「荀躒掩耳而走。」林注：「示不忍聽。」

〔五〕「當」，各本作「名」，今從宋本，少儀外傳下同。

近在議曹〔一〕，共平章百官秩禄〔二〕，有一顯貴，當世名臣，意嫌所議過厚。齊朝有一兩士族文學之人，謂此貴曰：「今日天下大同，須爲百代典式，豈得尚作關中舊意〔三〕？明公〔四〕定是陶朱公大兒耳〔五〕！」彼比歡笑，不以爲嫌。

〔一〕盧文弨曰：「曹，局也。」器案：漢書龔遂傳有議曹王生，然續漢書百官志所載諸曹却無之，蓋閑曹也。隋書李德林傳：「遵彦追奏德林入議曹。」蓋亦沿漢官之舊。

〔二〕盧文弨曰：「平章雖本尚書，後世以爲處當衆事之稱，唐以後遂以繫銜。」李詳曰：「杜甫詩目有『余與主簿平章鄭氏女子』語，朱鶴齡注引太平廣記『吾當爲兒平章』語，蓋至唐猶用之。」陳漢章説同。器案：平章猶言商討，後漢書蔡邕傳：「更選忠清，平章賞罰。」北史李彪傳：「平章古今，商略人物。」王梵志詩：「有事須相問，平章莫自專。」義俱同。

〔三〕各本句末有「乎」，今從宋本。趙曦明曰：「魏都關中，齊承東魏都鄴。」劉盼遂曰：「北齊書之推本傳：『入周爲御史上士。』此云議曹，正指其事；然則關中舊意，即就周未併北齊之時而言，鄴都既下，故云天下大同，不得尚作舊意。」器案：劉説非是。此當隋時而言：隋統一天下，結束南北對峙局面，故云「大同」；雖都長安，即爲新朝，故云「豈得尚作關中舊意」；之推寫定家訓時已入隋，故記其事云「近在議曹」也。周一良曰：「案：作某意猶言作某想法，南北朝習用之。陳書二六徐陵傳：『今衣冠禮樂，日富年華，何可猶作舊意，非理望也。』文苑英華六七七載陵此書，作『何可猶作亂世意，而覓非分之官邪』。北史二四崔休傳誡諸子曰：『汝等宜皆一體，勿作同堂意。』」

〔四〕器案：漢、魏、六朝人率以「明」字加於稱謂之上，以示尊重，如明公、明府、明將軍、明使君之等，不一而足。通鑑九四胡三省注曰：「漢、魏以來，率呼宰輔岳牧爲明公。」

〔五〕「耳」，宋本作「爾」，今從諸本。趙曦明曰：「史記越王句踐世家：『范蠡去齊居陶，自謂陶朱公。父子耕畜廢居，致貲鉅萬。生少子，及壯，而朱公中男殺人，囚於楚；公遣其少子往視之，裝黄金千鎰。且遣少子，長男固請行，不聽。其母爲言，乃遣長子。爲書遺所善莊生，曰：「至則進千金，聽其所爲，愼無與争事。」長男至莊生家，發書進金，如父言。生曰：「可疾去，愼無留，即弟出，勿問所以然。」莊生雖居窮閻，以廉直聞於國，自王以下皆師尊之；及朱公進金，非有意受也，欲成事後復歸之。長男不知其意，以爲殊無短長也。莊生入見楚王，言：「某星宿某，此則害於楚。」王曰：「今爲奈何？」生曰：「獨以德爲可以除之。」王乃使使者封三錢之府。楚貴人告長男曰：「王且赦。」長男以爲赦，弟固當出，復見莊生，生驚曰：「若不去耶？」曰：「固未也。初爲弟事；弟今議自赦，故辭生去。」生知其意欲得金，曰：「若自入室取金。」長男即取金持去。生羞爲兒子所賣，乃入見楚王曰：「臣前言某星事，王欲以修德報之。今道路皆言陶之富人朱公之子殺人囚楚，其家多持金錢賂王左右，王非恤楚國而赦，以朱公子故也。」王大怒，令殺朱公子。明日下赦令。長男竟持其弟喪歸，母及邑人盡哀之。朱公獨笑曰：「吾固知必殺其弟也。彼非不愛弟，是少與我俱，見苦爲生難，故重棄財。至如少弟者，生而見我富，豈知財所從來，故輕去之，非所惜吝。前日吾所爲欲遣少子，固爲其能棄財故也。長者不能，故卒以殺其弟，事之理也，無足悲者。吾日夜固以望其喪之來也。」』

昔侯霸之子孫，稱其祖父曰家公〔一〕；陳思王稱其父爲家父，母爲家母〔二〕；潘尼稱其祖曰家祖〔三〕：古人之所行，今人之所笑也。今〔四〕南北風俗，言其祖及二親，無云家者；田里猥人〔五〕，方有此言耳〔六〕。凡與人言，言己世父〔七〕，以次第稱之，不云家者，以尊於父，不敢家也。凡言姑姊妹女子子〔八〕：已嫁，則以夫氏稱之；在室，則以次第稱之。言禮成他族，不得云家也。子孫不得稱家者，輕略之也。蔡邕書集，呼其姑姊爲家姑家姊〔九〕；班固書集，亦云家孫〔一〇〕：今並不行也。

〔一〕趙曦明曰：「後漢書侯霸傳：『霸字君房，河南密人。矜嚴有威容，篤志好學，官至大司徒。』」盧文弨曰：「王丹傳：『丹徵爲太子少傅。時大司徒侯霸，欲與交友，及丹被徵，遣子昱候於道，昱迎拜車下，丹下答之，昱曰：「家公欲與君結交，何爲見拜？」丹曰：「君房有是言，丹未之許也。」』」案：此『孫』字『祖』字或誤衍。」案：趙與旹賓退録四引此文，並云：「之推，北齊人，逮今七百年，稱家祖者，復紛紛皆是，名家望族，亦所不免。家父之稱，俗輩亦多有之，但家公家母之名少耳。」山簡謂『年三十不爲家公所知』（案見晉書山簡傳），蓋指其父，非祖也。」左暄三餘偶筆十：「孔叢子：『子高以爲趙平原君霸世之士，惜其不遇時也。其子子順以爲衰世好事之公子，無霸相之才也。申叔問子順曰：「子之家公，有道先生，既論之矣；今子易之，是非安在？」』是對子而亦稱其父爲家公也。」

〔二〕類説「母爲」上有「其」字。宋本及賓退録四、實賓録六引上「爲」字並作「曰」。海録碎事七上、事文類聚後二引二「爲」字都作「曰」。趙曦明曰：「魏志陳思王植傳：『字子建，薨，年四十一。景初中詔撰録所著凡百餘篇。』」盧文弨曰：「陳思王集寶刀賦序：『家父魏王，乃命有司造寶刀五枚。』下文稱『家王』。又叙愁賦序：『時家二女弟，故漢皇帝聘以爲貴人，家母見二弟愁思』云云。又釋思賦序：『家弟出養族父郎中伊。』」器案：御覽六〇八引魏文帝蔡伯喈女賦序：「家公與伯喈，有管、鮑之好。」家公亦指其父操，詳後漢書列女董祀妻傳。

〔三〕海録碎事七上、合璧事類前二四無「其」字。趙曦明曰：「晉書潘岳傳：『岳從子尼，字正叔。性静退不競，唯以勤學著述爲事。永嘉中，遷太常卿。』今集後人所掇拾者，無家祖語。」器案：晉書潘尼傳載乘輿箴云：「而高祖亦序六官。」尋尼祖勗作符節箴，當即在所序六官中，此云「高祖」，當係「家祖」之譌。

〔四〕「令」，各本作「及」，今從宋本，賓退録、實賓録、事文類聚引都作「令」。

〔五〕盧文弨曰：「猥人謂鄙人。」器案：治家篇言「猥壻」，猥字義同，謂猥俗也。

〔六〕「耳」，宋本作「爾」，今從餘本。通鑑一一八胡三省注：「魏、晉之間，凡人子者，稱其父曰家公，人稱之曰尊公。」

〔七〕世父，謂伯父。儀禮喪服：「世父母。」正義：「伯父言世者，以其繼世者也。」爾雅釋親：「父之晜弟，先生爲世父。」郭注：「世有爲嫡者，嗣世統故也。」陳槃曰：「清章完素如不及齋文鈔有世父釋，詳論世父但專稱伯父之長，非通稱父之諸兄。李慈銘曰：『禮經本自明白。後人不知宗法，遂有如顔氏家訓所云世父當以次第稱之者矣。』（越縵堂讀書記）」

〔八〕盧文弨曰：「儀禮喪服每言姑姊妹女子子，鄭注：『女子子者，女子也，別於男子也。』疏云：『男子女子，各單稱子，是對父母生稱；今於女子別加一子，故雙言二子以別於男一子者。姑對姪，姊妹對兄弟。』」案：事文類聚、合璧事類不重「子」字，非是。

〔九〕趙曦明曰：「後漢書蔡邕傳：『邕字伯喈，所著詩、賦、碑、誄、銘、讚等凡百四篇，傳於世。』」盧文弨曰：「今蔡集未見有此語。」器案：「姑姊」，原作「姑女」，傳本作「姑姊」，今據校正。趙翼陔餘叢考三七：「北史：『高道穆爲京邑，出遇魏帝姊壽陽公主，不避道，道穆令卒棒破其車。公主泣訴帝。帝他日見道穆曰：「家姊行路相犯，深以爲愧。」』今俗惟子孫不稱家，其猶顔氏之遺訓歟！」

〔一〇〕趙曦明曰：「後漢書班彪傳：『子固，字孟堅，所著典引、賓戲、應譏、詩、賦、銘、誄、頌、書、文、記、論、議、六言，在者凡四十一篇。』」盧文弨曰：「今班集亦未見。」案：郭爲崍咫聞集稱名篇引此下有「戴逵稱安道則曰家弟矣」句，蓋郭氏所竄入，乾隆時人所見家訓，不得多於今本。

凡與人言，稱彼祖父母、世父母、父母及長姑，皆加尊字〔一〕，自叔父母以下，則加賢字〔二〕，尊卑之差也。王羲之書，稱彼之母與自稱己母同〔三〕，不云尊字，今所非也。

〔一〕真誥卷十八握真輔第二本注：「今世呼父爲尊，於理乃好，昔時儀多如此也。」案：禮記喪服小記注：「尊，謂父兄。」本篇下文，甲問乙之子曰：「尊侯早晚顧宅？」三國志魏書武帝傳注引獻帝起居注載袁叙與從兄紹書，稱紹爲尊兄，又蜀書馬良傳載與諸葛亮書，稱亮兄爲尊兄，皆加尊字是也。又南史沈昭略傳：「家叔晚登僕射，猶賢於尊君以卿爲初蔭。」即沈昭略稱王晏之父爲尊君也。

〔二〕鮑本「以」作「已」，合璧事類續集三引亦作「以」。器案：南史沈昭略傳：「王晏常戲昭略曰：『賢叔可謂吳興僕射。』」即其例證。

〔三〕趙曦明曰：「晉書王羲之傳：『羲之字逸少，辯贍，以骨鯁稱；尤善隸書，爲古今之冠。拜護軍，苦求宣城郡，不許，乃以爲右軍將軍、會稽内史。』」盧文弨曰：「案：今右軍諸帖中，亦不見有此。」

南人冬至歲首，不詣〔一〕喪家；若不修書，則過節束帶〔二〕以申慰。北人至歲之日〔三〕，重行弔禮；禮無明文，則吾不取。南人賓至不迎，相見捧手而不揖〔四〕，送客下席而已；北人迎送並至門，相見則揖，皆〔五〕古之道也，吾善其〔六〕迎揖。

〔一〕盧文弨曰：「詣，至也。」

〔二〕論語公冶長：「赤也束帶立於朝，可使與賓客言也。」束帶，所以示敬意。

〔三〕至歲，謂冬至、歲首二節也。

〔四〕郝懿行曰：「捧手不揖，今南北之俗，遂爾盛行，唯賓至迎送於門爲異耳。」

〔五〕「皆」字，宋本有，餘本俱無，今從宋本。

〔六〕穀梁傳宣公十有五年：「宋人及楚人平。平者，成也。善其量力而反義也。」又昭公十有三年：「陳侯吳歸于陳，善其成之會而歸之，故謹而日之。」之推此文，即模倣穀梁，善謂致美也。

昔者，王侯自稱孤、寡、不穀〔一〕，自茲以降，雖孔子聖師，與門人言皆稱名也〔二〕。後雖有臣僕之稱〔三〕，行者蓋亦寡焉。江南輕重，各有謂號，具諸書儀〔四〕；北人多稱名者，乃古之遺風，吾善其稱名焉。

〔一〕盧文弨曰：「老子德經：『是以侯王自稱孤、寡、不穀，此其以賤爲本耶！非乎？』」器案：

古天子諸侯，即位未終喪，自稱曰孤，既終喪，自稱曰寡人。吕氏春秋士容篇注：「孤、寡，謙稱也。」淮南原道篇：「是故貴者必以賤爲號。」注：「貴者，謂公王侯伯，稱孤、寡、不穀，故曰以賤爲號。」又人間篇注：「不穀，不禄也，人君謙以自稱也。」

〔二〕案：論語公冶長：「左丘明恥之，丘亦恥之。」「十室之邑，必有忠信如丘者焉，不如丘之好學也。」又述而：「吾無行而不與二三子者，是丘也。」即其例證。

〔三〕盧文弨曰：「史記高祖本紀吕公語劉季自稱臣，張耳陳餘傳餘對耳自稱臣，漢書司馬遷傳載報任安書稱僕，楊惲傳答孫會宗書亦稱僕，他不能徧舉。」章悔門韻海餘瀋稱謂部曰：「流輩自稱曰臣，見於戰國、先秦文内者，不可勝舉，聶政、蔡澤傳皆是也。或爵次稍次，自謙如家臣之類耳。……禮運：『仕於公曰臣，仕於家曰僕。』又徒也，莊子則陽篇：『仲尼曰：是聖人僕也。』注：『猶言聖人之僕也。』又自謙之辭，漢書韋玄成傳：『丞相、御史案驗玄成，與玄成書曰：「僕素愚陋，過爲宰相執事，願少聞風聲，不然，恐子傷高而僕爲小人也。」』注：『自稱爲僕，卑辭也。』」

〔四〕盧文弨曰：「隋書經籍志：『内外書儀四卷，謝元撰；書儀二卷，蔡超撰；又十卷，王宏撰；又十卷，唐瑾撰；又書儀疏一卷，周捨撰。』」器案：唐瑾，周書有傳，不當闌入江南之列。唐志又有王儉弔答書儀十卷，皇室書儀七卷，鮑衡卿皇室書儀十三卷。謝允書儀二卷，未知與謝元書儀爲一爲二。六朝、唐人諸書儀，今都不存，讀司馬温公書儀，可得其彷彿。

言及先人，理當感慕，古者之所易，今人之所難。江南人事不獲已〔一〕，須言閥閱〔二〕，必以文翰〔三〕，罕有面論〔四〕者。北人無何〔五〕便爾話説，及相訪問。如此之事，不可〔六〕加於人也。人加諸己，則當避之。名位未高，如爲勳貴所逼，隱忍方便〔七〕，速報取了；勿使〔八〕煩重，感辱祖父。若没〔九〕，言須及者，則斂容肅坐，稱大門中，世父、叔父則稱從兄弟門中，兄弟則稱亡者子某門中〔一〇〕，各以其尊卑輕重爲容色之節，皆變於常。若與君言，雖變於色，猶云亡祖亡伯亡叔也。吾見名士，亦有呼其亡兄弟爲兄子弟子門中者，亦未爲安貼〔一一〕也。北土風俗〔一二〕，都不行此。太山羊偘〔一三〕，梁初入南；吾近至鄴，其兄子肅〔一四〕訪偘委曲，吾答之云：「卿從門中在梁，如此如此〔一五〕。」肅曰：「是我親第七亡叔〔一六〕，非從也。」祖孝徵〔一七〕在坐，先知江南風俗，乃謂之云：「賢從弟門中〔一八〕，何故不解？」

〔一〕各本無「人」字，今從宋本，少儀外傳下亦有也。趙曦明曰：「各本此下有『乃陳文墨，㦤㦤無自言者』，宋本注云：『一本無此十字。』案：無者是也，有則與下複。」郝懿行曰：「㦤㦤二字，又見文章篇末，檢玉篇云：『㦤，乖戾也，頑也。』然此字文人用者絶少，厥義未詳。」器案：少儀外傳下引與宋本合，趙據一本删是，今從之。

〔二〕盧文弨曰：「史記高祖功臣侯年表：『明其等曰伐，積日曰閱。』『閥』與『伐』同。此閥閱猶言家世。」

〔三〕三國志吴書孫賁傳注：「賁曾孫惠，文翰凡數十首。」晉書温嶠傳：「明帝即位，拜侍中，機密大謀，皆所參綜，詔命文翰，亦悉豫焉。」

〔四〕「面論」，少儀外傳作「面諭」。

〔五〕趙曦明曰：「顏師古注漢書翟方進傳：『無何，猶言無幾，謂少時。』」器案：漢書金日磾傳：「何羅亡何從外入。」師古曰：「亡何，猶言無故。」劉淇助字辨略二曰：「諸無何，並是無故之辭。無故猶云無端，俗云没來由是也。」

〔六〕「不可」，鮑本、汗青簃本作「何可」。

〔七〕史記伍子胥傳：「故隱忍就功名，非烈丈夫，孰能致此哉！」

〔八〕「使」，宋本元注云：「一本作『取』。」案：羅本、傅本、顏本、程本、胡本、何本、朱本作「取」。少儀外傳亦作「使」，今從之。

〔九〕少儀外傳無「没」字。

〔一〇〕趙曦明曰：「家之稱門古矣，逸周書皇門解：『會羣門。』蓋言衆族姓也。又曰：『大門宗子。』」劉盼遂引吴承仕曰：「吴志劉繇傳：『王朗遺孫策書曰：「劉正禮昔初臨州，未能自達；實賴尊門，爲之先後。」』此指繇爲揚州刺史，畏袁術不敢之州，吴景、孫賁迎至曲阿一事言之。孫賁者，策之從父昆弟，謙不指斥，則謂之尊門，與顏氏所稱門中同意。」器案：唐段行琛碑稱高祖曰高門，曾祖曰曾門（金石萃編），唐書孝友程袁師傳：「改葬曾門以來，閱二十年乃畢。」唐濟度寺尼惠源和上神空誌：「曾門梁孝明皇帝。」（金石萃編）蓋惠源，蕭禹孫女也，則稱門風習，至唐猶然。梁章鉅稱謂録四曰：「案：兄弟已亡者，不忍稱其兄弟，而稱其兄弟之子之名也。」

〔一一〕「安帖」，朱本作「妥帖」，案：易林離之無妄：「安帖之家，虎狼爲憂。」朱本妄改。

〔一二〕宋本元注：「一本無『風俗』二字。」案：羅本、傅本、顔本、程本、胡本、何本、朱本無。

〔一三〕顔本注：「偘、侃同。」趙曦明曰：「梁書羊侃傳：『侃字祖忻，泰山梁甫人。祖規陷魏，父祉，魏侍中金紫光禄大夫。侃以大通三年至京師。』晉書地理志：『泰山郡，漢置，屬縣有梁父。』案：泰、太，甫、父俱通用。」

〔一四〕盧文弨曰：「魏書羊深傳：『深字文淵，梁州刺史祉第二子也。子肅，武定末，儀同開府東閣祭酒。』」

〔一五〕如此如此，猶當時之言爾爾。胡三省通鑑八六注：「爾爾，猶言如此如此也。」又一六八注：「顔之推曰：『如是爲爾，而已爲耳。』」

〔一六〕器案：自漢、魏以來，習慣於親戚稱謂之上加以親字，以示其爲直系的或最親近的親戚關係。本書下文：「思魯等第四舅母，親吳郡張建女也。」史記淮南王傳：「大王，親高皇帝孫。」又梁孝王世家：「李太后，親平王之大母也。」春秋繁露竹林篇：「齊頃公，親齊桓公之孫。」説苑善説篇：「鄂君子晳，親楚王母弟也。」風俗通義怪神篇：「安，親高祖之孫。」晉書武悼楊皇后傳：「后言於帝曰：『賈公閭有勳社稷，猶當數世宥之，賈妃親是其女，正復妬忌之間，不足以一眚掩其大德。』」諸親字，用法俱同。

〔一七〕趙曦明曰：「北齊書祖珽傳：『珽字孝徵，范陽狄道人。』」

〔一八〕梁章鉅稱謂録三曰：「案：不忍稱亡者之名，故稱其子之門中耳。」

古人皆呼伯父叔父，而今世多單呼伯叔〔一〕。從父〔二〕兄弟姊妹已孤，而對其前，呼其母爲伯叔母，此不可避者也。兄弟之子已孤，與他人言，對孤者前，呼爲兄子弟子，頗爲不忍；北土人〔三〕多呼爲姪〔四〕。案：爾雅、喪服經、左傳，姪雖名通男女，並是對姑之稱〔五〕。晉世已來，始呼叔姪；今呼爲姪，於理爲勝也〔六〕。

〔一〕黄叔琳曰：「漢書二疏傳，叔姪亦稱父子。」又曰：「叔伯乃行次通名，古人即以爲字，五十以伯仲是也。去父母而稱伯叔，乃晉以下輕薄之習。」趙曦明曰：「案：伯仲叔季，兄弟之次，故稱諸父，必連父爲稱。」

〔二〕各本脱「父」字，今從宋本。

〔三〕各本脱「人」字，今從宋本。

〔四〕通典六八：「宋代，或問顏延之曰：『甥姪亦可施於伯叔從母耶？』顏延之答曰：『伯叔有父名，則兄弟之子不得稱姪，從母有母名，則姊妹之子不可言甥；且甥姪唯施之於姑舅耳。』雷次宗曰：『姪字有女，明不及伯叔；甥字有男，見不及從母；是以周服篇無姪字，小功篇無甥名也。』」

〔五〕宋本「之」作「立」。沈揆曰：「爾雅云：『女子謂晜弟之子爲姪。』左傳云：『姪其從姑。』喪服經亦一書也，隋書經籍志喪服經傳及疏義凡十餘家，一本作『喪服經』者非。」趙曦明曰：「案：爾雅見釋親，左傳在僖十四年，喪服經在儀禮内，子夏爲之傳，其大功九月章：『姪丈夫婦人報。』傳曰：『姪者何也？謂吾姑者，吾謂之姪。』」器案：後漢書鄧后紀論：「愛姪微愆，髡剔謝罪。」注：「太后兄騭子鳳受遺，事洩，騭遂髡妻及鳳，以謝天下。」則宋人仍以姪爲對姑之稱。

〔六〕陸繼輅合肥學舍札記三：「姑姪字皆從女，左傳所謂『姪其從姑』是也。然爾雅『女子謂晜弟之子爲姪』，則似兄弟之男子子亦可稱姪矣。顔氏家訓云：『晉世已來，始呼叔姪。』吾意叔乃對嫂之稱，非可施於從父，姪乃對姑之號，可以通於丈夫，相習既久，差不悖於禮者，從之可也。（干禄字書序、柳宗元祭六伯母文皆稱姪男。）」

別易會難〔一〕，古人所重；江南餞送，下泣言離〔二〕。有王子侯〔三〕，梁武帝弟，出爲東郡〔四〕，與武帝別，帝曰：「我年已老，與汝分張〔五〕，甚以〔六〕惻愴。」數行淚下〔七〕。侯遂密雲〔八〕，赧然〔九〕而出。坐此被責，飄颻舟渚，一百許日，卒不得去。北間風俗，不屑此事，歧路言離，歡笑分首〔一〇〕。然人性自有少涕淚者，腸雖欲絶，目猶爛然〔一一〕；如此之人，不可強責〔一二〕。

〔一〇〕吴曾能改齋漫録十六：「李後主長短句，蓋用此耳，故云：『別時容易見時難。』又云：『別易會難無可奈。』然顏説又本文選，陸士衡答賈謐詩云：『分索則易，攜手實難。』」蕭﨓勤齋集一送王克誠序：「昔顏黄門言：『別易會難，古人所重；江南餞送，下泣言離。』而詩人有『丈夫非無淚，不灑別離間』之云，意顏説乃其常，詩人故反爲高奇耳。」胡仔苕溪漁隱叢話後集卷三十九：「復齋漫録云：『顏氏家訓云：別易會難，古人所重。江南餞送，下泣言離（從宋本）。北間風俗，不屑此事，歧路言離，懽笑分首。李後主蓋用此語耳，故長短句云別時容易見時難。』」器案：釋常談中：「淮南子曰：『楊朱見歧路而泣之，曰：「何以南，何以北。」』高注曰：『嗟其別易而會難也。』」（與今本説林注異）曹丕燕歌行：「別日何易會日難。」嵇康與阮德如詩：「別易會良難。」駱賓王與博昌父老書：「古人云：『別易會難。』不其然乎！」施肩吾遇李山人詩：「別易會難君且住。」文選陸士衡答賈謐詩集注曰：「鈔曰：『此言別易會難也。』」張銑注曰：「分別則易，集會則難。」俱在李煜詞之前。

〔一一〕劉盼遂引吴承仕曰：「按：南史張邵傳：『張敷善持音儀，盡詳緩之致，與人別，執手曰：「念相聞。」餘響久之不絶。張氏後進皆慕之，其源起自敷也。』明江左自有此風，宋、齊以來已如是矣。」器案：詩邶風燕燕：「之子于歸，遠送于野，瞻望弗及，泣涕如雨。」則送别下泣，自古而然矣。周一良曰：「案此蓋南朝末年風習。世説方正篇載周謨出爲晉陵，顗與嵩往别。謨涕泗不止。嵩恚曰：『斯人乃婦女，與人别唯啼泣。』便舍去。顗獨留言話，臨别流涕。是東晉時餞送猶不必以涕淚爲尚矣。」

〔三〕漢書王子侯表第三上曰：「至於孝武，以諸侯王疆土過制，或替差失軌，而子弟爲匹夫，輕重不相準，於是詔御史：『諸侯王或欲推私恩分子弟邑者，令各條上，朕且臨定其號名。』自是支庶畢侯矣。」

〔四〕錢大昕曰：「此東郡謂建康以東之郡，如吴郡、會稽之類，若秦、漢之東郡，不在梁版圖之内。」

〔五〕器案：分張，猶言分别，爲六朝人習用語。淳化閣帖二王羲之帖（原題後漢張芝書，今從諸家考定）：「且方有此分張，不知此去復得一會不？」法書要録引王羲之帖：「此上下可耳，出外解小分張也。」通典五一：「劉氏問蔡謨曰：『非小宗及一家之嫡，分張不在一處，得立廟不？』」宋書江夏王義恭傳：「文帝誡義恭書云：『今既分張。』」又王微傳：「微以書告靈曰：『昔仕京師，分張六旬耳。』」北齊書高乾傳：「乾曰：『吾兄弟分張，各在異處。』」庾信傷心賦：「兄弟則五郡分張，父子則三州離散。」以分張與離散對文，則分張與離散同義可知。

〔六〕「以」，宋本元注：「一本作『心』字。」案：羅本、傅本、顔本、程本、胡本、何本、朱本作「心」。

〔七〕王叔岷曰：「史記項羽本紀：『項王泣數行下。』漢書作『泣下數行』。」

〔八〕趙曦明曰：「易小畜象：『密雲不雨。』」盧文弨曰：「語林（藝文類聚二九、御覽四八九引）：『有人詣謝公別，謝公流涕，人了不悲。既去，左右曰：「向客殊自密雲。」謝公曰：「非徒密雲，乃是旱雷。」』案：以不雨泣爲密雲，止可施於小説，若行文則不可用之，適成鄙俗耳。」張雲璈四寸學五：「按：密雲言無淚，蓋取小畜『密雲不雨』之義，二字甚奇。」陸繼輅合肥學舍札記三：「密雲，蓋當時里俗語，戲謂不哭也。」

〔九〕盧文弨曰：「説文：『赧，面慙赤也，奴版切。』俗作赧。」

〔一〇〕「分首」，類説作「分手」。案：首、手古同音通用，儀禮大射儀「後首」鄭玄注云：「古文『後首』爲『後手』。」又士喪禮鄭注：「古文『首』爲『手』。」俱其例證。楚辭九歌河伯朱熹集注：「交手者，古人將別，則相執手，以見不忍相遠之意，晉、宋間猶如此也。」然則，交手後即分手也。

〔一一〕世説容止篇：「裴令公目王安豐，眼爛爛如巖下電。」續談助四引小説：「王夷甫出，語人曰：『雙眸爛爛，如巖下電。』」以爛爛形容目光，與此正同。詩鄭風女曰雞鳴：「明星有爛。」鄭箋：「明星尚爛爛然。」

〔一二〕盧文弨曰：「孔叢子儒服篇：『子高遊趙，有鄒文、季節者，與子高相友善，及將還魯，文、節送行，三宿，臨別流涕交頤，子高徒抗手而已。其徒問曰：「此無乃非親親之謂乎？」子高曰：「始吾謂此二子大夫耳，乃今知其婦人也。人生則有四方之志，豈鹿豕也哉？而常羣聚乎！」』案：子高之言，於朋友則可，然不可以概之天倫也。」

凡親屬名稱，皆須粉墨〔一〕，不可濫也。無風教〔二〕者，其父已孤，呼外祖父母與祖父母同，使人爲其〔三〕不喜聞也。雖質於面，皆當加外以別之〔四〕；父母之世叔父，皆當加其次第以別之；父母之世叔母，皆當加其姓以別之；父母之羣從世叔父母〔五〕及從祖父母，皆當加其爵位若姓以別之。河北士人，皆呼外祖父母爲家公家母〔六〕；江南田里間亦言之。以家代外，非吾所識。

〔一〕朱軾曰：「粉墨者，分別之意。」盧文弨曰：「謂修飾。」劉盼遂曰：「按：粉墨者，謂摛藻修辭之事也。徐陵宣示諸求官人書云：『既忝衡流，應須粉墨。』蓋謂選人年名狀貌行義，皆須銓論潤飾；粉墨之義，與顏旨同也。說本郝氏晉宋書故。」器案：盧、郝說是，魏書刑罰志載崔纂劉景暉九歲且赦後不合死坐議：「姦吏無端，横生粉墨。」義並相同。漢書顏師古注叙例：「詆訶言辭，……顯前修之紕僻，……乃效矛盾之仇讐，殊乖粉澤之光潤。」粉澤，義與粉墨相同。

〔二〕詩序：「風，風也，教也；風以動之，教以化之。」又詩序：「一曰風。」正義云：「隨風設教，故名之爲風。」

〔三〕盧文弨曰：「爲，于僞切；爲其，猶言代彼人。」

〔四〕盧文弨曰：「質於面，謂親見外祖父母，亦必當稱外也。」

〔五〕盧文弨曰：「從，直用切，下同。」錢馥曰：「『直用』亦當作『疾用』。直是澄母，舌上音，直用切乃輕重之重也。」

〔六〕盧文弨曰：「『家母』似當作『家婆』，古樂府：『阿婆不嫁女，那得孫兒抱。』」梁章鉅稱謂録二：「案：北人稱母爲家家，（器案：北齊書南陽王綽傳：「呼嫡母爲家家。」北史齊宗室傳：「後王泣啓太后曰：『有緣便見家家。』」）故謂母之父母爲家公家母。」

凡宗親〔一〕世數，有從父〔二〕，有從祖〔三〕，有族祖〔四〕。江南風俗，自兹已往，高秩〔五〕者，通呼爲尊，同昭穆者〔六〕，雖百世猶稱兄弟〔七〕；若對他人稱之，皆云族人〔八〕。河北士人，雖三二十世，猶呼爲從伯從叔。梁武帝嘗問一中土人曰〔九〕：「卿北人，何故不知有族？」答云：「骨肉易疎〔一〇〕，不忍言族耳。」當時雖爲敏對，於禮未通〔一一〕。

〔一〕史記五宗世家：「同母者爲宗親。」此則引申爲同宗之義，儀禮喪服傳所謂「同宗則可爲之後」是也。後漢書光武紀上：「各率宗親子弟，據其縣邑。」又宦者吕强傳：「又各自徵還宗親子弟在州郡者。……遂收捕宗親，没入財産焉。」白虎通義有宗親篇。

〔二〕儀禮喪服：「從父昆弟。」注：「世父叔父之子也。」

〔三〕爾雅釋親：「父之從父晜弟爲從祖父。」

〔四〕儀禮喪服：「族祖父母。」注：「族祖父者，亦高祖之孫。」正義：「族祖父母者，己之祖父從父昆弟也。」器案：陶潛贈長沙公族祖詩序曰：「長沙公於余爲族祖，同出大司馬。昭穆既遠，以爲路人。」潛爲晉大司馬侃曾孫，則此長沙公者，即潛之從祖祖父，乃云「昭穆既遠，以爲路人」，視此中土人所云「骨肉易疎，不忍言族」者，於禮未通耶，抑於理有乖也。

〔五〕秩，官秩。

〔六〕封建社會宗廟之制，太祖廟在中，父廟居左曰昭，子廟居右曰穆，如此分派，天子之廟至於七，諸侯之廟至於五，大夫之廟至於三，士人一廟。見禮記王制。此言同昭穆，猶今言同一個老祖宗之意。

〔七〕賈子新書六術：「人之戚屬，以六爲法。人有六親：六親始於父，父有二子，二子爲昆弟，昆弟又有子，子從父而昆弟，故爲從父昆弟。從父昆弟又有子，子從祖而昆弟，故爲從祖昆弟。從祖昆弟又有子，子從曾祖而昆弟，故爲從曾祖昆弟。從曾祖昆弟又有子，子爲族兄弟。備於六，此之謂六親。」此與「百世猶稱兄弟」可互參，所謂「瓜瓞緜緜」也。

〔八〕白虎通義宗親篇：「族者，湊也，聚也，謂恩愛相流湊也。」上湊高祖，下至玄孫，一家有吉，百家聚之，合而爲親，生相親愛，死相哀痛，有會聚之道，故謂之族。左襄十二年傳：「同族於禰廟。」杜注：「同族謂高祖以下。」周禮小宗伯職：「掌三族之別。」鄭注：「三族，謂父子孫人屬之正名。」儀禮士喪禮：「族長涖卜。」鄭注：「族長，有司掌族人親疏者也。」則凡有親者皆曰族也。禮記雜記下：「夫黨無兄弟，使夫之族人主喪。」大戴禮記曾子制言上：「族人之饑，不與聚鄰。」注：「族人，謂絶屬者。」白虎通義三綱六紀篇：「六紀者，謂諸父、兄弟、族人、諸舅、師長、朋友也。」

〔九〕器案：此中土人指夏侯亶。梁書夏侯亶傳：「宗人夏侯溢爲衡陽内史，辭日，亶侍御坐，高祖謂亶曰：『溢於卿疏近？』亶答曰：『是臣從弟。』高祖知溢於亶已疏，乃曰：『卿傖人，好不辨族從？』亶對曰：『臣聞服屬易疎，所以不忍言族。』時以爲能對。」周一良曰：「夏侯氏來自譙郡之僑人，故黄門稱爲中土人。南北朝不獨稱呼有別，對待宗族關係亦自迥異，史書頗有足徵者。魏書九七劉裕傳：『其中軍府録事參軍周殷啓（劉）駿曰：今士大夫父母在而兄弟異計，十家而七，庶人父子殊産，八家而五。凡甚者乃危亡不相知，飢寒不相恤，又疾讒其間，不可稱數，宜明其禁，以易其風。俗弊如此，駿不能革。』又七一裴植傳：『植雖自州送禄奉母，及贍諸弟，而各别資財，同居異爨，一門數竈，蓋亦染江南之習也。』宋書四六王仲德傳：『北土重同姓，謂之骨肉，有遠來相投者，莫不竭力營贍。若不至者以爲不義，不爲鄉里所容。仲德聞王愉在江南，是太原人，乃往依之，愉禮之甚薄。』太平廣記二四七盧思道條引談數載思道聘陳，宴會聯句作詩，有一人譏刺北人云：『榆生欲飽漢，草長正肥驢。』爲北人食愉，兼吳地無鱸，故有此句。思道援筆即續之曰：共甑分炊水，同鐺各煮魚。爲南人無情義，同炊異饌也。故思道有此句。吳人甚愧之。」

〔一〇〕少儀外傳「疎」作「疏」，二字古多混用。文鏡祕府論西册文二十八種病：「孔文舉與族弟書：『同源派流，人易世疎。』」

〔一一〕吳曾能改齋漫録十：「世以同宗族爲骨肉。南史王懿傳云：『北土重同姓，謂之骨肉，有遠來相投者，莫不竭力營贍。王懿聞王愉在江南貴盛，是太原人，乃遠來歸愉，愉接遇甚薄，因辭去。』顏氏家訓云云，予觀南北朝風俗，大抵北勝於南，距今又數百年，其風俗猶爾也。」

吾嘗問周弘讓〔一〕曰：「父母中外〔二〕姊妹，何以稱之？」周曰：「亦呼爲丈人。」自古未見丈人之稱施於婦人也〔三〕。吾親表所行，若父屬者，爲某姓姑；母屬者，爲某姓姨。中外丈人之婦，猥俗呼爲丈母〔四〕，士大夫謂之王母、謝母云〔五〕。而陸機集有與長沙顧母書〔六〕，乃其從叔母也，今所不行。

〔一〕趙曦明曰：「陳書周弘正傳：『弟弘讓，性閒素，博學多通，天嘉初，以白衣領太常卿光禄大夫，加金章紫綬。』」

〔二〕中外，一稱中表，即内外之義。姑之子爲外兄弟，舅之子爲内兄弟，故有中表之稱。下文：「中外憐之。」後漢書鄭太傳：「明公將帥，皆中表腹心。」三國志魏書管寧傳：「中表愍其孤貧。」晉書列女傳：「禮儀法度，爲中表所則。」世説言語篇：「張玄之、顧敷是顧和中外孫。」又賞譽篇：「謝公答曰：『阮千里姨兄弟，潘安仁中外。』」所言中表、中外，俱一物也。姜宸英湛園札記一曰：「南北朝最重表親，盧懷仁撰中表實録二十卷，高諒造表親譜録四十餘卷，（按：俱見隋書經籍志。）此風至唐猶存。」

〔三〕惠棟松崖筆記二：「顔氏家訓云云，余讀而笑曰：顔氏之學，不及周弘讓矣。古詩爲焦仲卿妻作曰：『三日斷五疋，丈人故嫌遲。』此仲卿妻蘭芝謂其姑也。史記刺客列傳：『家丈人。』索隱曰：『劉氏曰：「謂主人翁也。」又韋昭云：「古者，名男子爲丈夫，尊婦嫗爲丈人，故漢書宣元六王傳所云丈人，謂淮陽憲王外王母，即張博母也。故古詩曰：「三日斷五疋，丈人故嫌遲。」」此婦人稱丈人之明證也。王充論衡曰：『人形一丈，正形也。名男子爲丈夫，尊公嫗爲丈人。不滿丈者，失其正也。』然則焦仲卿之妻稱其姑爲丈人，自漢已有之矣。或改爲大人，此又襲顔氏之陋矣。」盧文弨龍城札記二：「案：論衡氣壽篇『人形一丈』云云。又史記荆軻傳有『家丈人』語，索隱引韋昭云云（已見前惠棟引），以上皆小司馬説，今本史記正文『丈人』作『大人』，而舊本皆作『丈人』，蓋本是『丈人』，故索隱先引丈夫發其端，若是『大人』，則漢高、霍去病等皆稱其父爲大人，小司馬胡不引，而反引張博母乎？亦不須先言丈夫也。古樂府又有『丈人且安坐』、『丈人且徐徐』之語，乃婦對舅姑之辭。至『丈人故嫌遲』，意偏主姑言，下言遣歸，則當兼白公姥，是姑亦得稱丈人也。乃史記聶政傳嚴仲子稱政之母爲大人，又本作『夫人』，注引正義語，與索隱同，而皆作『大人』。愚謂：『夫人』、『大人』，皆『丈人』之謁。顔氏謂『古未以丈人施諸婦人』，此語殊不然。」劉盼遂引吴承仕曰：「父之姊妹爲姑，母之姊妹爲從母，此家訓所謂『父母中外姊妹』也。禮有正名，而周云呼爲丈人者，蓋通俗之便辭也。尋南史后妃傳：『吴郡韓蘭英有文辭，武帝時以爲博士，教六宮書學；以其年老多識，呼爲韓公云。』事類略相近。」

〔四〕錢大昕恒言録三：「顔之推家訓云：『中外丈人之婦，猥俗呼爲丈母。』是凡丈人行之婦，並稱丈母也。通鑑：『韓滉謂劉元佐曰：「丈母垂白，不可使更帥諸婦女往填宫也。」』注：『滉與元佐結爲兄弟，視其父爲丈人行，故呼其母謂之丈母也，今則惟以妻母爲丈母矣。』」劉盼遂引吴承仕曰：「中外對文，所包甚廣：母之父母爲外祖父母，此母黨也；妻之父爲外舅，此妻黨也；姑之子爲外兄弟，此姑之黨也；女子子之子爲外孫，此女子子之黨也。以族親爲内，故以異姓爲外，其輩行尊於我者，則通謂之丈人，蓋晉、宋以來之通語矣。蜀志先主傳云：『董承爲獻帝丈人。』裴注云：『董承，靈帝母董太后之姪，於獻帝爲丈人，蓋古無丈人之名，故謂之舅。』據此，是王母兄弟之子，魏、晉間假名爲舅，宋以來則正稱丈人。裴意古人稱舅，不如後世稱丈人之諦也。然則母之兄弟，王母兄弟之子，妻之父母，姑之夫，母之姊妹之夫，皆中外丈人之類也。今呼妻之父母爲丈人丈母，蓋亦六朝之舊俗歟。」

〔五〕劉盼遂曰：「按：王母謂王姓母，謝母謂謝姓母也，此黃門舉江左習俗以爲例也。」器案：翟灝通俗編稱謂篇：「顔氏家訓謂『士大夫呼中外諸母曰王母謝母』，科場條貫謂『試録中考官不許稱張公李公』，亦非其實姓也。」此説得之。

〔六〕趙曦明曰：「晉書地理志：『長沙郡屬荆州。』陸機傳：『字士衡，吴郡人。少有異才，文章冠世，伏膺儒術，非禮不動。年二十而吴滅，退居舊里，閉門勤學。太康末，與弟雲俱入洛，造太常張華；華素重其名，如舊相識，曰：「伐吴之役，利獲二俊。」』」李詳曰：「本書文章篇引陸機與長沙顧母書，述仲弟士璜死，『痛心拔腦，有如孔懷』。此八字即書中語，亦當引彼證此。」

齊朝士子，皆呼祖僕射爲祖公〔一〕，全不嫌有所涉也〔二〕，乃有對面〔三〕以相〔四〕戲者。

〔一〕趙曦明曰：「北齊書後主紀：『武平三年二月，以左僕射唐邕爲尚書令，侍中祖珽爲左僕射。』射音夜。」

〔二〕盧文弨曰：「案：祖父稱公，今連祖姓稱公，故云嫌有所涉；然則稱姓家者，亦不可云家公。」

〔三〕韓詩外傳二：「鄰人相暴，對面相盜。」李衛公問對中：「敵雖對面，莫測吾奇正所在。」杜甫茅屋爲秋風所破歌：「忍能對面爲盜賊。」

〔四〕宋本元注云：「『相』，一本作『爲』字。」

古者，名以正體，字以表德〔一〕，名終則諱之〔二〕，字乃可以爲孫氏〔三〕。孔子弟子記事者，皆稱仲尼〔四〕；呂后微時，嘗字高祖爲季〔五〕；至漢爰種〔六〕，字其叔父曰絲〔七〕；王丹與侯霸子語，字霸爲君房〔八〕；江南至今不諱字也。河北士人全不辨之，名亦呼爲字，字固呼爲字〔九〕。尚書王元景兄弟〔一〇〕，皆號名人，其父名雲，字羅漢〔一一〕，一皆諱之〔一二〕，其餘不足怪也〔一三〕。

〔一〕演繁露續六：「西京雜記四卷曰：『梁孝王子賈從朝，年少，竇太后強欲冠之，王謝曰：「禮，二十而冠，冠而字，字以表德，安可勉強之哉！」』後漢傳亦以字爲表德。」按：匡謬正俗六名字曰：「名以正體，字以表德。」此顏師古襲用乃祖之文。陸游老學庵筆記二：「字所以表其人之德，故儒者謂夫子曰仲尼，非嫚也。先左丞每言及荆公，只曰介甫；蘇季明書張横渠事，亦只曰子厚。」

〔二〕盧文弨曰：「左氏桓六年傳文。」器案：名終則諱之，即禮記曲禮所謂「卒哭乃諱」也。

〔三〕趙曦明曰：「孫以王父字爲氏，如公子展之孫無駭卒，公命以其字爲展氏，見左氏隱八年傳。」陳槃曰：「案此但就隱八年左傳言之耳。實則春秋列國卿大夫，亦有以父字爲氏者，如公子遂之子曰公孫歸父，字子家，其後爲子家氏；公孫枝字子桑，其後爲子桑氏，方中履論之矣（古今釋疑十）。魯公子季友之後爲季氏，叔牙之後爲叔氏；衛公子郢字子南，而其後爲南氏（哀二十五年左傳：「奪南氏之邑。」）；鄭公子喜字子罕，而其子子展稱罕氏（襄二十六年左傳：「罕氏其後亡者也。」又二十九年傳：「罕氏常掌國政。」）；鄭公子騑字子駟，故其子子晳稱駟氏（襄三十年左傳：「子晳以駟氏之甲攻良霄。」）；子產之父公子發字子國，子產稱國氏（昭四年左傳：「子產作丘賦。……渾罕曰：國氏其先亡乎！」）。此毛奇齡氏論之矣（參西河合集經問卷四）。又王引之曰：『鬭伯棼之子爲盆黄（説苑善説篇），盆即棼也。以其父字爲氏。』（詳春秋名字解詁下）」

〔四〕如論語子張篇所載「仲尼不可毁也」、「仲尼日月也」是。

〔五〕趙曦明曰：「史記高祖本紀：『姓劉氏，字季。秦始皇帝常曰：「東南有天子氣。」於是因東遊以厭之。高祖即自疑亡匿，隱於芒、碭山澤巖石之間。吕后與人俱求，常得之。高祖怪問之，吕后曰：「季所居上常有雲氣，故從往，常得季。」』」

〔六〕「爰種」，羅本、傅本、顔本、胡本、何本、朱本作「袁種」，古通。

〔七〕趙曦明曰：「漢書爰盎傳：『盎字絲，徙爲吴相，兄子種謂絲曰：「吴王驕日久，國多姦，今絲欲刻治，彼不上書告君，則利劍刺君矣。南方卑溼，絲能日飲亡何，説王毋反而已，如此幸得脱。」』」

〔八〕趙曦明曰：「後漢書王丹傳：『丹字仲回，京兆下邽人。』餘見前『稱祖父曰家公』注。」

〔九〕各本「固」下有「因」字，抱經堂本删，云：「各本此下有『因』字，似衍文。」案：鄭珍據金石録引無「因呼」二字，西溪叢語下引無「因」字，是，今據删。愛日齋叢鈔一引續家訓云：「魏常林年七歲，父黨造門，問林：『伯先在否？何不拜？』伯先，父之字也。林曰：『臨子字父，何拜之有！』庾翼子爰客嘗候孫盛，見盛子放問曰：『安國何在？』放答曰：『在庾稚恭家。』蓋放以爰客字父，亦字其父。然王丹對侯昱而字其父，昱不以爲嫌；且字可以爲孫氏，古尊卑通稱，春秋書紀季姜，蓋季者字也，杜預曰：『書字者，伸父母之尊，以稱字爲貴也。』謂子諱父字，非諱之也，稱其父字於人子，人子有所尊而不敢當，亦宜也。」

〔一〇〕趙曦明曰：「北齊書王昕傳：『昕字元景，北海劇人。父雲，仕魏朝，有名望。昕少篤學讀書，楊愔重其德業，以爲人之師表，除銀青光禄大夫，判祠部尚書事。弟晞，字叔朗，小名沙彌，幼而孝謹，淹雅有器度，好學不倦，美容儀，有風則。武平初，遷大鴻臚，加儀同三司。性恬淡寡欲，雖王事鞅掌，而雅操不移，良辰美景，嘯詠遨遊，人士謂之物外司馬。』」

〔一一〕盧文弨曰：「魏書王憲傳：『憲子嶷，嶷子雲，字羅漢。頗有風尚，兖州刺史，坐受所部財貨，御史糾劾，付廷尉，遇赦免，卒贈豫州刺史，謚曰文昭。有九子：長子昕，昕弟暉，暉弟旰。』」

〔一二〕郝懿行曰：「前云：『或有諱雲者，呼紛紜爲紛煙。』謂是耶？」

〔一三〕賓退録二曰：「又有父祖既没，子孫不忍稱其字者，亦古之所無。北齊王元景兄弟，諱其父之字，顔之推譏之。然父没而不能讀父之書，母没而杯圈不能飲焉，況稱其字乎？以情推之，亦未爲過。古者，以王父字爲氏，雖止一字，似未安也。江南雖不諱字，亦以對子字父爲不恭，説見續家訓。」案：南史卷十八蕭琛傳：「琛以舊恩嘗犯武帝偏諱，帝斂容，琛從容曰：『名不偏諱，陛下不應諱順。』上曰：『各有家風。』琛曰：『其如禮何。』」亦當時稱諱之軼聞也。

禮閒傳〔一〕云：「斬縗〔二〕之哭，若往而不反；齊縗〔三〕之哭，若往而反；大功〔四〕之哭，三曲而偯〔五〕；小功緦麻〔六〕，哀容可也，此哀之發於聲音也。」孝經云：「哭不偯〔七〕。」皆論哭有輕重質文之聲也。禮以哭有言者爲號；然則哭亦有辭也。江南喪哭，時有哀訴之言耳〔八〕；山東〔九〕重喪，則唯呼蒼天〔一〇〕，期功〔一一〕以下，則唯呼痛深，便是號而不哭。

〔一〕盧文弨曰：「閒傳，禮記篇名，閒，如字；傳，張戀切。鄭目録云：『以其記喪服之閒輕重所宜也。』」錢馥曰：「經傳之傳直戀切，郵傳之傳張戀切，直澄母，張知母，同是舌上音而清濁迥別。」

〔二〕盧文弨曰：「縗，本作衰，倉回切。下同。」案：斬縗，爲封建社會制定五種喪之最重者。凡喪服上曰衰，下曰裳。斬即不縫緝，以極粗生麻布爲之，衣旁及下邊俱不縫緝。期爲三年。

〔三〕盧文弨曰：「齊，即夷切，亦作齋。」案：齊衰爲五種喪服之一種，次於斬衰，以熟麻布爲之。齊謂縫緝也，以其縫緝下邊，故曰齊衰。期爲一年。

〔四〕大功，五種喪服之一種，以熟布爲之，比齊縗爲細，較小功爲粗。期爲九月。

〔五〕「偯」，羅本、傅本、顏本、程本、胡本作「哀」。盧文弨曰：「『三曲』，各本皆譌作『三哭』，今依本書改正。鄭注：『三曲，一舉聲而三折也；偯，聲餘從也。』釋文：『餘起切。』說文作『⿱依心』。」

〔六〕小功，五種喪服之一種，以熟布爲之，比大功爲細，較緦麻爲粗。期爲五月。緦麻，五種喪服之最輕者，以熟布爲之，比小功爲細。期爲三月。

〔七〕「偯」，羅本、傅本、顏本、程本、胡本作「哀」。趙曦明曰：「喪親章：『孝子之喪親也，哭不偯，禮無容，服美不安，聞樂不樂，食旨不甘：此哀戚之情也。』」

〔八〕郝懿行曰：「今北方喪哭，惟婦人或有哀訴之言，男子則未聞。」

〔九〕案：山東，亦指河北。胡三省通鑑一二一注：「山東，謂太行、恒山以東，即河北之地。」

〔一〇〕王筠菉友肊說：「孟子：『號泣于旻天，于父母。』從知天與父母，皆舜之所號。于即曰也，爾雅：『爰，曰，于也。』」

〔一一〕期功：期謂期服，一年之喪也；功即大功小功。

江南凡遭重喪，若相知者，同在城邑，三日不弔則絶之；除喪，雖相遇則避之，怨其不己憫也。有故及道遥者，致書可也；無書亦如之。北俗則不爾〔一〕。江南凡弔者，主人之外，不識者不執手〔二〕；識輕服而不識主人，則不於會所而弔，他日修名詣其家〔三〕。

〔一〕盧文弨曰：「爾，如此也。」

〔二〕劉盼遂曰：「按：此謂弔客於衆主人之識者執手，不識者不執手，惟主人則識不識執手也。世說新語傷逝篇，張季鷹哭顧彦先，不執孝子手而出，王東亭弔謝太傅，不執末婢手而退（末婢，謝琰小字，安之少子也），一以其顯其狂誕，一以紀其凶嫌，不與主人執手，皆失禮也。」

〔三〕名，謂名刺。

陰陽說〔一〕云：「辰爲水墓，又爲土墓，故不得哭〔二〕。」王充〔三〕論衡云：「辰日不哭，哭必重喪〔四〕。」今無教者，辰日有喪，不問輕重，舉家清謐〔五〕，不敢發聲，以辭弔客。道書又曰：「晦歌朔哭，皆當有罪，天奪其算〔六〕。」喪家朔望，哀感彌深，寧當惜壽，又不哭也？亦不諭〔七〕。

〔一〕羣書類編故事二「說」作「家」。

〔二〕趙曦明曰：「水土俱長生於申，故墓俱在辰。」器案：五行大義卷二論生死所：「五行體別，生死之處不同，徧有十二月十二辰而出没。……水受氣於巳，胎於午，養於未，生於申，沐浴於酉，冠帶於戌，臨官於亥，王於子，衰於丑，病於寅，死於卯，葬於辰。土受氣於亥，胎於子，養於丑，寄行於寅，生於卯，沐浴於辰，冠帶於巳，臨官於午，王於未，衰病於申，死於酉，葬於戌。戌是火墓，火是其母，母子不同葬，進行於丑；丑是金墓，金是其子，義又不合，欲還於未；未是木墓，木爲土鬼，不畏敢入，進休就辰；辰是水墓，水爲其妻，於義爲合，遂葬於辰。昔舜葬蒼梧，二妃不從，故知合葬非古。然季武子云：『自周公已來，未之有改。』詩云：『穀則異室，死則同穴。』蓋以敦其義合，骨肉同歸，水土共墓，正取此也。又以四季釋所理歸於斯。高唐隆以土生於未，盛於戌，壯於丑，終於辰。辰爲水土墓，故辰日不哭，以辰日重喪故也。袒踴之哀，豈待移日？高唐所説，蓋爲浮淺。」蕭吉駮高唐隆「辰爲水土墓，故辰日不哭」之説，與顔氏此文後先一轍也。世或不知其詳，故引五行大義以備考。

〔三〕趙曦明曰：「後漢書王充傳：『充字仲任，會稽上虞人。家貧無書，常遊洛陽市肆，閲所賣書，一見輒能誦憶，遂博通衆流百家之言。以爲俗儒守文，多失其真；乃閉户潛思，絶慶弔之禮，户牖牆壁，各置刀筆，著論衡八十五篇。』」

〔四〕盧文弨曰：「此所引論衡，見辯祟篇。」劉盼遂曰：「按：唐李匡乂資暇録云：『辰日不哭，前哲非之切矣。本朝又有故事，誠爲不能明矣。今抑有孤辰不哭，其何云耶？』舊唐書張公謹傳：『有司奏言：「準陰陽書，子在辰，不可哭泣。」又爲流俗所忌。』又吕才傳：『才叙葬書曰：「或云辰日不宜哭泣，遂睆爾而對賓客。」』則此辰日忌哭之説，至唐猶未衰也。」陳直曰：「白居易新樂府七德舞云：『張瑾哀聞辰日哭。』此風氣至唐猶然也。」

〔五〕盧文弨曰：「爾雅釋詁：『謐，静也。』音密。」器案：曹植湯妃頌：「清謐后宫，九嬪有序。」江淹雜體詩三十首：「馬服爲趙將，疆埸得清謐。」俱謂清静也。

〔六〕羅本、傅本、顏本、程本、胡本、何本、朱本「其」作「之」。朱亦棟曰：「案：抱朴子微旨篇：『或問欲修長生之道，何所禁忌？抱朴子曰：按易内戒及赤松子經及河圖記命符皆云，天地有司過之神，隨人所犯輕重，以奪其算。大者奪紀，紀者三百日也，小者奪算，算者三日也（或作一日）。若乃越井跨竈，晦歌朔哭，凡有一事，輒是一罪，隨事輕重，司命奪其算紀。』此道書之説也。」器案：初學記十七、御覽四〇一引河圖：「黄帝曰：『凡人生一日，天帝賜算三萬六千，又賜紀二千。聖人得三萬六千七百二十，凡人得三萬六千。一紀主一歲，聖人加七百二十。』」法苑珠林六二引冥祥記：「一算十二年。」本書歸心篇：「陰紀其過，鬼奪其算。」此皆宗教迷信之讕言也。

〔七〕宋本元注：「一本無『亦不諭』三字。」案：少儀外傳下、羣書類編故事二正無此三字。羅本、顏本、程本、朱本「諭」作「論」。

偏傍之書〔一〕，死有歸殺〔二〕。子孫逃竄，莫肯在家〔三〕；畫瓦書符，作諸厭勝〔四〕；喪出之日，門前然火〔五〕，户外列灰〔六〕，祓送家鬼〔七〕，章斷注連〔八〕：凡如此比，不近有情〔九〕，乃儒雅〔一〇〕之罪人，彈議所當加也〔一一〕。

〔一〕盧文弨曰：「偏傍之書，謂非正書。」案：即謂旁門左道之書。

〔二〕盧文弨曰：「俗本『殺』作『煞』，道家多用之，此從宋本。死有煞日，今杭人讀爲所介切。」郝懿行曰：「今田野愚民，尤信此説。殺讀去聲，俗字作煞。」器案：吹劍録外集引唐太常博士呂才百忌歷載喪煞損害法：「如巳日死者雄煞，四十七日回煞；十三四歲女雌煞，出南方第三家，煞白色，男子或姓鄭、潘、孫、陳，至二十日及二十九日兩次回家。故世俗相承，至期必避之。」回煞即歸煞，此六朝、唐人避煞讕言之可考見者。戴冠濯纓亭筆記七：「今世陰陽家以某日人死，則於某日煞回，以五行相乘，推其殃煞高上尺寸，是日，喪家當出外避之，俗云避煞。然莫知其緣起。予嘗見魏志：『明帝幼女淑卒，欲自送葬，又欲幸許。司空陳羣諫曰：「八歲下殤，禮所不備，况未期月，而爲制服。……又聞車駕幸許，將以避衰。夫吉凶有命，禍福由人，移走求安，則亦無益。」』所謂避衰，即今俗云避煞也，其語所從來亦遠矣。蓋其初特惡與死者同居，故出外避之，而人遂附會爲此説也。」

〔三〕盧文弨曰：「北人逃煞，南人接煞。余在江寧，其俗不知有煞。」劉盼遂曰：「按：殃煞之事，載籍所不恒見。惟徐鉉稽神録云：『彭虎子少壯有膂力，嘗謂無鬼神。母死，俗巫戒之曰：「某日殃煞當還，重有所殺，宜出避之。」合家細弱，悉出逃匿；虎子獨留不去。夜中有人推門入，虎子皇遽無計；先有甕，便入其中，以板蓋頭，覺母在板上坐，有人問：「板下無人耶？」母曰：「無。」乃去。』是避煞逃竄，至五代時猶然矣。」器案：太平廣記三六三引唐皇甫氏原化記：「唐大歷中，士人韋滂膂力過人，夜行一無所懼。……嘗于京師暮行，鼓聲向絶，主人尚遠，將求宿，不知何詣；忽見市中一衣冠家，移家出宅，子弟欲鎖門，滂求寄宿。主人曰：『此宅鄰家有喪，俗云防煞，入宅當損人物。今將家口於側近親故家避之，明日即歸，不可不以奉白也。』韋曰：『但許寄宿，復何害也。煞鬼吾自當之。』主人遂引韋入宅……。」此事在稽神録之前。

〔四〕漢書王莽傳下：「鑄作威斗，……欲壓勝衆民。」後漢書清河孝王慶傳：「因誣言欲作蠱道祝詛，以菟爲厭勝之術。」陳槃曰：「厭勝之術，不一而足，或止曰『厭』，史記高帝紀：『秦始皇帝常曰：東南有天子氣。於是因東游以厭之。』又莽傳下『莽見四方盜賊多，復欲厭之』是也。亦或曰『勝服』，封禪書『越俗，有火烖，復起屋，必以大，用勝服之』是也。此本巫術，自古有之。萇弘射貍首，欲以致諸侯（封禪書）：如此之類，是其事也。」

〔五〕倭名類聚鈔六引「然」作「燃」，是俗字。盧文弨曰：「門前然火，今江以南，亦有此風。」

〔六〕玉燭寶典一引莊子：「有斲雞于户，懸葦灰于其上，揷（疑當作「插」）桃其旁，連灰其下，而鬼畏之。」類聚八六、白帖三〇引莊子：「插桃枝於户，連灰其下，童子入而不畏，而鬼畏之，是鬼智不如童子也。」水經渭水上注：「列異傳曰：『武都故道縣有怒特祠，云神本南山大梓也，昔秦文公二十七年，伐之，樹瘡隨合，秦文公乃遣四十人持斧斫之，猶不斷。疲士一人傷足不能去，卧樹下，聞鬼相與言曰：勞攻戰乎？其一曰：足爲勞矣。又曰：秦公必特不休。答曰：其如我何？又曰：赤灰跋於子何如？乃默無言。卧者以告，令士皆赤衣，隨所斫以灰跋，樹斷，化爲牛入水。故秦爲立祠。』」亦鬼物畏連灰之神話也。郭若虚圖畫見聞誌五：「劉乙常於奥室坐禪，嘗白魏云：『先天菩薩見身此地。』遂篩灰於庭，一夕，有巨跡長數尺，倫理成就。」夷堅乙志十九韓氏放鬼：「江、浙之俗信巫鬼，相傳人死則其魄復還，以其日測之，某日當至，則盡室出避於外，名爲避煞。命壯僕或僧守廬，布灰于地，明日視其迹，云受生爲人爲異物矣。」夷堅志支乙一董成二郎：「而董以此時殂，既斂，家人用俚俗法，篩細灰於竈前，覆以甑，欲驗死者所趨。」蓋封建迷信傳説，惟昔而然矣。

〔七〕劉盼遂曰：「周豈明茶話乙第七則云：『英國茀來則博士普許默之工作第五章云：「野蠻人送葬歸，懼鬼魂復返，多設計以阻之，通古斯人以雪或木塞路，緬甸之清族則以竹竿横放路上，納巴耳之曼伽族葬後，一人先返，集棘刺堆積中途，設爲障礙，上置大石立其一，以手持香爐，送葬者從石上香煙中過，云鬼聞香逗留，不至乘生人肩上越棘刺云云。」今紹興回喪，于門外焚穀殼，送葬者跨煙而過，始各返其家，其用意正同，即防鬼魂之附着也。』（録自語絲）盼遂案：此亦家訓『作諸厭勝，被送家鬼』之俗也。知其流遠矣。」器案：嶺外代答卷十：「家鬼者，言祖考也。」

〔八〕「章斷注連」，倭名類聚鈔引作「注連章斷」，又引日本紀私記云：「端出之繩。」劉盼遂曰：

「周豈明漢譯古事記神代卷第二十九節之『布刀玉命急忙將注連掛在後面』一語自注云：『注連係采用顏氏家訓語。亦作標繩，用稻草左綯，約間隔八寸，散垂稻草七，次五，次三根，故又寫作左繩，又名七五三繩，用作禁出入的標當，掛在神社入口；今正月人家門户亦猶用之，蓋以辟不祥也。』盼遂案：以稻草之標繩爲注連，當有所出，姑誌以俟知者。」器案：古事記上云：「即布刀玉命，以尻久米繩，控度其御後方。白言從此以内，不得還入。」次田潤注云：「尻久米繩者，書紀有『端出之繩』，乃尻籠繩之義，即今之注連繩。」日本此種辟不祥的端出之繩，雖名曰注連，恐與顏氏所説者，亦鼠腊名璞之比耳。尋道藏洞玄部表奏類「豈」字一號，赤松子章曆卷一目有斷亡人復連章、大斷骨血注代命章、斷子注章、夫妻離別斷注消怪章、虚耗光怪斷絶殃注章、解釋三曾五祖塚訟章、官私咎謫死病相連斷五墓殃注章、數夢亡人混涉消墓注章、大塚訟章二通、新亡遷達開通道路收除上殃斷絶復連章、新亡灑宅逐注却殺章。其卷四「豈」字四號載斷亡人復連章云：「具法位上言，臣謹按仙科，今據某云：『即日叩頭列狀，素以胎生下官子孫，千載幸遇，得奉大道，誠實欣慰；某信向違科，致有災厄。某今月某日，染病困重，夢想紛紜，所向非善；尋求算術云，亡某爲禍，更相復連，致令此病，連綿不止。恐死亡不絶，注復不斷，闔家惶怖，恐不生全。』即日詞情懇切，向臣求乞生理；輒爲拜章一通，上聞天曹。伏乞太上老君、太上丈人、天師君門下主者，賜爲分別，上請本命君十萬人，爲某解除亡人復連之氣，願令斷絶生人魂神屬生始，一元一始，相去萬萬九十餘里，生人上屬皇天，死人下屬黄泉，生死異路，不得擾亂某身。又恐亡某生犯莫大之罪，死有不赦之愆，繫閉在於諸獄，時在河伯之獄，時在女青之獄，時在城隍社廟之中，不知亡人某魂魄在何處，並乞遷達，令得安穩，上昇天堂，衣食自然，逍遥無爲，墳墓安穩，注訟消沉。某身中疾病，即蒙除愈，復連斷絶，元元如願，以爲效信。恩惟太上衆真，分别求哀。臣爲某上請天官斷絶亡人復連章一通，上詣太上曹治。」據此，則章斷注連者，謂上章以求斷絶亡人之殃注復連也。太平廣記三二〇引幽明録：「謝玄在彭城，將有齊郡司馬隆，弟進，及安東王箱等，共取壞棺，分以作車。少時，三人悉見患，更相注連，凶禍不已。」注連之義，與顔氏所説正同。持以較日本之所謂注連，其事各别。抱朴子内篇仙藥：「上黨有趙瞿者，病癩歷年，衆治之不愈，垂死，或云：『不及活流棄之，後子孫轉相注易。』」注易即注連也。釋名釋疾病：「注病，一人死，一人復得，氣相灌注也。」注病即今之傳染病。

〔九〕少儀外傳引「比」作「者」，「有」作「人」。

〔一〇〕孔安國尚書序：「旁求儒雅。」漢書王章傳：「緣飾儒雅，刑罰必行。」又公孫弘傳贊：「儒雅則公孫弘、董仲舒。」論衡難歲篇：「儒雅服從。」文心雕龍史傳篇：「儒雅彬彬。」

〔一一〕彈，謂彈劾，文選有彈事體。

己孤〔一〕，而履歲〔二〕及長至〔三〕之節，無父，拜母、祖父母、世叔父母、姑、兄、姊，則皆泣〔四〕；無母，拜父、外祖父母、舅、姨、兄、姊，亦如之：此人情也。

〔一〕「已孤」，朱本作「若孤」。

〔二〕盧文弨曰：「『履歲』下疑當有『朝』字。」器案：履歲，當是履端歲首之意，即指元旦。左傳文公元年：「先王之正時也，履端於始。」御覽二九引臧榮緒晉書：「熊遠議曰：『履端元日。』」又引庾闡揚都賦：「歲惟元辰，陰陽代紀，履端歸餘，三朝告始。」

〔三〕長至，冬至。御覽二八引崔浩女儀：「近古婦人，常以冬至日上履襪於舅姑，履長至之義也。」

〔四〕盧文弨曰：「説文：『泣，無聲出涕也。』」

江左朝臣，子孫初釋服〔一〕，朝見二宮〔二〕，皆當泣涕〔三〕；二宮爲之改容。頗有膚色充澤〔四〕、無哀感者，梁武薄其爲人，多被抑退〔五〕。裴政〔六〕出服，問訊〔七〕武帝，貶瘦枯槁〔八〕，涕泗滂沱〔九〕，武帝目送〔一〇〕之曰：「裴之禮〔一一〕不死也。」

〔一〕釋服，與下文出服義同，言喪服届滿，除去喪服。

〔二〕盧文弨曰：「二宮，帝與太子也。」器案：文選集注殘本王仲寶褚淵碑文：「升降兩宮。」鈔曰：「兩宮，謂上臺及東宮也。」李周翰曰：「兩宮，謂天子、太子。」

〔三〕「泣涕」，少儀外傳下作「涕泣」。

〔四〕離騷注：「澤，質之潤也。」

〔五〕抑退，抑止斥退。三國志魏書武紀：「纖毫之惡，靡不抑退。」

〔六〕趙曦明曰：「北史裴政傳：『政字德表，仕隋爲襄陽總管，令行禁止，稱爲神明。著承聖實録一卷。』」

〔七〕僧史略上：「如比丘相見，曲躬合掌，口曰不審者何，此三業歸仰也，謂之問訊。」蓋梁武信佛，故裴政以僧禮相見也。

〔八〕文選西征賦注：「貶，損也。」楚辭漁父：「形容枯槁。」注：「癯瘦瘠也。」王叔岷曰：「莊子刻意篇：『枯槁赴淵者之所好也。』」

〔九〕詩經陳風澤陂：「涕泗滂沱。」毛傳：「自目曰涕，自鼻曰泗。」

〔一〇〕左傳桓公元年：「目逆而送之。」正義：「未至則目逆，既過則目送。」史記留侯世家：「四人爲壽已畢，起去，上目送之。」

〔一一〕趙曦明曰：「南史裴邃傳：『子之禮，字子義。母憂居喪，惟食麥飯。邃廟在光宅寺西，堂宇弘敞，松柏鬱茂；范雲廟在三橋，蓬蒿不翦。梁武帝南郊，道經二廟，顧而歎曰：「范爲已死，裴爲更生。」之禮卒於少府卿，謚曰莊。子政，承聖中位給事黄門侍郎，魏尅江陵，隨例入長安。』」

二親既没，所居齋寢〔一〕，子與婦弗忍入焉。北朝頓丘〔二〕李構〔三〕，母劉氏，夫人亡後，所住之堂，終身鏁〔四〕閉，弗忍開入也。夫人，宋廣州刺史〔五〕纂之孫女，故構猶染江南風教。其父獎，爲揚州刺史，鎮壽春〔六〕，遇害。構嘗與王松年〔七〕、祖孝徵數人同集〔八〕談讌。孝徵善畫，遇有紙筆，圖寫爲人。頃之，因割鹿尾，戲截畫人以示構，而無他意。構愴然動色，便起就馬而去。舉坐驚駭，莫測其情。祖君尋〔九〕悟，方深反側〔一〇〕，當時罕有能感此者〔一一〕。吴郡陸襄，父閑被刑〔一二〕，襄終身布衣蔬飯，雖薑菜有切割〔一三〕，皆不忍食；居家惟以掐〔一四〕摘供厨。江寧姚子篤〔一五〕，母以燒死，終身不忍噉炙〔一六〕。豫章〔一七〕熊康父以醉而爲奴所殺，終身不復嘗酒。然禮緣人情，恩由義斷，親以噎死，亦當不可絶食也〔一八〕。

〔一〕齋寢，齋戒時所居之旁屋。

〔二〕趙曦明曰：「宋書州郡志：『頓邱，二漢屬東郡，魏屬陽平，（晉）武帝泰始二年，分淮陽置頓邱郡，縣屬焉。』」

〔三〕盧文弨曰：「北史李崇傳：『崇從弟平，平子獎，字遵穆，容貌魁偉，有當世才度。元顥入洛，以獎兼尚書左僕射，慰勞徐州羽林，及城，人不承顥旨，害獎，傳首洛陽。孝武帝初，詔贈冀州刺史。子構，字祖基，少以方正見稱，襲爵武邑郡公，齊初，降爵爲縣侯，位終太府卿。構常以雅道自居，甚爲名流所重。』」

〔四〕盧文弨曰：「鏁，説文作鎖。」

〔五〕趙曦明曰：「宋書州郡志：『廣州刺史，吴孫休永安七年分交州立，領郡十七，縣一百三十六。』」

〔六〕趙曦明曰：「宋書州郡志：『揚州刺史，前漢未有治所，後漢治歷陽，魏、晉治壽春。』」

〔七〕盧文弨曰：「北齊書王松年傳：『少知名，文襄臨并州，辟爲主簿，孝昭擢拜給事黄門侍郎。孝昭崩，護梓宫還鄴，哭甚流涕；武成雖忿松年戀舊情切，亦雅重之，以本官加散騎常侍，食高邑縣侯。』」器案：王松年傳又見北史卷三十五，云：「其第二子劭最知名。」

〔八〕「集」，抱經堂本誤作「席」，宋本以下諸本俱作「集」，今據改正。

〔九〕器案：勉學篇：「帝尋疾崩。」文選羊叔子讓開府表：「以身誤陛下，辱高位，傾覆亦尋而至。」劉淇助字辨略二：「尋，旋也，隨也，猶今云隨即如何也。」

〔一〇〕詩周南關雎：「輾轉反側。」鄭箋：「卧而不周曰輾。」孔穎達正義：「反側猶反覆。」又小雅何人斯：「以極反側。」鄭箋：「反側，輾轉也。」又關雎朱熹集傳：「反者輾之過，側者轉之留，皆伏不安席之意。」

〔一一〕羅本、顔本、朱本分段。

〔一二〕吴郡志二一引「刑」作「害」。盧文弨曰：「南史陸慧曉傳：『閑字遐業，慧曉兄子也。有風槩，與人交，不苟合，仕至揚州别駕。永元末，刺史始安王遥光據東府作亂，閑以綱佐被收，尚書令徐孝嗣啓閑不預逆謀，未及報，徐世標命殺之。四子：厥、絳、完、襄也。襄本名裒，字趙卿，有奏事者誤字爲襄，梁武帝乃改爲襄，字師卿。太清元年爲度支尚書。襄弱冠遭家禍，釋服，猶若居憂，終身蔬食布衣，不聽音樂，口不言殺害。』」器案：文苑英華八四二引江總梁故度支尚書陸君誄：「君諱襄，字師卿，吴人也。……父閑，揚州别駕，齊永元紹厤，蕭遥光謀反伏誅，閑以州職見害。子絳，其日并命。忠孝之道，萃此一門。襄時年十四，號毁殆滅，布衣蔬食，終于身世。」

〔一三〕吴郡志「割」下有「者」字。王叔岷曰：「案大戴禮曾子制言中篇：『布衣不完，蔬食不飽。』記纂淵海五二引此文『蔬』作『疏』，疏、蔬正、俗字。『疏飯』即『麤飯』，禮記喪大記：『士疏食水飲。』孔疏：『疏，麤也。食，飯也。』記纂淵海引『蕫』作『羹』，恐非。」

〔一四〕顔本原注：「掐，音恰。」盧文弨曰：「玉篇：『爪按曰掐。』」

〔一五〕羅本、傅本、顔本、程本、胡本、何本、朱本、黄本、鮑本、汗青簃本及類説、合璧事類前二四、羣書類編故事六「江寧」作「江陵」。類説「篤」作「爲」，形近之誤。

〔一六〕盧文弨曰：「噉，徒濫切，與啗、啖並同，食也。炙，之夜切。」

〔一七〕盧文弨曰：「晉書地理志：『豫章郡屬揚州。』」

〔一八〕宋本原注：「一本無『當』字，有『也』字；一本有『當』字，無『也』字。」案：羅本、傅本、顔本、程本、胡本、何本、朱本、黄本及類説無「也」字；合璧事類、羣書類編故事無「當」字。郝懿行曰：「情至者未便可非，顔君此論，理未爲通也。」

禮經：父之遺書，母之杯圈，感其手口之澤，不忍讀用〔一〕。政爲常所講習，讐校繕寫〔二〕，及偏加服用〔三〕，有迹可思者耳。若尋常墳典〔四〕，爲生什物〔五〕，安可悉廢之乎？既不讀用，無容散逸〔六〕，惟當緘保〔七〕，以留後世耳。

〔一〕盧文弨曰：「禮記玉藻：『父没而不能讀父之書，手澤存焉爾；母没而杯圈不能飲焉，口澤之氣存焉爾。』鄭注：『圈，屈木所爲，謂巵匜之屬。』釋文：『圈，起權切。』案：亦作棬。」

〔二〕盧文弨曰：「左太沖魏都賦：『讐校篆籀。』案：讐謂一人持本，一人讀之，若怨家相對，有誤必舉，不肯少恕也。漢劉向校中祕書，凡一書竟，奏上，每云皆定，以殺青，可繕寫。後漢書盧植傳：『臣前以周禮諸經爲之解詁，無力供繕寫上。』章懷注：『繕：善也。』」王叔岷曰：「案文選左太沖魏都賦李善注引風俗通云：『案劉向别録：一人讀書，校其上下，得謬誤，爲校；一人持本，一人讀書，若怨家相對，爲讎。』」

〔三〕器案：服用即用也，古代謂用曰服。易繫辭：「服牛乘馬。」詩鄭風叔于田：「巷無服馬。」吕氏春秋順民篇：「服劍臂刃。」史記李斯傳：「服太阿之劍。」大戴禮記武王踐阼篇劍銘曰：「帶之以爲服。」鹽鐵論殊路篇：「于越之鋌……工人施巧，人主服而朝也。」服皆作用字用。

太平御覽有服用部二十一卷，所載什物，自帳幔幌幬以下，至于燕脂花勝之屬，凡八十種。

〔四〕盧文弨曰：「孔安國尚書序：『伏犧、神農、黃帝之書，謂之三墳，言大道也；少昊、顓頊、高辛、唐、虞之書，謂之五典，言常道也。』」器案：墳典，一般用爲書籍之意。南史丘巨源傳：「少好學，居貧，屋漏，恐溼墳典，乃舒被覆書，書獲全而被大溼。」

〔五〕盧文弨曰：「史記五帝本紀：『舜作什器於壽邱。』索隱：『什，數也，蓋人家常用之器非一，故以十爲數，猶今云什物也。』」案史記正義：「顏師古曰：『軍法：五人爲伍，二伍爲什，則共器物。故謂生生之具爲什器，亦猶從軍及作役者，十人爲火，共畜調度也。』」

〔六〕散逸，謂散失亡逸。本書雜藝篇：「梁氏祕閣，散逸以來。」南史何憲傳：「博涉該通，羣籍畢覽，天閣祕寶，人間散逸，無遺漏焉。」

〔七〕盧文弨曰：「緘，古咸切，封也。」案：文選謝惠連雜詩注：「緘，東篋也。」

思魯等第四舅母，親吳郡張建女也〔一〕，有第五妹，三歲喪母。靈牀〔二〕上屏風，平生舊物，屋漏沾溼，出曝曬之，女子一見，伏牀流涕。家人怪其不起，乃往抱持；薦席〔三〕淹漬〔四〕，精神傷怛〔五〕，不能飲食。將以問醫，醫診脈〔六〕云：「腸斷矣〔七〕！」因爾便吐血，數日而亡。中外憐之，莫不悲歎。

〔一〕林思進先生曰：「俗多誤以『親』字絕句。（案：朱本斷句正如此。）案：春秋繁露竹林篇：

『齊頃公，親齊桓公孫。』史記淮南王傳：『大王，親高帝孫。』梁孝王世家：『李太后，親平王之大母也。』容齋隨筆七引顏魯公書遠祖顏含碑，晉李闡之文也，云：『君是王親丈人，故呼王小字。』皆可證。蓋古人自有此種語也。」案：前文「言及先人」條，亦有此例，說詳彼注。

〔二〕靈牀，即靈座，供奉亡人靈位之几筵也。世說新語傷逝篇：「顧彥先平生好琴，及喪，家人常以琴置靈牀上。」晉書本傳作「靈座」。

〔三〕周禮春官司几筵鄭玄注云：「鋪陳曰筵，藉之曰席，筵鋪於下，席鋪於上，所以爲位也。」

〔四〕御覽四一五、永樂大典一〇八一三「淹漬」作「淚漬」。

〔五〕「怛」原作「沮」，顏本、程本、胡本、朱本作「怛」，今據改。劉盼遂引吳承仕曰：「毛詩：『中心怛兮。』傳：『怛，傷也。』」

〔六〕史記倉公傳：「傳黃帝、扁鵲之脈書，五色診病，知人死生，決嫌疑，定可治。」診脈，今云看脈。

〔七〕御覽、永樂大典「腸」上有「女」字。

禮云：「忌日不樂〔一〕。」正以感慕罔極，惻愴無聊〔二〕，故不接外賓〔三〕，不理衆務耳〔四〕。必能悲慘自居〔五〕，何限於深藏也？世人或端坐奧室〔六〕，不妨〔七〕言笑，盛營甘美，厚供齋食；迫有急卒〔八〕，密戚至交，盡無相見之理：蓋不知禮意乎〔九〕！

〔一〕盧文弨曰：「禮記祭義：『君子有終身之喪，忌日之謂也。忌日不用，非不祥也，言夫日，志有所至，而不敢盡其私也。』樂，如字，一音洛。」

〔二〕楚辭九思：「心煩憒兮意無聊。」王逸注：「聊，樂也。」

〔三〕劉嶽雲食舊德齋雜著：「真德秀讀書記：『近時大儒有忌日衣黲衣巾墨衰受弔者。』（案：此指朱熹。）李濟翁資暇録云：『親戚來而不拒。』顏氏家訓謂：『不接外賓。』蓋謂尋常之賓耳。」

〔四〕封氏聞見記六「衆」作「庶」。

〔五〕封氏聞見記此句作「不能悲愴自居」。

〔六〕盧文弨曰：「奥室，深隱之室。禮記仲尼燕居：『室而無奥阼，則亂於堂室也。』」

〔七〕封氏聞見記「妨」作「好」。

〔八〕盧文弨曰：「卒，與猝同。」案：封氏聞見記引此數句作「卒有急迴，寧無盡見之理，其不知禮意乎」。王叔岷曰：「莊子大宗師篇：『是惡知禮意乎（今本脱「乎」字）！』」

〔九〕唐語林八載此文，誤作顏延之曰。封氏聞見記六忌日曰：「沈約答庾光禄書云：『忌日制假，應是晉、宋之間，其事未久。未制假前，止是不爲宴樂，本不自封閉，如今世自處者也。居喪再周之内，每有忌日，哭臨受弔，無不見人之義。而除服之後，乃不見人，實由世人以忌日不樂，而不能竟日興感，以對賓客，或弛解，故過自晦匿，不與外接。假設之由，寔在於此。』」所説與此可互參。

魏世王脩〔一〕母以社日〔二〕亡；來歲社日〔三〕，修感念哀甚，鄰里聞之，爲之罷社。今二親喪亡，偶值伏臘分至之節〔四〕，及月小晦後，忌之外〔五〕，所經此日〔六〕，猶應感慕〔七〕，異於餘辰，不預飲讌、聞聲樂及行遊也。

〔一〕趙曦明曰：「魏志王脩傳：『脩字叔治，北海營陵人。七歲喪母。』下載此事。」

〔二〕器案：曆書以立春後第五戊日爲春社，立秋後第五戊日爲秋社，此社日不知爲春社抑秋社。御覽三〇引魏志此事，列入春社；敦煌卷子伯二六二一號引孝子傳：「母以社日亡，白秋鄰里會，脩憶念其母，哀慕號絶，鄰里爲之罷社。」則以爲秋社。

〔三〕趙曦明曰：「各本俱脱『日』字，宋本作『來歲有社』，（器案：宋本於「有」字下注云：「一本作『二』字，一本只云『來歲社』。」）亦誤。案：御覽引蕭廣濟孝子傳載此事有『日』字，今據補。」

〔四〕盧文弨曰：「曆忌釋：『四時代謝，皆以相生。至於立秋，以金代火，金畏火，故至庚日必伏。庚者，金也。』陰陽書：『從夏至後第三庚爲初伏，第四庚爲中伏，立秋後初庚爲後伏，亦謂之末伏。』史記秦本紀：『德公始爲伏祠。』魏臺訪議：『王者各以其行盛日爲祖，衰日爲臘。漢火德，火衰於戌，故以戌日爲臘。』魏、晉以下，以此推之。分，春、秋分；至，冬、夏至。」

〔五〕「外」，宋本作「日」，不可從。

〔六〕盧文弨曰："蓋謂親或以月大盡亡，而所值之月，只有二十九日，乃月小之晦日，即以爲親之忌日所經也。"鄭珍曰："六朝時更有忌月之説。張融有孝，忌月三旬不聽音樂；晉穆帝將納后，以康帝忌月疑之，下其議，皆見於史。相沿至唐不廢。唐書王方慶傳'議者以孝明帝忌月，請獻俘，不作樂'可見。而又有此月中忌前晦前、忌後晦後各三日之説。唐書韋公肅傳：'睿宗祥月，太常奏……前忌與晦三日、後三日，皆不聽事，忌晦之明日，百官叩側門通慰。'蓋沿隋以前舊習也。黄門此云'月小晦後'，正謂忌月之晦前後三日，月小則廿七八九也；此與伏臘分至，皆在忌日之外，故黄門自言：'已喪親後值如此，於忌之外，所經等日，猶感慕異於餘辰，不必正忌日也。''忌之外所經此日'一句，沈本'外'作'日'，誤。盧注非。"案：鄭説是，今從之。

〔七〕"猶"，抱經堂本誤"尤"，今據各本校改。"感"，宋本原注云："一作'思'。"案：後娶篇："基每拜見後母，感慕嗚咽。"本篇前文："言及先人，理當感慕。""正以感慕罔極，惻愴無聊。"則顏氏凡言悼念亡親時，皆用感慕。南史張敷傳："生而母亡，年數歲，問知之，雖蒙童，便有感慕之色。"隋書獨孤皇后傳："早失二親，常懷感慕，見公卿有父母者，每爲致禮。"蓋思慕僅存於心，感慕則形於色也。

劉縚、緩、綏，兄弟並爲名器〔一〕，其父名昭〔二〕，一生不爲照字，惟依爾雅火旁作召耳〔三〕。然凡文與正諱相犯，當自可避；其有同音異字，不可悉然。劉字之下，即有昭音〔四〕。吕尚之兒，如不爲上〔五〕；趙壹之子，儻不作一〔六〕：便是下筆即妨，是書皆觸也〔七〕。

〔一〕名器，知名之器，與上文「王元景兄弟皆號名人」之名人義同。古代稱人才爲器，如國器、社稷器、天下器等是。晉書陳騫傳：「富年沈敏，藴兹名器。」

〔二〕沈揆曰：「南史劉昭本傳，子縚、緩附。一本以『昭』爲『照』者非。」趙曦明曰：「梁書文學傳：『劉昭，字宣卿，平原高唐人。集後漢同異，以注范書。爲剡令，卒。子縚，字言明。通三禮，大同中爲尚書祠部郎，尋去職，不復仕。弟緩，字含度。歷官湘東王記室；時西府盛集文學，緩居其首。隨府轉江州，卒。』綏，本傳不載，疑此字衍。」鄭珍曰：「據世説雅量注，劉綏，高平人。南史，劉昭，平原人。綏字衍文。御覽蕭廣濟孝子傳改正。」器案：世説賞譽下注引劉氏譜：「綏字萬安，高平人。祖奥，太祝令；父斌，著作郎；歷驃騎長史。」（隋書經籍志集部：「梁有安西記室劉綏集四卷。」）是綏爲道真從子，壻爲庾翼，皆東晉人物也。不惟郡望不合，父祖各别，並時代亦懸絶，趙、鄭疑綏字衍，是也。此蓋傳鈔者涉糸旁排行誤入，或即因緩字形近而誤衍也。沈揆於劉綏不著一字，則所見本初未嘗有綏字也。

〔三〕趙曦明曰：「爾雅釋蟲：『螢火即炤。』」案：天中記二四引「召」作「炤」。荀子儒效篇：「炤兮其用知之明也。」楊倞注：「炤與照同。」炤蓋照之或體字。

〔四〕郝懿行曰：「音劉字者，卯下即釗字昭音爾。牟默人説。」鄭珍曰：「此下言不諱嫌名也。劉字下半是釗字，釗與昭同音，如諱嫌名，即姓亦不可寫也。」劉盼遂引吳承仕曰：「劉字上從卯，下從釗，釗音正與昭同。意謂同音異字，悉須避忌，即劉字下體亦觸昭音，不可得書也。」器案：郝、鄭、吳諸説是。韓愈諱辨：「康王釗之孫，實爲昭王。」舉事雖不同，而説明釗字昭音則一，亦足爲證。

〔五〕趙曦明曰：「史記齊世家：『太公呂尚者，東海上人。』」

〔六〕趙曦明曰：「後漢書趙壹傳：『壹字元叔，漢陽西縣人。』」

〔七〕劉淇助字辨略三：「是書之是，猶凡也，言凡是書札，皆觸忌諱也。今謂處處曰是處，猶云到處也。」李調元勦説三：「言凡是書札，皆觸忌諱也。可爲著書之箴。」器案：少儀外傳上引酬酢事變：「凡作書啓，先記彼人父祖名諱於几案。」此沿六朝積習也。

嘗有甲設讌席，請乙爲賓〔一〕；而旦於公庭見乙之子，問之曰：「尊侯早晚顧宅〔二〕？」乙子稱其父已往〔三〕。時以爲笑。如此比例〔四〕，觸類〔五〕慎之，不可陷於輕脱〔六〕。

〔一〕器案：歸心篇亦有「安能辛苦今日之甲，利後世之乙」之語。今案：古書凡不實指人名而言，率虛設甲乙之詞以代之，如韓非子用人篇「罪生甲，禍歸乙」是也；或稱爲某甲某乙，如左傳文公十四年「夫已氏」注「猶言某甲」是也；或稱爲張甲李乙，如三國志魏書王脩傳注引魏略載太祖與脩書「張甲李乙，猶或先之」是也；或稱爲張甲王乙李丙趙丁，如范縝神滅論「張甲之情，寄王乙之軀，李丙之性，托趙丁之體」是也。

〔二〕周一良曰：「早晚猶言何時，唐人猶習用，劉盼遂氏校箋補正已言之。尊侯乃葑人父之尊稱，不必官高位重或定是侯爵也。梁書四七吉翂傳：『天監初，父爲吴興原鄉令，逮詣廷獄。蔡法度曰：主上知尊侯無罪，得當釋亮。』搜神記：『吴興一人有二男，一師過其家，語二兒云：君尊侯有大邪氣。』皆是其例。南北朝人又有明侯一詞，作第二人稱之尊稱代名詞，如魏書七八張普惠傳：『遺書普惠曰：明侯淵儒實學，身負大才。』侯亦非指公侯也。」器案：周説是。世説新語言語篇：「中朝有小兒父病，行乞藥。主人問病，曰：『患瘧也。』主人曰：『尊侯明德君子，何以病瘧？』答曰：『來病君子，所以爲瘧耳。』」亦爲爾時對人父尊稱之證。本篇上文云「凡與人言，稱彼祖父母、世父母、父母及長姑，皆加尊字」，是也。

〔三〕林思進先生曰：「下云『時以爲笑』者，蓋笑其不審早晚，不顧望而對，遽云已往，所謂『陷於輕脱』，此耳。」劉盼遂曰：「此甲問乙子，乙將以何時可以枉過，乙子不悟，答以其父已往，遂成笑柄。蓋六朝、唐人通以早晚二字爲問時日遠近之辭，洛陽伽藍記瓔珞寺：『李澄問趙逸曰：「太尉府前甎浮圖，形製甚古，猶未崩毁，未知早晚造？」逸曰：「晉義熙十二年，劉裕伐姚泓，軍人所作。」』杜甫江雨有懷鄭典設詩：『春雨闇闇塞峽中，早晚來自楚王宮？』李白長干行：『早晚下三巴？預將書報家。』所云早晚，皆問辭也。迤及近世，則加多字爲多早晚，石頭記小説中累見。」器案：劉説是。姚元之竹葉亭雜記七：「京中俗語，謂何時曰多早晚（早字俗言讀音近盞）。隋書藝術傳：『樂人王令言亦妙達音律。大業末，煬帝將幸江都，令言之子嘗從於户外彈琵琶，作翻調安公子曲。令言時卧室中，聞之大驚，蹶然而起曰：「變變。」急呼其子曰：「此曲興自早晚？」其子對曰：「頃來有之。」令言遂歔欷流涕，謂其子曰：……』族弟伯山曰：『然則此語，蓋由來已久。』」姚氏所舉王令言事，亦足爲證。

〔四〕御覽二四五引俗説：「江夷爲右僕射，主上欲用其領詹事，語王准：『卿可覓比例。』」

〔五〕易繫辭上：「觸類而長之。」正義：「謂觸逢事類而增長之，若觸剛之事類以次增長於剛，若觸柔之事類以次增長於柔。」三國志魏書王昶傳：「若引而伸之，觸類而長之，汝其庶幾舉一隅耳。」

〔六〕器案：本書養生篇：「但須精審，不可輕脱。」後漢書列女傳：「班昭女誡曰：『動静輕脱，視聽陝輸，……此謂不能專心正色矣。』」抱朴子漢過篇：「猝突萍鶩，驕矜輕侻者，謂之巍峩瑰傑。」輕侻即輕脱，謂輕薄佻脱也。

江南風俗，兒生一期，爲製新衣，盥浴裝飾，男則用弓矢紙筆，女則刀尺鍼縷〔一〕，並加飲食之物，及珍寶服玩，置之兒前，觀其發意所取，以驗貪廉愚智，名之爲試兒〔二〕。親表聚集，致讌享焉〔三〕。自兹已後，二親若在，每至此日，嘗有酒食之事耳〔四〕。無教之徒，雖已孤露〔五〕，其日皆爲供頓〔六〕，酣暢聲樂，不知有所感傷〔七〕。梁孝元〔八〕年少之時，每八月六日載誕〔九〕之辰，常設齋講；自阮修容薨殁之後〔一〇〕，此事亦絶〔一一〕。

〔一〕少儀外傳下、愛日齋叢鈔一引「則」下有「用」字。盧文弨曰：「刀，剪刀；鍼，古作箴，今又作針；縷，線也。」

〔二〕事文類聚後五「試兒」作「試週」。盧文弨曰：「子生周年謂之晬，子對切，見説文。其試兒之物，今人謂之晬盤。」案：今四川試兒謂之抓周。愛日齋叢鈔一：「晬謂子生一歲，顔氏家訓云云，玉壺野史（案：即玉壺清話，所引見卷一）記曹武惠王始生周晬日，父母以百玩之具羅於席，觀其所取。武惠王左手執干戈，右手提俎豆，斯須取一印，餘無所視。曹真定人，江南遺俗乃在此。今俗謂試周是也。」據此，則祝穆之改「試兒」爲「試週」，乃從時俗也。

〔三〕黄叔琳曰：「此風尤盛行於今，所謂無理只取鬧也。不肖者或托此以斂財。」

〔四〕少儀外傳「耳」作「而」，屬下句讀。郝懿行曰：「今俗慶生辰，遂多如此，顔君所譏彈也。」

〔五〕李詳曰：「案：嵇康與山巨源絶交書：『少加孤露。』」器案：北史趙隱傳：「幼小孤露。」綱目集覽四九：「孤者，幼而無父者也；露者，暴露於外也。」唐人則謂之偏露，孟浩然送莫氏甥詩：「平生早偏露。」説略本日知録卷十三。陳槃曰：「露，羸也。梁玉繩曰：『管子短語十四：天下乃路。左傳昭元年：以露其體。注：羸也。韓子亡徵云：罷露百姓。風俗通第九：大用羸露。蓋三字古通。』（庭立記聞一）然則孤露即幼孤而羸弱耳。說苑貴德：『幼孤羸露。』簡言之則曰『孤露』矣。」

〔六〕少儀外傳下「供頓」作「燕飲」，蓋據時語改之。唐書高紀：「詔所過供頓，免今歲租賦之半。」胡三省資治通鑑一九〇注：「中頓，謂中道有城有糧，可以頓食也。置食之所曰頓。唐人多言置頓。」案：供頓與置頓義近。今謂吃一次飯曰吃一頓飯，本此。

〔七〕愛日齋叢鈔五：「梁元帝當載誕之辰，輒齋素講經。唐太宗謂長孫無忌曰：『是朕生日，世俗皆爲懽樂，在朕翻爲感傷：今君臨天下，富有四海，而欲承顏膝下，永不可得，此子路有負米之恨也。詩云：「哀哀父母，生我劬勞。」奈何以劬勞之日，更爲宴樂乎！』泣數行下，羣臣皆流涕。則前世人主未以生日爲重，而慶賀成俗已久矣。」案：茶餘客話卷二十二論此及唐太宗事。亭林文集卷三與友人辭祝書云：「生日之禮，古人所無，小弁之逐子，始說我辰，哀郢之故臣，乃言初慶。」

〔八〕宋本「元」下有「帝」字，原注云：「一本無『帝』字。」案：事文類聚、羣書類編故事六有「帝」字。

〔九〕庾信周大將軍司馬裔神道碑：「今遺腹載誕，流離寇逆。」唐穆宗長慶元年詔：「七月六日，是朕載誕之辰。」陳槃曰：「載誕，六朝人語。哀江南賦：『降生世德，載誕貞臣。』」

〔一〇〕趙曦明曰：「梁書后妃傳：『高祖阮修容，諱令嬴，本姓石，會稽餘姚人，齊始安王遙光納焉。

遥光敗，入東昏侯宫。建康城平，高祖納爲綵女，天監六年八月生世祖，尋拜爲修容，隨世祖出蕃。大同六年六月薨於江州内寢。世祖即位，追崇爲文宣太后。』」盧文弨曰：「金樓子稱：『宣修容，會稽上虞人，以大同九年太歲癸亥六月二日薨。』與史不同。」器案：修容，魏文帝所制，自晉以來，位列九嬪，見通鑑一六四胡注。

〔一一〕事文類聚「此」爲「而」字。封氏聞見記四降誕：「近代風俗，人子在膝下，每生日有酒食之會。孤露之後，不宜復以此日爲歡會。梁元帝少時，每以載誕之辰，輒設齋講經，洎阮修容殁後，此事亦絶。」即據此爲言。

人有憂疾，則呼天地父母〔一〕，自古而然。今世諱避，觸途急切〔二〕。而江東士庶，痛則稱禰〔三〕。禰是父之廟號，父在無容稱廟，父殁何容輒呼〔四〕？蒼頡篇〔五〕有倄字〔六〕，訓詁云：「痛而謼也〔七〕，音羽罪反。」今北人痛則呼之。聲類〔八〕音于耒反〔九〕，今南人痛或呼之。此二音隨其鄉俗，並可行也〔一〇〕。

〔一〕盧文弨曰：「史記屈原傳：『夫天者，人之始也，父母者，人之本也，人窮則反本；故勞苦倦極，未嘗不呼天也，疾痛慘怛，未嘗不呼父母也。』」器案：五燈會元十二潭州興化紹清禪師：「不見道東家人死，西家人助哀，以手搥胸曰：『蒼天！蒼天！』」

〔二〕盧文弨曰：「言今世以呼天呼父母爲觸忌也，蓋嫌於有怨恨祝詛之意，故不可也。」

〔三〕劉盼遂曰：「按江東人痛呼禰，當是呼嬭，嬭者，母之俗字，人窮則呼母，古今不異。顔氏誤以爲呼禰，實緣嬭、禰同音而致疏失。廣雅釋親：『嬭，母也。』宋書何承天傳：『承天年老，荀伯子嘲呼爲嬭母。承天曰：「卿當云鳳皇將九子，嬭母何言邪？」』北齊書穆提婆傳：『後主繈緥之中，令陸令萱鞠養，謂之乾阿嬭。』李商隱作李賀小傳，稱賀臨終，呼其母曰阿嬭。此六朝、唐人呼母爲嬭之徵也。顔氏誤嬭音爲禰，遂難於自解矣。」

〔四〕劉淇助字辨略一：「此容字，可辭也。容之爲可者，容有許意，轉訓爲可也。」

〔五〕趙曦明曰：「漢書藝文志，蒼頡一篇，秦丞相李斯作，揚雄、杜林皆作訓纂，杜林又作蒼頡故，故即詁也。」

〔六〕宋本原注：「侑，下交切，痛聲也。」傳本有此注，而誤爲「下痛交切聲也」。盧文弨曰：「案：侑字音見下，此音疑非顔氏本有。」錢大昕曰：「案：廣韻十四賄部有侑字，云：『痛而叫也，于罪切。』與羽罪音正同。」説文解字八上：「侑：剌也，从人肴聲。一曰痛聲。」段玉裁注：「鍇曰：謂疾害也。顔氏家訓曰：『蒼頡篇有侑字，訓詁云：痛而謼也。羽罪反。今北人痛則呼之。聲類音于來反、今南人痛或呼之。』案：廣韻、集韻有羽罪一音，無後一音。按元應佛書音義曰：『痏痏，諸書作侑，通俗文于罪切，痛聲曰痏。』此條合之字義俗語，皆無不合。其云『諸書作侑』，蓋蒼頡訓詁亦在其中，借侑爲痏，皆有聲也。顔氏家訓之『侑』，當是『侑』之誤，不必與説文牽合。大徐説文改『毒之』爲『痛聲』，恐是竊取黄門語。又搜神記卷十四云：『聞呻吟之聲曰唷唷宜死。』唷亦痏之俗字。」又三上：「謷，痛嘑也。从言敫聲。」段玉裁注：「嘑作呼，誤。謷與嗷義略同。痛嘑若顔氏家訓所云：『北人呼羽罪反之音，南人呼于來反之音也。』」

〔七〕宋本原注：「謼，火故切。」案：顔本、朱本「火」作「龍」，程本、胡本誤作「人」；傅本「切」誤「母」。

〔八〕趙曦明曰：「隋書經籍志：『聲類十卷，魏左校令李登撰。』」

〔九〕「于耒反」，趙曦明曰：「俗本作『于來反』，今從宋本。」郝懿行曰：「『于耒反』，本或作『于來反』，形近而譌。」

〔一〇〕盧文弨曰：「案：侑字今讀肴，不與古音合，又轉爲喓，今俗痛呼阿唷，音育，聲隨俗變，無定字也。」任大椿蒼頡篇考逸下：「侑，痛而嘑也。羽罪翻。王念孫曰：『風操篇云云，今案：侑字從肴得聲，羽罪、于來（當作「耒」）二翻，皆與肴聲不協。説文：「侑，刺也，一曰痛聲，胡茅切。」玉篇音訓與説文同，皆無羽罪、于來之音。又案僧祇律卷十三音義云：「痏，諸書作侑。」引通俗文云：「侑，于罪反，痛聲曰侑。」于罪與羽罪同音，然則音羽罪反之侑字，乃侑字之譌，痏、侑並從有得聲，與貨賄之賄聲相近，故蒼頡篇訓詁音侑羽罪翻，聲類音于來（耒）翻，今之痛呼之聲，猶有若此者。然考廣韻：侑，胡茅反，痛聲也；又於罪反，痛而叫也。集韻、類篇並與廣韻同，此字之誤，其來久矣。』」洪亮吉曉讀書齋四録下：「案：既有羽罪、于耒二反，則字不當有爻音，疑脩字爲侑字傳寫之誤，今北俗痛苦甚尚呼阿侑，讀若洧，或尚與古同也。左傳昭公三年：『而或燠休之。』服虔注云：『燠休，痛其痛而念之，若今時小兒痛，父母以口就之曰燠休，代其痛也。』阿侑即噢休之轉聲。」平步青霞外攟屑卷十玉雨淙釋諺阿侑條：「曉讀書四録下云云。按今小説彈詞皆書作阿唷，玉篇：『唷，出聲也。』集韻同喅。説文：『喅，音聲喅喅然。』皆與今俗呼痛聲不合。顔氏家訓云云，則『侑』當作『脩』，奕協揆刻誤，非北江原本矣。」陳漢章曰：「通俗文：『痛聲曰脩，又曰痏。』皆羽罪反。案：説文：『痏，耦也，亦作侑。』又：『痏，疻痏也。』痛聲之侑，當是痏之變。又：『脩，刺也，一曰痛聲。』則作脩亦是。」器案：北史儒林熊安生傳：「後齊任城王湝鞭之，宗道暉徐呼：『安偉！安偉！』」安偉，即阿侑也。

梁世被繫劾者〔一〕，子孫弟姪，皆詣闕三日，露跣〔二〕陳謝；子孫有官，自陳解職。若子則草屩麤衣〔三〕，蓬頭垢面〔四〕，周章〔五〕道路，要候〔六〕執事，叩頭流血，申訴寃枉。若配徒隸，諸子並立草庵〔七〕於所署門，不敢寧宅〔八〕，動經旬日，官司驅遣，然後始退。江南諸憲司彈人事，事雖不重〔九〕，而以教義見辱者，或被輕繫而身死獄户者，皆爲怨讎〔一〇〕，子孫三世不交通矣。到洽〔一一〕爲御史中丞，初欲彈劉孝綽〔一二〕，其兄溉〔一三〕先與劉善，苦諫不得，乃詣劉涕泣告别而去。

〔一〕盧文弨曰：「劾，胡槩切，又胡得切，推劾也。」

〔二〕胡三省通鑑一四二注：「露者，露髻。」高誘淮南子修務篇注：「跣足，不及著履也。」

〔三〕顏本、朱本屬下注云：「音脚，履也。」盧文弨曰：「麤，疏也；布帛之等，縷小者則細良，縷大者則疏惡。」

〔四〕王叔岷曰：「案莊子説劍篇：『蓬頭突鬢。』宋玉登徒子好色賦：『蓬頭攣耳。』山海經西山經郭璞注：『蓬頭亂髮。』」

〔五〕本書勉學篇：「周章詢請。」文章篇：「周章怖慴。」楚辭九歌王逸注：「周章，猶周流也。」文選吴都賦劉淵林注：「周章，謂章皇周流也。」又劉越石答盧諶書：「自頃輈張。」李善注：「輈張，驚懼之貌。」周章、輈張音義俱同。大唐新語酷忍篇：「郭霸周章惶怖，拔刀自刳腹而死。」唐人尚用周章字。

〔六〕盧文弨曰：「要，於宵切，亦作邀。」

〔七〕盧文弨曰：「庵，烏含切，廣韻：『小草舍也。』」器案：風俗通愆禮篇：「喪者、訟者，露首草舍。」則涉訟露首草舍，自東漢時已然。

〔八〕器案：不敢寧宅，猶詩言「不遑寧處」、左傳桓公十八年言「不敢寧居」之意，言不敢安居也。後代通制條格卷二十二之假寧，元典章卷十二之寧家，即此寧宅之意。

〔九〕盧文弨曰：「兩『事』字似衍其一。」又曰：「各本皆誤衍一『事』字。」

〔一〇〕宋本「怨」作「死」，原注：「一本作『怨』字。」趙曦明曰：「案：怨字是，讀若寃。」王叔岷曰：「『死』乃『怨』之壞字，『怨』，古『怨』字。論語微子篇：『不使大臣怨乎不以。』敦煌本『怨』作『怨』，淮南子兵略篇：『積怨在於民也。』日本古鈔卷子本『怨』作『怨』，並其比。」

〔一一〕趙曦明曰：「梁書到洽傳：『洽字茂㳂，彭城武原人。普通六年，遷御史中丞，彈糾無所顧望，號爲勁直，當時肅清。』」

〔一二〕趙曦明曰：「梁書劉孝綽傳：『孝綽字孝綽，彭城人，本名冉，小字阿士。與到洽友善，同遊東宫，自以才優於洽，每於宴坐嗤鄙其文；洽銜之。及孝綽爲廷尉正，攜妾入官府，其母猶停私宅。洽尋爲御史中丞，遣令史案其事，遂劾奏之，云：「攜少姝於華省，棄老母於下宅。」高祖爲隱其惡，改「姝」爲「姝」，坐免官。』」案：昔人謂「妹」、「姝」二字互倒，則「少妹」亦當爲「少姝」之誤。

〔一三〕趙曦明曰：「梁書到溉傳：『溉字茂灌，少孤貧，與弟洽俱聰敏，有才學。』」

兵凶戰危〔一〕，非安全之道。古者，天子喪服以臨師，將軍鑿凶門而出〔二〕。父祖伯叔，若在軍陣，貶損〔三〕自居，不宜奏樂讌會及婚冠吉慶事也。若居圍城之中，憔悴容色，除去飾玩〔四〕，常爲臨深履薄之狀焉〔五〕。父母疾篤，醫雖賤雖少，則涕泣而拜之，以求哀也〔六〕。梁孝元在江州，嘗有不豫〔七〕；世子方等〔八〕親拜中兵參軍〔九〕李猷焉〔一〇〕。

〔一〕盧文弨曰：「漢書鼂錯傳：『兵，凶器，戰，危事也，以大爲小，以強爲弱，在俛仰之間耳。』」王叔岷曰：「案國語越語下、淮南子道應篇、史記越王句踐世家、説苑指武篇、鹽鐵論論菑篇、漢書主父偃傳、文子下德篇、尉繚子武議篇、兵令上篇並云：『兵者，凶器也。』御覽二七一引桓範世要論：『戰者，危事；兵者，凶器。』」

〔二〕趙曦明曰：「淮南子兵略訓：『主親操斧鉞授將軍，將辭而行，乃爪鬋設明衣，鑿凶門而出。』」案許慎注云：「凶門，北出門也；將軍之出，以喪禮處之，以其必死也。」盧文弨曰：「老子道經：『吉事尚左，凶事尚右，偏將軍居左，上將軍處右。』言以喪禮處之。」王叔岷曰：「案六韜龍韜立將篇：『君親操斧持首，授將其柄，……乃辭而行，鑿凶門而出。』（今本脱「鑿凶門而出」五字，據長短經出軍篇補。）諸葛亮心書出師：『君辭鉞柄以授將曰：從此至軍，將軍其裁之。……將受詞，鑿凶門引軍而出。』劉子兵術篇：『夫將者，國之安危，民之性命，不可不重。故詔之於廟堂，授之以斧鉞；受命既已，則設明衣，鑿凶門。』」

〔三〕公羊桓十一年：「行權有道，自貶損以行權。」漢書藝文志六藝略春秋：「春秋所貶損大人當世君臣，有威權勢力，其事實皆形於傳。」

〔四〕器案：玩即上文「服玩」之玩。飾玩，謂裝飾之品，玩好之器。後漢書皇后紀序論：「選納尚簡，飾翫少華。」南史王曇傳：「手不執金玉，婦女亦不得以爲飾玩。」

〔五〕詩經小雅小旻：「如臨深淵，如履薄冰。」毛傳：「如臨深淵，恐墜；如履薄冰，恐陷也。」

〔六〕司馬温公書儀四：「顏氏家訓曰：『父母有疾，子拜醫以求藥。』蓋以醫者親之存亡所繫，豈可傲忽也。」

〔七〕禮記曲禮疏引白虎通曰：「天子病曰不豫，言不復豫政也。」

〔八〕趙曦明曰：「梁書世祖二子傳：『忠壯世子方等，字實相，世祖長子，母曰徐妃。』」

〔九〕趙曦明曰：「隋書百官志：『皇弟皇子府，置功曹史、録事、記室、中兵等參軍。』」

〔一〇〕宋本原注：「一本無『焉』字。」案：羅本、傅本、顏本、程本、胡本、何本、朱本無「焉」字；少儀外傳上引有。

四海之人，結爲兄弟〔一〕，亦何容易〔二〕。必有志均義敵〔三〕、令終如始者，方可議之〔四〕。一爾〔五〕之後，命子拜伏，呼爲丈人〔六〕，申父友之敬〔七〕；身事彼親，亦宜加禮。比見北人，甚輕此節，行路相逢，便定昆季〔八〕，望年觀貌，不擇是非，至有結父爲兄、託子爲弟者〔九〕。

〔一〕器案：史傳所載異姓結爲兄弟者，大率由於軍伍健兒亡命約同生死。如史記項羽本紀：「漢王曰：『吾與項羽俱北面受命懷王，約爲兄弟，吾翁即若翁。』」此見史籍之始。至北齊書神武紀上：「尒朱兆曰：『香火重誓，何所慮也。』紹宗曰：『親兄弟尚可難信，何論香火。』」漁陽王紹信傳：「乃與大富人鍾長命結爲義兄弟，妃與長命妻爲姊妹。」北史司馬消難傳：「初，隋武、元帝之迎，消難結爲兄弟，情好甚篤，隋文每以叔禮事之。」唐瑾傳：「于謹……白周文，言：『謹學行兼修，願與之同姓，結爲兄弟。』」此尤當時北人節概之可考見者。

〔二〕文選東方曼倩非有先生論：「談何容易。」李善注：「言談説之道，何容輕易乎？」張銑注：「言談之辭，何得輕易而爲之。」後漢書何進傳：「國家之事，亦何容易。」

〔三〕漢書董賢傳：「光雅恭敬，知上欲尊寵賢，迎送甚謹，不敢以賓客鈞敵之禮。」易林需之同人：「兩矛相刺，勇力鈞敵。」翟云升校略曰：「均，古通用鈞。」

〔四〕黄叔琳曰：「結爲兄弟，宜慎如此。」

〔五〕胡三省通鑑六九注：「一爾，猶言一如此也。」

〔六〕郝懿行曰：「呼爲丈人猶可；今俗稱乾爹乾娘，於義何居？」

〔七〕「友」，宋本作「交」，原注云：「一本作『友』。」案：説郛本、愛日齋叢鈔作「友」。盧文弨曰：「古者，與其子相友，則拜其親，謂之拜親之交。馬援有疾，梁松來候之，獨拜牀下，援不答。孔融先與陳紀友，後與其子羣交，更爲羣拜紀。魯肅拜吕蒙母，結友而别。諸史所載，如此者非一。」

〔八〕器案：北齊書宋遊道傳：「與頓丘李奬一面，便定死交。」即其證也。

〔九〕器案：如此結義兄弟，實從當時亂倫之過房制度相應而産生者。自唐、五代以來，降弟爲兒、升孫爲子之現象，頗爲普遍；宗法制度且如此，則交朋結友更無論矣。唐德宗以順宗子謜爲第六子，則以孫爲子。唐制，尚主者升行與諸父等。五代史晉家人傳：「重允，高祖弟，高祖愛之，養以爲子。」宋史周三臣傳：「李守節乃李筠之子，守節卒無後，即以筠妾所生之子爲嗣。」劉攽彭城集内殿崇班康君墓誌銘：「君生二歲失父，育于大父，大父育爲己子。」袁采袁氏世範一立嗣擇昭穆相順：「設不得已，養弟、姪、孫以奉祭祀。惟當撫之如子，以其財産與之；受所養者，奉所養如父。」如此之等，與顔氏所言者，合而觀之，非俗所謂「有錢高三輩，無錢低三輩」之絶好寫照耶！

昔者，周公一沐三握髮，一飯三吐餐，以接白屋之士，一日所見者七十餘人〔一〕。晉文公以沐辭豎頭須，致有圖反之誚〔二〕。門不停賓〔三〕，古所貴也。失教之家，閽寺〔四〕無禮，或以主君寢食嗔怒，拒客未通〔五〕，江南深以爲恥。黄門侍郎〔六〕裴之禮，號善爲士大夫〔七〕，有如此輩，對賓杖之；其門生〔八〕僮僕，接於他人，折旋俯仰〔九〕，辭色應對，莫不肅敬，與主無別也〔一〇〕。

〔一〕趙曦明曰：「見荀子，而文小異，説苑亦載之。」盧文弨曰：「荀子堯問篇、説苑尊賢篇及尚書大傳，唯載見士；其握髮吐哺，見史記魯世家。」器案：韓詩外傳三又八、說苑尊賢篇云：「窮巷白屋所先見者四十九人。」金樓子說蕃篇：「周公旦則讀書一百篇，夕則見士七十人也。」韓詩外傳、說苑敬慎篇俱載吐握事。呂氏春秋謹聽篇、淮南子氾論篇又以一沐三捉髮、一飯三吐哺爲夏禹事，黄氏日鈔以此爲形容之語，義或然歟。漢書蕭望之傳：「恐非周公相成王躬吐握之禮，致白屋之意。」師古曰：「白屋，謂白蓋之屋，以茅覆之，賤人所居。」

〔二〕左傳僖公二十四年：「初，晉侯之豎頭須，守藏者也，其出也，竊藏以逃，盡用以求納之。及入，求見。公辭焉以沐。謂僕人曰：『沐則心覆，心覆則圖反，宜吾不得見也。居者爲社稷之守，行者爲羈絏之僕，其亦可矣，何必罪居者！國君而讎匹夫，懼者甚衆矣。』僕人以告，公遽見之。」

〔三〕盧文弨曰：「晉書王渾傳：『渾撫循羈旅，虛懷綏納，座無空席，門不停賓，故江東之士，莫不悅附。』」

〔四〕器案：易說卦：「艮爲閽寺。」文選西都賦：「閽尹閽寺。」張銑注：「閽寺皆刑餘人，掌宮禁門戶。」此文則用爲一般司閽者之稱。唐人又作閽侍，李商隱爲舉人上翰林蕭侍郎啓：「頃者，曾干閽侍，獲拜堂皇。」

〔五〕顏本、朱本「未」作「莫」。

〔六〕趙曦明曰：「隋書百官志：『門下省置侍中給事、黄門侍郎各四人。』」

〔七〕「號善爲士大夫」，自此以下，宋本作「好待賓客，或有此輩，對賓杖之，僮僕引接，折旋俯仰，莫不肅敬，與主無別」。原注：「一本『裴之禮號善爲士大夫，有如此輩，對賓杖之，其門生僮僕，接於他人，折旋俯仰，辭色應對，莫不肅敬，與主無別也』。」少儀外傳下引「好待賓客」云云十二字，同宋本，「其門生僮僕」云云二十六字，同今本。事文類聚別二七引作「好待賓客，或有此輩」，餘同今本。器案：南史卷五十八裴邃傳：「子之禮，字子義，美容儀，能言玄理，……歷位黄門侍郎。」又見梁書卷二十八裴邃傳。陳槃曰：「周公下士之説，吕氏春秋下賢：『周公旦所朝於窮巷之中、甕牖之下者七十人』；荀子堯問：『吾所執贄而見者十人，還贄而相見者三十人，貌執之士百有餘人，欲言而請畢事者千有餘人』；尚書大傳：『所執贄而見者十二，委質而相見者三十，其未執贄之士百，我欲盡智得情者千人』（通鑑前編成王元年篇引）；魯世家：『我一沐三捉髮，一飯三吐哺，起以待士』；韓詩外傳三：『布衣之士，所贄而師者十人，所友見者十三人，窮巷白屋，先見者四十九人，時進善百人，教士千人，宮朝者萬人』；又曰：『一沐三握髮，一飯三吐哺，猶恐失天下士』；説苑尊賢：『周公旦，白屋之士，所下者七十人』；論衡譴告：『周公執贄，下白屋之士』；僞家語賢君，孔子語子路：『昔者周公居冢宰之尊，……而猶下白屋之士，日見百七十人』。言人人殊。顏云：『一日所見七十餘人』，今亦未詳所出。」又曰：「『白屋之士』，論衡同上篇曰：『閭巷之微賤者也。』白屋，僞家語同上篇王肅注：『草屋也。』元李翀曰：『白屋者，庶人屋也。春秋：丹桓宮楹，非禮也。在禮，楹，天子丹，諸侯黝，堊，大夫蒼，士黈，黄色也。按此則屋楹循等級用采，庶人則不許，是以謂之白屋也。後世諸王皆朱其邸，及宮寺皆施朱，非古矣。南史：有一隱士，多遊玉門。或譏之，答曰：諸君以爲朱門，貧道如遊蓬户。又主父偃曰：士或起白屋而致三公。顔注云：以白茅覆屋。非也。古者，宮室有度，官不及數，則屋室皆露本材，不容僭施采畫，是爲白屋也。是故山節藻棁，丹楹刻桷，以諸侯、大夫而越等用之，猶見譏誚，則庶人之家，其屋當白屋也。白茅覆屋，古今無傳。後世諸侯王及達官所居之屋，概施以朱門，又曰朱邸，以別於白屋也。故凡庶人所居，皆曰白屋矣。』（日聞録）案：李説明晰。」

〔八〕李詳曰：「日知録卷二十四言南史所稱門生，今之門下人也，歷引徐湛之、謝靈運、顧協、姚察等傳，證其冗賤。黄門此與僮僕並稱，亦從其類也。」器案：趙翼陔餘叢考三六：「唐以後始有座主門生之稱，六朝時所謂門生，則非門弟子也。其時仕宦者，許各募部曲，謂之義從；其在門下親侍者，則謂之門生，如今門子之類耳。」舉證亦繁，不備引。

〔九〕禮記玉藻：「折還中矩。」鄭玄注：「曲行也。」折旋即折還。

〔一〇〕黄叔琳曰：「裴公之接禮賓客，可謂至矣，宜有國士出其門下。」案：日知録十三曰：「史記：『鄭當時誡門下，賓至無貴賤，無留門者。』後漢書：『皇甫嵩折節下士，門無留客。』而大戴禮武王之門銘曰：『敬遇賓客，貴賤無二。』則古已言之矣。觀夫後漢趙壹之於皇甫規，高彪之於馬融，一謁不面，終身不見。爲士大夫者，可不戒哉！」即引顏氏此文而申論之。

慕賢第七

古人云：「千載一聖，猶旦暮也；五百年一賢，猶比髆也〔一〕。」言聖賢之難得，疏闊如此。儻遭不世明達君子，安可不攀附景仰之乎〔二〕？吾生於亂世，長於戎馬，流離〔三〕播越〔四〕，聞見已多；所值名賢，未嘗不心醉〔五〕魂迷向慕之也。人在少年，神情未定，所與款狎〔六〕，熏漬陶染〔七〕，言笑舉動〔八〕，無心於學，潛移〔九〕暗化，自然似之；何況操履藝能，較明易習者也〔一〇〕？是以與善人居，如入芝蘭之室，久而自芳也；與惡人居，如入鮑魚之肆，久而自臭也〔一一〕。墨子悲於染絲〔一二〕，是之謂矣。君子必慎交遊焉。孔子曰：「無友不如己者〔一三〕。」顏、閔之徒〔一四〕，何可世得！但優於我，便足貴之。

〔一〕羅本、顏本、程本、胡本、何本、朱本「髆」作「膊」。盧文弨曰：「孟子外書性善辨：『千年一聖，猶旦暮也。』（案：鮑照河清頌序引孟子此文。）鬻子第四：『聖人在上，賢士百里而有一人，則猶無有也；王道衰微，暴亂在上，賢士千里而有一人，則猶比肩也。』髆，補各切，說文：『肩甲也。』」器案：蕭綺拾遺記三録引孟子：「千年一聖，謂之連步。」文選李陵答蘇武書注引孟子：「千年一聖，五百年一賢，聖賢未出，其中有命世者。」類聚二〇、意林引申子：「百世有聖人猶隨踵，千里有賢人是比肩。」呂氏春秋觀世篇：「千里而有一士，比肩也，累世而有一聖人，繼踵也。士與聖人之所自來，若此其難也。」戰國策齊策三：「千里而一士，是比肩而立，百世而一聖，若隨踵而至也。」莊子齊物論：「萬世之後，而遇一聖，知其解者，是旦暮遇之也。」越絶書篇叙外傳記：「百歲一賢，猶爲比肩。」賈子新書大政篇下：「故暴亂在位，則士千里而有一人，則猶比肩也。」王叔岷曰：「韓非子難勢篇：『夫堯、舜、桀、紂，千世而一出，是比肩隨踵而生也。』御覽四百二、天中記二四並引楊泉物理論：『千里一賢，謂之比肩。』僞慎子外篇：『聖人在上，賢士百里而有一人，則猶無有也；王道衰，暴亂在上，賢士千里而有一人，則猶比肩也。』」

〔二〕盧文弨曰：「法言淵騫篇：『攀龍鱗，附鳳翼。』後漢書劉愷傳：『賈逵上書，稱愷景仰前修。』案：宋以來，以詩云『高山仰止，景行行止』，箋訓景爲明，不可用作景慕義。真西山初慕元德秀而同其名，因字景元，後悟其非，改爲希元。鶴林玉露辨之綦詳。不知景仰之語古矣，此亦用之。章懷於愷傳『百僚景式』下注云：『景猶慕也。』是唐人猶不若宋人之拘泥也。」徐文靖曰：「黄山谷曰：『詩云：景行行止。景，明也。明行則行之。自晉、魏間所謂景莊儉等者，從一人差誤，遂相承謬。東漢劉愷傳：景仰前修。注：景，慕也。則知此謬，其來尚矣。』按韓詩外傳：『南假子謂陳本曰：詩不云乎，高山仰止，景行行止？吾豈自比君子哉？志慕之而已。』三王世家：『武帝制曰：高山仰之，景行嚮之，朕心慕焉。』景訓慕爲是。山谷之説，未足據也。」（管城碩記二〇）

〔三〕詩經邶風旄丘：「瑣兮尾兮，流離之子。」集傳：「流離，漂散也。」

〔四〕左傳昭公二十六年：「茲不穀震盪播越，竄在荆蠻。」

〔五〕宋本「心」作「神」，少儀外傳上同。李詳曰：「案：莊子應帝王篇：『鄭有神巫曰季咸，列子見之而心醉。』」案：列子黄帝篇載鄭巫事，亦作「心醉」。文選顔延年五君詠：「郭弈已心醉。」注引名士傳：「太原郭弈見之心醉，不覺歎服。」又引莊子向秀注：「心醉，迷惑其道也。」

〔六〕款狎，謂款洽狎習。南史梁武紀：「與齊高少而款狎。」又袁顗傳：「顗與鄧琬款狎。」

〔七〕熏漬陶染，謂熏炙、漸漬、陶冶、濡染。梁昭明太子講席將畢賦三十韻詩依次用：「慧義比瓊瑶，薰染猶蘭菊。」

〔八〕宋本「動」作「對」，少儀外傳引同今本。

〔九〕王叔岷曰：「案文心雕龍練字篇：『别、列、淮、淫，字似潛移。』」

〔一〇〕盧文弨曰：「也讀爲耶。」器案：史記伯夷列傳：「此其尤大彰明較著者也。」索隱：「較，明也。」

〔一一〕趙曦明曰：「本家語六本篇。」器案：説苑雜言篇：「孔子曰：『與善人居，如入蘭芷之室，久而不聞其香，則與之化矣；與惡人居，如入鮑魚之肆，久而不聞其臭，亦與之化矣。」僞家語本此。向宗魯先生説苑校證曰：「案『蘭芷』，家語作『芝蘭』，非是。淮南子説林篇：『蘭芝以芳。』王念孫讀書雜志校『芝』爲『芷』，即引此爲證。並云：『古人言香草者必稱蘭芷。芝非香草，不當與蘭並稱。凡諸書中言蘭芝、言芝蘭者，皆是芷字之誤。』」

〔一二〕墨子所染篇：「子墨子見染絲者而歎曰：『染於蒼則蒼，染於黄則黄，所入者變，其色亦變，五入而已則爲五色矣。故染不可不慎也。』」王叔岷曰：「論衡率性篇：『墨子哭練絲。』藝增篇：『墨子哭於練絲。』風俗通皇霸篇：『墨翟悲於練絲。』阮籍詠懷詩：『墨子悲染絲。』劉子傷讒篇：『墨子所以悲素絲。』」

〔一三〕論語學而篇文。

〔一四〕史記仲尼弟子列傳：「顔回者，魯人也，字子淵，少孔子三十歲。閔損，字子騫，少孔子十五歲。」集解：「鄭玄曰：『孔子弟子目録云：魯人。』」

世人多蔽，貴耳賤目〔一〕，重遥輕近〔二〕。少長周旋，如有賢哲，每相狎侮，不加禮敬〔三〕；他鄉異縣〔四〕，微藉風聲〔五〕，延頸企踵〔六〕，甚於飢渴〔七〕。校其長短，覈其精麤〔八〕，或彼不能如此矣〔九〕。所以魯人謂孔子爲東家丘〔一〇〕，昔虞國宮之奇，少長於君，君狎之，不納其諫，以至亡國〔一一〕，不可不留心也。

〔一〕盧文弨曰：「見張衡東京賦。」器案：文選東京賦：「若客所謂，末學膚受，貴耳而賤目者也。」李善注：「桓譚新論曰：『世咸尊古卑今，貴所聞，賤所見。』」抱朴子廣譬篇：「貴遠而賤近者，常人之用情也；信耳而遺目者，古今之所患也。」王叔岷曰：「案漢書楊雄傳：『凡人賤近而貴遠。』劉子正賞篇：『珍遥而鄙近，貴耳而賤目。』」

〔二〕郝懿行曰：「雞有五德，以近而見烹；黄鵠無此，以遠而見重：魯哀公所以失之於田饒也。」

〔三〕盧文弨曰：「禮記曲禮上：『賢者狎而敬之。』又曰：『禮不踰節，不輕侮，不好狎。』鄭注：『爲傷敬也。』」黄叔琳曰：「此蔽古即有之，於今爲尤。」

〔四〕盧文弨曰：「見蔡邕詩。」案：文選飲馬長城窟行：「他鄉各異縣，展轉不可見。」

〔五〕尚書畢命：「樹之風聲。」孔傳：「立其善風，揚其善聲。」左傳文公六年：「樹之風聲。」杜注：「因土地風俗爲立聲教之法。」孔穎達正義：「風俗亦是人君教化，故孝經云：『移風易俗。』孔注尚書云『立其善風，揚其善聲』是也。」三國志蜀書許靖傳注引魏略：「時聞消息於風聲。」文選陸士衡文賦：「宣風聲於不泯。」又楊德祖答臨淄侯牋：「采聽風聲，仰德不暇。」又吴季重在元城與魏太子牋：「邁德種恩，樹之風聲。」又司馬長卿封禪文：「逖聽者風聲。」

〔六〕漢書蕭望之傳：「天下之士，延頸企踵。」説本盧文弨。

〔七〕器案：三國志蜀書諸葛亮傳：「亮曰：『將軍總攬英雄，思賢如渴。』」文選曹子建責躬詩：「遲奉聖顔，如渴如飢。」李善注：「遲猶思也。張奂與許季師書曰：『不面之闊，悠悠曠久，飢渴之念，豈當有忘。』毛詩曰：『憂心烈烈，載飢載渴。』」

〔八〕「覈」，抱經堂本誤作「覆」，據嚴刻本正。羅本、傅本、顏本、程本、胡本、何本、朱本、黄本無二「其」字，今從宋本。

〔九〕此句，宋本作「或能彼不能此矣」，原注：「一本云：『或彼不能如此矣。』」

〔一〇〕趙曦明曰：「裴松之注魏志邴原傳引原别傳曰：『原遠遊學，詣安邱孫崧，崧辭曰：「君鄉里鄭君，誠學者之師模也，君乃舍之，所謂以鄭爲東家丘者也。」原曰：「君謂僕以鄭爲東家丘，以僕爲西家愚夫邪？」』」器案：蘇東坡代書答梁先詩施注引家語：「魯人不識孔子聖人，乃曰：『彼東家丘者，吾知之矣。』」集注分類東坡先生詩卷七趙次公注引作論衡，文同。此家訓所本。後漢紀二三：「宋子俊曰：『魯人謂仲尼東家丘，蕩蕩體大，民不能名。』」文選陳孔璋爲曹洪與魏文帝書：「怪乃輕其家丘，謂爲倩人。」俱本家語。

〔一一〕左傳僖公二年：「晉荀息請以屈産之乘，與垂棘之璧，假道於虞以伐虢。……虞公許之，且請先伐虢。宫之奇諫，不聽，遂起師。」五年：「晉侯復假道於虞以伐虢。宫之奇諫曰云云……弗聽，許晉使。宫之奇以其族行，曰：『虞不臘矣，在此行也，晉不更舉矣。』……冬十二月丙子朔，晉滅虢，虢公醜奔京師。師還，館於虞，遂襲虞，滅之。」

用其言，棄其身，古人所恥〔一〕。凡有一言一行，取於人者，皆顯稱之，不可竊人之美，以爲己力〔二〕；雖輕雖賤者〔三〕，必歸功焉。竊人之財，刑辟之所處；竊人之美，鬼神之所責〔四〕。

〔一〕趙曦明曰：「左氏定九年傳：『鄭駟歂殺鄧析而用其竹刑。君子謂子然於是乎不忠，用其道，不棄其人。詩云：「蔽芾甘棠，勿翦勿伐，召伯所茇。」思其人猶愛其樹，況用其道而不恤其人乎？』」

〔二〕左傳僖公二十四年：「竊人之財，猶謂之盜；況貪天之功，以爲己力乎？」文心雕龍指瑕篇：「若掠人美辭，以爲己力，寶玉大弓，終非其有。」

〔三〕戒子通録二無「者」字。

〔四〕莊子天道篇：「無鬼責。」又見刻意篇。

梁孝元前在荆州〔一〕，有丁覘者，洪亭民耳〔二〕，頗善屬文〔三〕，殊工草隸；孝元書記〔四〕，一皆使之〔五〕。軍府〔六〕輕賤，多未之重，恥令子弟以爲楷法〔七〕，時云〔八〕：「丁君〔九〕十紙，不敵王褒數字〔一〇〕。」吾雅愛其手迹，常所寶持。孝元嘗遣典籤〔一一〕惠編送文章示蕭祭酒〔一二〕，祭酒問云：「君王比賜書翰〔一三〕，及寫詩筆〔一四〕，殊爲佳手〔一五〕，姓名爲誰？那得都無聲問〔一六〕？」編以實答。子雲歎曰：「此人後生無比，遂〔一七〕不爲世所稱，亦是奇事〔一八〕。」於是聞者少復刮目〔一九〕。稍仕至尚書儀曹郎〔二〇〕，末爲晉安王〔二一〕侍讀〔二二〕，隨王東下〔二三〕。及西臺〔二四〕陷殁，簡牘湮散，丁亦尋卒於揚州；前所輕者，後思一紙，不可得矣〔二五〕。

〔一〕陳思書小史七引無「前」字。盧文弨曰：「梁書元帝紀：『普通七年，出爲使持節都督荆、湘、郢、益、寧、南梁六州諸軍事，西中郎將、荆州刺史。』」

〔二〕李詳曰：「張彦遠法書要録：『丁覘與智永同時人，善隸書，世稱丁真永草。』此人與永師齊名，則亦非不爲世所知者矣。」劉盼遂曰：「按：日本見在書目載丁覘注千字文一卷。考千文注釋，率皆梁、陳之士，則丁覘殆即顔氏此文所舉者。又梁元帝金樓子著書篇云：『夢書一秩十卷，金樓使丁覘撰。』亦其人也。」器案：張懷瓘書斷中：「智永章草，草書入妙，隸書入能；兄智楷亦工草；丁覘亦善隸書；時人云：『丁真楷草。』」法書會要：「陳世丁覘亦工飛白。」則其人已入陳。

〔三〕漢書賈誼傳：「能誦詩書屬文。」文選文賦注：「屬，綴也。」

〔四〕盧文弨曰：「後漢書百官志：『記室令史，主上章表，報書記。』」

〔五〕宋本「使」下有「典」字，原注云：「一本無『典』字。」書小史「使」作「委」。

〔六〕本書勉學篇：「軍府服其志尚。」軍府，謂湘東王時都督六州諸軍事，故曰軍府。吴梅曰：「據此可知六朝重門望。」

〔七〕器案：楷法，謂習字者以爲模範。世説新語方正篇注引宋明帝文章志：「魏時起凌雲閣，忘題榜，乃使韋仲將懸梯上題之，比下，鬚髮盡白，裁餘氣息，還語子弟云：『宜絶楷法。』」梁書王志傳：「志善草隸，當時以爲楷法。」又作楷式，本書雜藝篇：「蕭子雲改易字體，邵陵王頗行僞字，朝野翕然，以爲楷式。」或單稱楷，法書要録引陶弘景與梁武帝啓：「前奉神筆三紙，并今爲五，非但字字注目，乃晝畫抽心，日覺遒媚，轉不可説，以酬昔歲，不復相類，正此即爲楷，何復多尋鍾、王。」

〔八〕宋本原注云：「一本無『時云』二字。」案：書小史無「時」。

〔九〕器案：南朝稱人爲君，時俗所重。梁書任昉傳：「昉好交結，獎進士友，得其延譽者，率多升擢；故衣冠貴遊，莫不争與交好，座上賓客，恒有數十。時人慕之，號曰任君，言如漢之三君也。」陸倕贈任昉詩：「任君本達識，張子復清脩。」

〔一〇〕「王褒數字」，宋本作「王君一字」，原注云：「一本云：『王君數字。』」趙曦明曰：「周書王褒傳：『褒字子淵，琅邪臨沂人。梁國子祭酒蕭子雲，褒之姑父也，特善草隸；褒以姻戚去來其家，遂相模範，俄而名亞子雲，並見重於世。』」郝懿行曰：「王君名褒，梁人稱爲工書，爲時所重，見雜藝篇。」

〔一一〕趙曦明曰：「南史恩倖吕文顯傳：『故事：府州部内論事，皆籤前直叙所論之事，後云謹籤，日月下又云某官某籤。故府州置典籤以典之，本五品吏，宋初改爲七職。宋氏晚運，多以幼少皇子爲方鎮，時主皆以親近左右領典籤，典籤之權稍大。』」器案：唐六典二九：「親王府有典籤，掌宣傳教言事。」

〔一二〕盧文弨曰：「隋書百官志：『學府有祭酒一人。』」書小史不重「祭酒」二字。

〔一三〕本書勉學篇：「世中書翰。」書翰，猶今言書信。文選長楊賦注：「翰，筆也。」

〔一四〕器案：六朝人以詩、筆對言，筆指無韻之文。南齊書晉安王子懋傳：「文章詩筆，乃是佳事，然世務彌爲根本。」梁書劉潛傳：「潛字孝儀，祕書監孝綽弟也。幼孤，兄弟相勵勤學，並工屬文，孝綽常曰：『三筆六詩。』三即孝儀，六孝威也。」梁書庾肩吾傳：「梁簡文帝與湘東王書：『詩既若此，筆又如之。』」北史蕭圓肅傳：「撰時人詩筆爲文海四十卷。」諸詩筆義並同。

〔一五〕器案：佳手，猶今言一把好手。梁書庾肩吾傳：「梁簡文帝與湘東王書：『張士簡之賦，周升逸之辯，亦誠佳手，難可復遇。』」又本書雜藝篇：「十中六七，以爲上手。」上手與此義同。

〔一六〕書小史無「那得」二字。案：那得，猶言何得。世説新語德行篇：「那得初不見君教兒？」又品藻篇：「萬自可敗，那得乃爾失卒情？」又任誕篇：「阿乞那得此物？」又排調篇：「千里投公，始得一蠻府參軍，那得不作蠻語也！」（據楊勇校箋本）聲問，即聲聞，猶今言聲譽。詩卷阿：「令聞令望。」釋文：「『聞』本作『問』。」

〔一七〕本書誡兵篇：「但微行險服，逞弄拳擊，大則陷危亡，小則貽恥辱，遂無免者。」案：遂，猶言終也。意林五引楊泉物理論：「班固漢書，因父得成；遂没不言彪，殊異馬遷也。」世説新語排調篇：「桓玄素輕桓崖。崖在京下有好桃，玄連就求之，遂不得佳者。」蕭綱京洛篇：「誰知兩京盛，歡宴遂無窮。」遂都作終解。賀力牧亂後別蘇州人：「子常終覆郢，宰嚭遂亡吳。」以「終」「遂」對言，即「遂」猶「終」之的證。

〔一八〕郝懿行曰：「賤家雞，愛野鶩，俗眼往往如此。」

〔一九〕趙曦明曰：「裴松之注吳志呂蒙傳引江表傳：呂蒙謂魯肅曰：『士別三日，即更刮目相待。』」

〔二〇〕趙曦明曰：「隋書百官志：『尚書省置儀曹、虞曹等郎二十三人。』」

〔二一〕書小史「末」作「後」。趙曦明曰：「梁書簡文帝紀：『天監五年，封晉安王。』」

〔二二〕通鑑一三〇胡注：「諸王有侍讀，掌授王經。」

〔二三〕左傳襄公十六年杜注：「順河東行故曰下。」國語晉語韋注：「東行曰下。」案：南朝人所謂東下，即謂順江東行也。

〔二四〕通鑑一四四胡注：「江陵在西，故曰西臺。」

〔二五〕書小史「得矣」作「復得」。

侯景初入建業〔一〕，臺門〔二〕雖閉，公私草擾，各不自全。太子左衛率羊侃〔三〕坐東掖門〔四〕，部分〔五〕經略，一宿皆辦，遂得百餘日抗拒兇逆。於時，城內四萬許人〔六〕，王公朝士，不下一百，便是恃侃一人安之，其相去如此。古人云：「巢父、許由，讓於天下〔七〕；市道小人，争一錢之利〔八〕。」亦已懸〔九〕矣。

〔一〕趙曦明曰：「南史賊臣傳：『侯景，字萬景，魏之懷朔鎮人。初事尒朱榮，高歡誅尒朱氏，景以衆降歡，使擁兵十萬，專制河南。太清元年二月，上表求降，武帝封景河南王大將軍使持節都督河南北諸軍事大行臺。及與魏通和，二年八月，遂發兵反。』吴志孫權傳：『十六年徙治秣陵，明年城石頭，改秣陵爲建業。』」

〔二〕盧文弨曰：「容齋隨筆：『晉、宋間謂朝廷禁近爲臺，故稱禁城爲臺城，官軍爲臺軍，使者爲臺使。』案：此臺門亦謂臺城門也。」

〔三〕趙曦明曰：「羊侃見前。梁書本傳：『中大通六年，出爲晉安太守，頃之，徵太子左衛率。太清二年，復爲都官尚書。侯景反，侃區分防擬，皆以宗室間之。賊攻東掖門，縱火甚盛；侃親自距抗，以水沃火，火滅。賊爲尖頂木驢攻城，矢石所不能制；侃作雉尾炬，施鐵鏃，以油灌之，擲驢上焚之，俄盡。賊又東西面起土山以臨城；侃命爲地道，潛引其土，山不能立。賊又作登城樓車，高十餘丈，欲臨射城内；侃曰：「車高壍虚，彼來必倒。」及車動果倒。後大雨，城内土山崩，賊乘之，垂入；侃乃令多擲火爲火城，以斷其路，徐於裏築城，賊不能進。十二月，遘疾，卒於臺内。』」案：唐六典二八太子左右衛率府：「左右衛率，掌東宫兵仗羽衛之政令，以總諸曹之事。」

〔四〕胡三省通鑑一六六注：「臺城正南端門，其左右二門曰東、西掖門。」

〔五〕案：部分，謂部署處分。晉書陶回傳：「時駿夜行，甚無部分。」

〔六〕器案：許，古通所。詩小雅伐木：「伐木許許。」説文引作「伐木所所」。禮記檀弓注：「封高尺所。」正義曰：「所是不定之辭。」

〔七〕趙曦明曰：「高士傳：『巢父者，堯時隱人也，以樹爲巢，而寢其上，故時人號曰巢父。堯之讓許由也，由以告巢父，巢父曰：「汝何不隱汝形，藏汝光？若非吾友也。」』又曰：『許由，字武仲，陽城槐里人也。堯召爲九州長，由不欲聞之，洗耳於潁水濱。巢父曰：「汚吾犢口。」牽犢上流飲之。』」

〔八〕器案：御覽八三六引曹植樂府歌：「巢、許蔑四海，商賈争一錢。」晉書華譚傳：「或問譚曰：『諺言人之相去，如九牛毛。寧有此理乎？』譚對曰：『昔許由、巢父，讓天子之貴；市道小人，争半錢之利：此之相去，何啻九牛毛也！』聞者稱善。」

〔九〕器案：懸謂懸殊。鹽鐵論貧富篇：「然後諸業不相遠，而貧富不相懸也。」馬融論日食疏：「侯甸采衛，司民之吏，優劣相懸，不可不審擇其人。」嵇康養生論：「樹養不同，則功收相懸。」義同。

齊文宣帝〔一〕即位數年，便沈湎縱恣，略無綱紀〔二〕；尚能委政尚書令楊遵彦〔三〕，内外清謐，朝野晏如〔四〕，各得其所〔五〕，物無異議，終天保之朝。遵彦後爲孝昭所戮〔六〕，刑政於是衰矣〔七〕。斛律明月〔八〕齊朝折衝之臣〔九〕，無罪被誅，將士解體〔一〇〕，周人始有吞齊之志，關中至今譽之〔一一〕。此人用兵，豈止萬夫之望〔一二〕而已也！國之存亡，係其生死。

〔一〕趙曦明曰：「北齊書文宣帝紀：『顯祖文宣皇帝，諱洋，字子建，高祖第二子，世宗之母弟。受東魏禪，即皇帝位，改武定八年爲天保元年。六七年後，以功業自矜，縱酒肆欲，事極猖狂，昏邪殘暴，近世未有。』」

〔二〕綱紀者，總持爲綱，分繫爲紀，引申有紀律意。詩大雅棫樸：「勉勉我王，綱紀四方。」又假樂：「受福無疆，四方之綱；之綱之紀，燕及朋友。」史記夏禹本紀：「亹亹穆穆，爲綱爲紀。」

〔三〕趙曦明曰：「北齊書楊愔傳：『愔字遵彦，弘農華陰人，小名秦王。遵彦死，以中書令趙彦深代領機務，鴻臚少卿陽休之私謂人曰：「將涉千里，殺騏驥而策蹇驢，可悲之甚。」』」器案：文苑英華七五一盧思道北齊興亡論：「賴有尚書令弘農楊遵彦，魏太傅津之子也。含章秀出，希世偉人，風鑑俊朗，體局貞固，學無不綜，才靡不通，裴、樂謝其清吉，應、劉媿其藻麗，温良恭儉，讓恕惠和，高行異才，近古無二。有齊建國，便預經綸，軍國政事，一人而已。詰旦坐朝，諮請填湊，千端萬緒，令議如流，剖斷部領，選舉人物，滿室盈庭，永無凝滯。虚襟泛愛，禮賢好事，聞人之善，若己有之，智調有餘，尤善當世。譖言屢入，時寄無改，每乘輿四巡，恒守京邑。凡有善政，皆遵彦之爲；是以主昏于上，國治于下，朝野貴賤，至于今稱之。俄而文宣不豫，獘于趨孽，儲君繼體，纔歷數旬，近習預權，小人並進；楊公慮有危機，引身移疾。幼主若喪股肱，固相敦勉。乾明之始，難起戚藩，變成倏忽，殞於殿省。詩云：『人之云亡，邦國殄瘁。』君子是以知齊祚之不昌也。」文中子中説事君篇：「子曰：『甚矣，齊文宣之虐也！』姚義曰：『何謂克終？』子曰：『有楊遵彦者，寔國掌命，視民如傷，奚爲不終。』」又魏相篇：「子曰：『孰謂齊文宣瞢，而善楊遵彦也。』」資治通鑑一六六：「齊顯祖之初立也，……又能委政楊愔，愔總攝機衡，百度修敕，故時人言主昏於上，政清於下。」黄震古今紀要七：「齊文宣之初立，留心政術，務存簡靖，内外肅然，軍國機策，獨決懷抱，常致克捷。六七年後，以功業自矜，嗜酒淫虐，然能委政楊愔，百度修勑。」諸論楊遵彦，與顏之推説同，可互參也。

〔四〕漢書諸王侯表：「海内晏如。」注：「安然也。」

〔五〕孟子萬章上：「得其所哉！」

〔六〕趙曦明曰：「北齊書孝昭帝紀：『諱演，字延安，神武第六子，文宣之母弟。文宣崩，幼主即位，除太傅録尚書事，朝政皆決於帝。乾明元年，從廢帝赴鄴，居於領軍府。時楊愔等以帝威望既重，内懼權逼，請以帝爲太師、司州牧、録尚書事，解京畿大都督。帝時以尊親而見猜斥，乃與長廣王謀，至省坐定，酒數行，於坐執愔等斬於御府之内。』」

〔七〕左傳隱公十一年：「君子謂鄭莊公失政刑矣，政以治民，刑以正邪，既無德政，又無威刑，是以及邪。」困學紀聞十三：「高洋之惡，浮於石虎、符生，一楊愔安能救生民之溺乎！」

〔八〕趙曦明曰：「北齊書斛律金傳：『金子光，字明月。周將軍韋孝寬忌光英勇，乃作謡言，令間諜漏其文於鄴；祖珽、穆提婆遂相與協謀，以謡言啓帝。遣使賜其駿馬，光來謝，引入涼風堂，劉桃枝自後拉而殺之。於是下詔稱光謀反，尋發詔盡滅其族。周武帝後入鄴，追贈上柱國公，指詔書曰：「此人若在，朕豈能至鄴？」』」

〔九〕盧文弨曰：「吕氏春秋召類篇：『孔子曰：「修之於廟堂之上，而折衝乎千里之外者，其司城子罕之謂乎！」』注：『衝車，所以衝突敵之車；有道之國，使欲攻者折還其衝車於千里之外，不敢來也。』」王叔岷曰：「案折衝，謂挫折衝車也。詩大雅皇矣：『與爾臨衝。』毛傳：『衝，衝車也。』説文作幢，云：『陷陣車也。』晏子春秋雜上篇：『仲尼聞之曰：善哉！不出尊俎之間，而折衝於千里之外，晏子之謂也。』」

〔一〇〕左傳成公八年：「四方諸侯，其誰不解體。」正義曰：「謂事晉之心，皆疎慢也。」説略本盧文弨。北齊書宗室思好傳：「與并州諸貴書曰：『左丞相斛律明月，世爲元輔，威著鄰國，無罪無辜，奄見誅殄。』」盧思道北齊興亡論：「斛律明月屬鏤之賜，寃動天地。」

〔一一〕抱經堂本「中」下衍「人」字，各本俱無，今據删。

〔一二〕易繫辭下：「君子知微知彰，知柔知剛，萬夫之望。」説本盧文弨。

張延雋〔一〕之爲晉州行臺左丞〔二〕，匡維主將〔三〕，鎮撫疆埸，儲積器用，愛活黎民，隱若敵國矣〔四〕。羣小〔五〕不得行志，同力遷之；既代之後，公私擾亂，周師一舉，此鎮先平〔六〕。齊亡之迹〔七〕，啓於是矣。

〔一〕嚴式誨曰：「通鑑百廿七：『先是，晉州行臺左丞張延雋，公直勤敏，儲偫有備，百姓安業，疆埸無虞，諸嬖倖惡而代之，由是公私煩擾。』似即據家訓之文。」

〔二〕通典二二：「行臺省，魏、晉有之。……其官置令僕射，其尚書丞郎，皆隨時權制，……蓋隨其所管之道，置於外州，以行尚書事。」雲麓漫鈔二：「南史，凡朝廷遣大臣督諸軍於外，謂之行臺。」

〔三〕職官分紀八引「匡維主將」作「愛養將士」，事文大全己一「匡」誤「主」。

〔四〕趙曦明曰：「後漢書吴漢傳：『諸將見戰不利，或多惶懼，漢意氣自若。帝時遣人觀大司馬何爲，還言方脩戰攻之具，乃歎曰：「吴公差彊人意，隱若一敵國矣。」』」案：章懷注曰：「隱，威重之貌，言其威重若敵國。」盧文弨曰：「漢書游俠傳：『劇孟以俠顯，吴、楚反時，天下騷動，大將軍得之，若一敵國然。』」

〔五〕詩經邶風柏舟：「愠于羣小。」鄭箋：「羣小，衆小人在君側者。」

〔六〕趙曦明曰：「北史周本紀：『武帝建德五年十月，帝總戎東伐，遣内使王誼攻晉州城，是夜，虹見於晉州城上，首向南，尾入紫宫。帝每日赴城督戰。齊行臺左丞侯子欽出降。壬申，晉州刺史崔嵩密使送款，上開府王軌應之，未明，登城，遂克晉州。甲戌，以上開府梁士彦爲晉州刺史以鎮之。』」

〔七〕「齊亡之迹」，宋本作「齊國之亡」，原注：「一本云『齊亡之迹』。」

卷第三

勉學

勉學第八〔一〕

自古明王聖帝，猶須勤學，況凡庶乎〔二〕！此事徧於經史，吾亦不能鄭重〔三〕，聊舉近世切要〔四〕，以啓寤〔五〕汝耳。士大夫子弟，數歲已上，莫不被教，多者或至禮、傳〔六〕，少者不失詩、論〔七〕。及至冠婚，體性〔八〕稍定；因此天機〔九〕，倍須訓誘。有志尚者，遂能磨礪，以就素業〔一〇〕；無履立〔一一〕者，自兹墮慢〔一二〕，便爲凡人。人生在世，會當〔一三〕有業：農民則計量耕稼，商賈則討論貨賄〔一四〕，工巧則致精器用，伎藝則沈思〔一五〕法術，武夫則慣習弓馬，文士則講議經書。多見士大夫恥涉農商，差務工伎，射則〔一六〕不能穿札〔一七〕，筆則纔記姓名〔一八〕，飽食〔一九〕醉酒，忽忽〔二〇〕無事，以此銷日〔二一〕，以此終年〔二二〕。或因家世餘緒〔二三〕，得一階半級〔二四〕，便自爲足，全忘修學〔二五〕；及有吉凶大事，議論得失，蒙然張口〔二六〕，如坐雲霧〔二七〕；公私宴集，談古賦詩，塞默低頭〔二八〕，欠伸而已〔二九〕。有識旁觀，代其入地〔三〇〕。何惜數年勤學，長受一生愧辱哉〔三一〕！

〔一〕吴從先小窗自紀一曰：「顔之推勉學一篇，危語動人，録置案頭，當令神骨竦惕，無時敢離書卷。」朱軾曰：「此篇反覆曉諭，真摯剴切，精粗具備，本末兼賅，凡爲學者，皆宜熟玩。」黄侃文心雕龍札記事類篇曰：「嘗謂文章之功，莫切於事類，學舊文者，不致力于此，則不能逃孤陋之譏，自爲文者，不致力于此，則不能免空虚之誚；試觀顔氏家訓勉學、文章二篇所述，可以知其術矣。」

〔二〕凡庶，猶下文言「凡人」，謂凡人庶民也。漢書王莽傳上：「食飲之用，不過凡庶。」文選曹元首六代論：「權均匹夫，勢齊凡庶。」又任彦昇爲范尚書讓吏部封侯第一表：「臣素門凡流。」義亦近。

〔三〕靖康緗素雜記二：「漢書王莽傳稱：『非皇天所以鄭重降符命之意。』注云：『鄭重，猶言頻煩也。』顔氏家訓亦云云，此真得漢書之義。近沈存中筆談言石曼卿事云：『他日試使人通鄭重，則閉門不納，亦無應門者。』即以鄭重爲殷勤，不知何所據而云然？不爾，曾謂使人通頻煩可乎？魏志倭人傳云：『使知國家哀汝，故鄭重賜汝好物也。』亦有頻煩之意。今人有以鄭重爲慎重者，又誤矣。」黄生義府下：「予謂漢書、顔訓是也，然得其意而未得其聲，蓋鄭重即申重（平聲）之轉去者爾。三國志云云，顔氏家訓云云，此用鄭重字，皆與顔注合。至白居易詩：『千里故人心，鄭重又交情。』鄭重字相似。沈括筆談云云，此又用爲珍重之意，非本指也。」案：盧文弨、郝懿行並據漢書王莽傳爲説，無煩複重也。陳槃曰：「案昭元年左傳：『於是有煩手淫聲。』洪亮吉詁十五云：『服虔謂：鄭重其手，而音淫過（元注：「公羊疏。」）。』槃案：公羊莊十七年疏也。）；許慎五經通義云：鄭重之音，使人淫過（元注：「初學記。」）。』是許、服解煩即鄭重，而師古本之也。」

〔四〕晉書劉頌傳論：「雖文慙華婉，而理歸切要。」集韻十六屑：「切，要也。」

〔五〕盧文弨曰：「啓，開也；寤，覺也，與悟通。」器案：説郛本「啓」作「終」。

〔六〕器案：本書序致篇：「雖讀禮、傳。」錢馥曰：「傳蓋謂春秋三傳也。」案：禮指禮經。

〔七〕盧文弨曰：「論謂論語。」器案：漢、魏、六朝人簡稱論語爲論，皇侃論語疏叙引别録：「魯人所學，謂之魯論；齊人所學，謂之齊論；孔壁所得，謂之古論。」何晏論語集解叙：「安昌侯張禹本受魯論，兼講齊説，善者從之，號曰張侯論。」漢書張禹傳載時人爲之語曰：「欲爲論，念張文。」説郛本「詩」作「經」，不可據。

〔八〕體性，即謂體質。國語楚語上：「且夫制城邑若體性焉，有首領股肱，至於手拇毛脈。」吕氏春秋壅塞篇：「牛之性不若羊，羊之性不若豚。」高注：「性猶體也。」蓋單言之曰體曰性，兼言之則曰體性也。文選袁宏三國名臣序贊：「子瑜都長，體性純懿。」李善注：「都長，謂體貌都閑，而雅性長厚也。」

〔九〕莊子大宗師：「其耆欲深者，其天機淺。」成玄英疏：「天然機神淺鈍。」文選陸士衡文賦：「方天機之駿利，夫何紛而不理。」李善注：「莊子：『蚿曰：今予動吾天機。』司馬彪曰：『天機，自然也。』」李周翰注：「天機，自然之性也。」南齊書文學傳論：「若夫委自天機，參之史傳。」

〔一〇〕盧文弨曰：「素業，清素之業。魏志徐胡傳評：『胡質素業貞粹。』」器案：本書誡兵篇：「違棄素業。」雜藝篇：「直運素業。」義俱同。晉書陸納傳：「汝不能光益父叔，乃復穢我素業邪！」文選任彦昇爲范尚書讓吏部封侯第一表：「臣本自諸生，家承素業。」李善注：「董仲舒不遇賦曰：『若不反身於素業，莫隨世而轉輪。』」張銑注：「素謂樸素之業也。」

〔一一〕盧文弨曰：「履立，謂操履樹立。」

〔一二〕戒子通録二引「墮」作「惰」。盧文弨曰：「墮，徒果切，與惰同。」

〔一三〕劉淇助字辨略四：「會，廣韻：『合也。』愚案：合也者，應也，言應當也。本是會合之會，轉爲應合耳。魏志崔琰傳注：『男兒居世，會當得數萬兵千匹騎著後耳。』顔氏家訓云云，會即當也，會當重言之也。」新方言釋言：「凡心有所豫期，常言曰會當。」

〔一四〕羅本、顔本、程本、胡本、何本、朱本、别解「討」作「計」，與上句複，疑誤。盧文弨曰：「賈，音古，周禮天官大宰：『商賈阜通貨賄。』注：『金玉曰貨，布帛曰賄。』」

〔一五〕説郛本、程本、胡本「沈」作「深」。文選思玄賦：「雜伎藝以爲珩。」注：「手伎曰伎，體才曰藝。」王叔岷曰：「蕭統文選序：『事出於沈思。』」

〔一六〕説郛本、羅本、顔本、程本、胡本、何本、朱本及奇賞、别解「則」作「既」，少儀外傳上、合璧事類續六、新編事文類聚翰墨大全己四引亦作「既」。

〔一七〕盧文弨曰：「札，甲葉也。左氏成十六年傳：『潘尪之黨與養由基蹲甲而射之，徹七札焉。』」

〔一八〕盧文弨曰：「史記項羽本紀：『書足以記姓名而已。』」

〔一九〕論語陽貨篇：「飽食終日，無所用心。」

〔二〇〕文選宋玉高唐賦：「悠悠忽忽。」李善注：「悠悠，遠貌，忽忽，迷貌，言人神悠悠然遠，迷惑不知所斷。」又司馬子長報任少卿書：「居則忽忽若有所亡。」張銑注：「忽忽，愁亂貌。」

〔二一〕抱經堂本「銷」誤「消」，各本及少儀外傳、戒子通録、事文類聚後九、合璧事類俱作「銷」，今據改正。

〔二二〕左傳襄公二十一年：「優哉游哉，聊以卒歲。」杜注：「言君子優游於衰世，所以辟害，卒其壽。」案：此文「終年」，亦謂終其天年也。

〔二三〕少儀外傳「餘緒」作「緒餘」，莊子讓王篇：「其緒餘以爲國家。」

〔二四〕三國志吴書顧雍傳：「異尊卑之禮，使高下有差，階級踰邈。」晉書張載傳：「又爲榷論曰：『今士循常習故，規行矩步，積階級，累閥閲，碌碌然以取世資。』」北史序傳：「仲舉曰：『吾少無宦情，豈以垂老之年，求一階半級？』」

〔二五〕宋本原注云：「一本云：『便謂爲足，安能自若。』」案：説郛本、羅本、傅本、顔本、程本、胡本、何本、朱本、黄本、奇賞、别解及少儀外傳、戒子通録引同一本。黄叔琳曰：「勉學篇言近旨遠，多深於閱歷之言。」

〔二六〕少儀外傳「蒙」作「懵」。盧文弨曰：「蒙然，如説苑雜言篇惠子所云『蒙蒙如未視之狗』。張口，猶所謂『舌撟而不能下』（案：見史記扁鵲倉公列傳）也。」王叔岷曰：「案楊雄太玄經務解篇：『小人之知，未知所向，猶泉初發，蒙蒙然也。』莊子天運篇：『予口張而不能嗋。』」

〔二七〕器案：世説新語賞譽篇：「王仲祖、劉真長造殷中軍談。談竟，俱載出，劉謂王曰：『淵源真可。』王曰：『卿故墮其雲霧中。』」後世言雲裏霧裏，本此。

〔二八〕塞默，默不作聲，如口塞然。三國志魏書臧洪傳：「學薄才鈍，不足塞詰。」塞字義近。

〔二九〕儀禮士相見禮：「君子欠伸。」注：「志倦則欠，體倦則伸。」

〔三〇〕盧文弨曰：「家語屈節解：『季孫聞宓子之言，赧然而愧曰：地若可入，吾豈忍見宓子哉！』」器案：北齊書許惇傳：「雖久處朝行，歷官清顯，與邢邵、魏收、陽休之、崔劼、徐之才之徒，比肩同列，諸人或談説經史，或吟詠詩賦，更相嘲戲，欣笑滿堂；惇不解劇談，又無學術，或竟坐杜口，或隱几而睡，深爲勝流所輕。」之推所譏，蓋即此人。

〔三一〕盧文弨論學劄説曰：「顔延之云：『尊朋臨坐，稠覽博論，而言不入於高聽，人見棄於衆視，則慌若迷塗失偶，黶如深夜撤燭，銜聲茹氣，腆嘿而歸。』顔之推云：『吉凶大事，議論得失，蒙然張口，如坐雲霧；公私宴集，談古賦詩，塞默低頭，欠伸而已。有識旁觀，代其入地。何惜數年勤學，長受一生愧辱哉！』噫，二顏之語，其形容不學之人，致爲刻酷。夫知不足，然後能自反也，知困，然後能自強也；若夫不知恥者，又安望其能免恥哉！」

梁朝全盛〔一〕之時，貴遊子弟〔二〕，多無學術，至於諺云：「上車不落則著作，體中何如則祕書〔三〕。」無不熏衣剃面〔四〕，傅粉施朱〔五〕，駕長簷車〔六〕，跟高齒屐〔七〕，坐棊子方褥〔八〕，憑斑絲隱囊〔九〕，列器玩於左右，從容出入，望若神仙〔一〇〕。明經求第〔一一〕，則顧人答策〔一二〕；三九公讌〔一三〕，則假手賦詩〔一四〕。當爾之時，亦快士也〔一五〕。及離亂之後，朝市遷革〔一六〕，銓衡〔一七〕選舉，非復曩者〔一八〕之親；當路秉權〔一九〕，不見昔時之黨。求諸身而無所得，施之世而無所用。被褐而喪珠〔二〇〕，失皮而露質〔二一〕，兀若枯木〔二二〕，泊〔二三〕若窮流，鹿獨戎馬之間〔二四〕，轉死溝壑之際〔二五〕。當爾之時，誠駑材也〔二六〕。有學藝者，觸地〔二七〕而安。自荒亂已來，諸見俘虜〔二八〕。雖百世小人，知讀論語、孝經者，尚爲人師；雖千載冠冕〔二九〕，不曉書記者，莫不耕田養馬。以此觀之，安可不自勉耶〔三〇〕？若能常保數百卷書〔三一〕，千載終不爲小人也〔三二〕。

〔一〕文選鮑明遠蕪城賦：「當昔全盛之時。」李善注：「全盛，謂漢時也。」張銑曰：「全盛之時，謂吴王濞時。」器案：全盛，猶今言極盛，某一時期某一地方之極盛時期皆可言全盛。蕪城賦所言謂漢時之廣陵，而顔氏家訓所言，則謂蕭梁之盛世也。

〔二〕盧文弨曰：「周禮地官師氏：『凡國之貴遊子弟學焉。』鄭玄注：『貴遊子弟，王公之子弟；遊，無官司者。杜子春云：「遊當爲猶，言雖貴猶學。」』」器案：抱朴子外篇崇教：「貴遊子弟，生乎深宫之中，長乎婦人之手，憂懼之勞，未嘗經心，或未免於襁褓之中，而加青紫之官，纔勝衣冠，而居清顯之位。」所言與此可互證；而唐代詩人，以貴遊名篇者，尤數見不鮮矣。

〔三〕少儀外傳上「於」作「有」，紺珠集四、翰苑新書二四、新編事文類聚翰墨大全己四引二「則」字都作「即」。隋書經籍志史部總論云：「魏、晉已來，其道逾替，南、董之位，以禄貴遊，政、駿之司，罕因才授，故梁世諺曰：『上車不落則著作，體中何如則祕書。』」御覽二三三引後魏書：「祕書郎，自齊、梁之末，多以貴遊子弟爲之，無其才實，故當時諺曰：『上車不落則著作，體中何如則祕書。』」唐六典十一祕書省祕書郎原注：「梁秩六百石。江左多任貴遊年少，而梁代尤甚，當時諺言：『上車不落則著作，體中何如則祕書。』」（職官分紀十六同）通典職官八：「祕書郎，自齊、梁之末，多以貴遊子弟爲之，無其才實。」原注云：「當時諺曰：『上車不落則著作，體中何如則祕書。』」並本顔氏此文。郭茂倩樂府詩集八七謂此出南史，今南史無文，蓋記憶之誤。陳漢章曰：「初學記卷十二：『祕書郎與著作郎，自置以來，多起家之選，在中朝或以才授，江左多仕貴遊，而梁世尤甚，當時諺曰：「上車不落爲著作，體中何如則祕書。」言其不用才也。』張纘傳：『祕書郎四員，爲甲族起家之選，他人不得與。』」器案：世説新語言語篇：「顧司空時爲揚州別駕，援翰曰：『王光禄遠避流言，明公蒙塵路次，羣下不寧，不審尊體起居何如？』」真誥卷十八握真輔二所載許玉斧尺牘：「漸熱，不審尊體動静何如？」又：「陰熱，不審尊動静何如？」又：「思濕熱，不審尊體動静何如？」王筠與長沙王別書：「筠頓首頓首，高秋凄爽，體中何如？」能改齋漫録二：「今世書問往還，必曰『不審比來起居何如』。」蓋「體中何如」爲當時尺牘客套語，此言貴遊子弟，無其才實，僅能作一般問候起居之書信而已。周一良曰：「案：上車不落蓋指年齡劣足照管身，體中何如則當時尺牘習語，見廣宏明集二八上梁王筠與長沙王別書、文苑英華六八六徐陵在北齊與宗室書、六八七與王吴郡僧智書、六七八答族人梁東海太守長孺書、六八五報尹義尚書等皆有是語。伯希和三四四二號寫本書儀記尺牘套語，亦有『體中何如』字樣。」器案：呂氏春秋忠廉篇載吴王謂要離：「今汝拔劍則不能舉臂，上車則不能登軾，汝惡能？」以言其羸弱也。故抱朴子内篇自叙即斥言「要離之羸」，上車不落，即上車不能登軾之謂也。落，猶言落著也。又案：抱朴子外篇吴失：「不閑尺紙之寒暑，而坐著作之地。」與此文可互參，「尺紙寒暑」，即「體中何如」之謂，不閑，謂濫竽也。又内篇勤求：「自譽之子，云我有祕書，便守事之。」與此文義同，謂假手於人也。

〔四〕「熏」原作「燻」，少儀外傳、類説、戒子通録二、野客叢書五、事文類聚後九作「熏」，今據改。

〔五〕史記佞幸傳：「故孝惠時，郎侍中皆冠鵔鸃，貝帶，傅脂粉，化閎、籍之屬也。」後漢書李固傳：「固獨胡粉飾貌，搔頭弄姿。」三國志魏書曹爽傳注引魏略：「何晏性自喜動静，粉白不去手，行步顧影。」北齊書文宣紀：「帝或袒露形體，塗傅粉黛。」則男子傅粉之習，起自漢、魏，至南北朝猶然也。

〔六〕倭名類聚鈔三引「駕」作「乘」，注云：「俗云庇刺車是也。」盧文弨曰：「簷謂幰也，幰長則坐者安。」器案：盧説非是。簷謂車蓋之前簷，猶屋楹之有簷也。字又作檐。晉書輿服志：「通幰車，駕牛，猶如今犢車制，但其幰通覆車上也。」長簷蓋通幰異名。段成式柔卿解籍戲呈飛卿三首：「長檐犢車初入門。」又戲高侍御七首：「玳牛獨駕長檐車。」則唐時猶有長檐車。今所見六朝壁畫，多存其制。蘇軾椰子冠詩：「更著短簷高屋帽，東坡何事不違時。」簷字義與此同，今則作帽沿矣。

〔七〕黄本及少儀外傳「跟」作「躡」。盧文弨曰：「跟，古痕切，説文：『足踵也。』釋名：『足後曰跟。』依此文則當有著義，或字當爲跂也。屐，奇逆切。釋名：『屐，搘也，爲兩足搘以踐泥也。』案：自晉以來，士大夫多喜著屐，雖無雨亦著之。下有齒。謝安因喜，過户限，不覺屐折齒，是在家亦著也。舊齒露卯，則當如今之釘鞋，方可露卯。晉泰元中不復徹。今之屐下有兩方木，齒著木上，則亦不能徹也。」器案：涉務篇：「梁世士大夫皆爲褒衣博帶，大冠高履。」高履即高屐也。世説新語簡傲篇：「子敬兄弟見郗公，躡履問訊，甚脩外生禮；及嘉賓死，皆著高屐，儀容輕慢。」

〔八〕少儀外傳引「棊子」下有「布」字。徐文靖曰：「按南史張永傳：『朝廷所給賜脯餼，必棊坐齊割，手自頒賜。』棊坐，棊褥也。」（管城碩記二五）器案：棊子方褥，即以織成方格圖案之綺製成之方形坐褥。釋名釋采帛：「綺，有棊文，方文如棊也。」唐六典尚書户部卷第三：「八曰江南道，古揚州之南境，今潤、常……凡五十有一州焉……厥貢紗編綾綸……。」原注：「潤州方棊水波綾。」棊子，是以棋枰罫目形容方格。文選博弈論：「所務不過方罫之間。」張銑注曰：「罫，線之間方目也。」藝文類聚六九引梁簡文帝謝賚碧慮棋子屏風啓，則在當時用此種圖案設計，實爲傳統之工藝美術矣。東京夢華録八秋社：「以猪羊肉……之屬，切作棋子片樣。」永樂大典一一六二〇引壽親養老新書有羊肉麪棊子、猪腎棊子。葉昌熾語石九棋子方格：「唐以前碑至精者，無不畫方罫，端正條直，有如棋枰。」上舉諸例，俱謂其爲方塊形也。

〔九〕楊升庵文集六七：「晉以後士大夫尚清談，喜晏佚，始作麈尾；隱囊之製，今不可見，而其名後學亦罕知。顏氏家訓云云，王右丞詩（酬張諲）：『不學城東遊俠兒，隱囊紗帽坐彈棊。』」又曰：「三國志曹公作欹案卧視，六朝人作隱囊，柔軟可倚，又便於欹案。」巵林五：「隱囊之名，宋、齊尚未見也。王元美以爲昔人未知隱囊之制，宛委餘編曰：『古字穩皆作隱，疑即穩囊也。』予意隱字如隱几之隱，即憑義耳。壬戌夏，予於荻渚，與崔孟起泛舟而下，至石硊，密雨連江，輕舟凝滯，繙南史：『陳後主時，百司啓奏，並因宦者蔡臨兒、李善度進請，後主倚隱囊，置張貴妃於膝上共決之。』予問孟起，隱囊何義？ 答云：『今京師中官坐處，常有裁錦爲褥，形圓如毬，或以抵膝，或以揞脇，蓋是物也。』」江浩然叢殘小語：「隱囊形製，未有詳言者，蓋即今之圓枕，俗名西瓜枕，又名拐枕，內實棉絮，外包綾緞，設於牀榻，柔軟可倚，正尚清談喜晏佚者一需物也。隱音印，即隱几之隱。」札樸四：「今枕榻間方枕，俗呼靠枕，即隱囊也。通鑑（一七六）注云：『隱囊者，爲囊實以細軟，置諸坐側，坐倦則側身曲肱以隱之。』馥案：隱讀如孟子隱几之隱，昔人用於車中，説文：『絥，車絥也。』急就篇：『鞇䩬鞋䪁鞍鑣鍚。』顔注：『䩬，韋囊，在車中，人所憑伏也。今謂之隱囊。』」朱亦棟羣書札記十三：「隱囊，如今之靠枕，杜少陵詩：『屏開金孔雀，褥隱繡芙蓉。』亦其義也。」盧文弨曰：「隱囊，如今之靠枕。南史杜嶷傳：『杜嶷斑絲纏矟。』是當時有此名，今未能詳也。」器案：斑絲謂雜色絲之織成品。清人王士禛蠶尾續詩十、吴翊鳳止稽齋叢稿十之隱囊詩，俱以斑絲爲言。

〔一〇〕後漢書郭泰傳：「游於洛陽……後歸鄉里，衣冠諸儒，送至河上，車數千兩，林宗唯與李膺同舟而濟，衆賓望之，以爲神仙焉。」世説新語容止篇：「王右軍見杜弘治，歎曰：『面如凝脂，眼如點漆，此神仙中人。』」世説新語企羨篇：「孟昶未達時，家在京口，嘗見王恭乘高輿，被鶴氅裘。于時微雪，昶於籬間窺之，歎曰：『此真神仙中人。』」則所謂魏、晉風流，漢末已開其端，而齊、梁猶襲其弊也。

〔一一〕日知録十六：「唐制有六科：一曰秀才，二曰明經，三曰進士，四曰明法，五曰書，六曰算。當時以詩賦取者謂之進士，以經義取者謂之明經。」又曰：「唐時入仕之數，明經最多。考試之法，令其全寫注疏，謂之帖括。」器案：漢舊儀上：「刺史舉民有茂材，移名丞相，丞相考召，取明經一科，明律令一科，能治劇一科，各一人。」則以明經取士，自漢已然。文選永明九年策秀才文李周翰注：「高等明經，謂德行高遠，明於經國之道，第一者也。」（集注本）則六朝之明經，與唐有別。又案：類說引「求第」作「及第」。

〔一二〕朱本及類説、戒子通録二、合璧事類續六引「顧」作「雇」。陸繼輅合肥學舍札記三：「漢書：『丙吉以私錢顧胡組、郭徵卿養視皇曾孫。』顔氏家訓：『明經求第，則顧人答策。』今别作『僱』，非。」器案：漢書晁錯傳：「斂民財以顧其功。」師古曰：「顧若今言雇賃也。」廣韻十一暮：「雇，本音户，九雇鳥也，相承借爲雇賃字。」借雇爲顧，蓋始於六朝、唐人。又案：漢書蕭望之傳注：「對策者，顯問以政事經義，令各對之，而觀其文辭，定高下也。」文選集注殘本卷七十一策秀才文：「鈔曰：『策，畫也，略也，言習於智略計畫，隨時問而答之。』策有兩種：對策者，應詔也，若上召而問之者，曰對策；州縣舉之者曰射策也。對策所興，興於前漢，謂文帝十五年，詔舉天下賢良俊士，使之射策。』陸善經曰：『漢武帝始立其科。』」

〔一三〕何焯曰：「三九，似謂上巳重陽。」孫志祖讀書脞録七引徐北溟（鯤）曰：「三九謂公卿也。後漢書郎顗傳：『陛下踐阼以來，勤心衆政，而三九之位，未見其人。』注云：『三公九卿也。』

（抱朴子内篇辨問云：「蔑三九之官，背玉帛之聘。」）又文選張銑注王仲宣公讌詩：『此侍曹操讌，時操未爲天子，故云公讌。』據此，則公讌屬公卿可知。」李詳曰：「吴志王蕃傳裴松之注引吴録：『跨越三九之位。』亦指公卿而言。」劉盼遂曰：「三者三公，九者九卿，簡稱三九，此實爲漢以後之習語，如隸釋載孫叔敖碑：『三九無嗣。』洪适注云：『三，三公；九，九卿也。』抱朴子外篇漢通篇：『宦者奪人主之威，三九死庸豎之手。』又清鑒篇：『勇力絶倫者，則上將之器；洽聞治亂者，則三九之才也。』凡此，皆以三九與宦者、人主、上將爲對文，明三九爲公卿無疑矣。」陳直曰：「按：雜藝篇亦云：『非直葛洪一箭，已解追兵，三九讌集，常縻榮賜。』此指習射而言。據此三九兩日，是梁世貴族排日之游讌，或賦詩或比射也。」器案：徐、孫、李、劉説是，何、陳説非。本書雜藝篇：「三九讌集。」義與此同。抱朴子正郭篇：「林宗名振於朝廷，敬於一時，三九肉食，莫不欽重。」梁書長沙嗣王業傳：「善述文辭，尤好古體，自非公讌，未嘗妄有所爲。」又王筠傳：「筠爲文，能押強韻，每公宴並作，辭必妍美。」又胡僧祐傳：「每在公宴，必強賦詩。」又賀琛傳：「我自除公宴，不食國家之食。」文選公讌詩收入曹子建以下凡十四首，呂延濟注：「公讌者，臣下在公家侍讌也。」

〔一四〕器案：左傳隱公十一年：「而假手於我寡人。」杜注：「借手於我寡德之人。」國語晉語：「無必假手于武王。」韋注：「假，借也。」後漢書張奐傳：「上天震怒，假手行誅。」又陽球傳：「球奏罷鴻都文學云：『假手請字。』」文心雕龍詔策篇：「安、和政弛，禮閣鮮才，每爲詔敕，假手外請。」隋書劉炫傳：「炫自狀云：『至於公私文翰，未嘗假手。』」史通載文篇説魏、晉已下，僞謬雷同之失有五，其三曰假手。葉紹泰曰：「六朝之文，惟梁稱盛，而貴游子弟，爲朝士羞，此名人集中所以多代人之作也。」

〔一五〕器案：雜藝篇亦有「才學快士」語，本篇下文「人見鄰里親戚有佳快者」，北史劉延明傳有快女壻，義俱同，快即有佳意。

〔一六〕朝市，猶言朝廷。觀我生賦：「訖變朝而易市。」與此言「朝市遷革」意同。周禮考工記：「匠人營國，面朝後市。」蓋市之前即爲朝，朝之後即爲市，故言者多以朝市指朝廷。隋書盧思道傳載思道孤鴻賦：「雖籠絆朝市，且三十載，而獨往之心，未始去懷抱也。」

〔一七〕晉書吴隱之傳：「若居銓衡，當用此人。」文選陸士衡文賦：「苟銓衡之所裁。」李善注：「聲類：『蒼頡篇曰：銓，稱也。曰銓所以稱物也。七全切。』漢書曰：『衡，平也。平輕重也。』」

〔一八〕文選北征賦注：「曩，猶向時也。」

〔一九〕孟子公孫丑上：「夫子當路於齊。」趙岐注：「如使夫子得當仕路於齊，而可以行道。」

〔二〇〕説郛本、顔本、胡本、奇賞「被」作「披」。盧文弨曰：老子德經：「聖人被褐懷玉。」王叔岷曰：「孔子家語三恕篇：『子路問於孔子曰：有人於此，披褐而懷玉，何如？』阮籍詠懷詩：『被褐懷珠玉。』」

〔二一〕盧文弨曰：「法言吾子篇：『羊質而虎皮，見草而説，見豺而戰，忘其皮之虎也。』」

〔二二〕盧文弨曰：「陸機文賦：『兀若枯木，豁若涸流。』『泊』疑當作『洦』，下文引説文：『洦：淺水貌。』此當用之。匹白切。」器案：續漢書祭祀志上注引應劭漢官載馬第伯封禪儀記：「遥望其人，端如行朽兀。」兀字用法與此同。朽兀，即兀若枯木也。王叔岷曰：「案兀與杌同，玉篇：『杌，樹無枝。』弘明集十三王該日燭：『杌然寂泊。』此文洦，即『寂泊』字。又文賦泊作豁，豁有『空虚』義，吕氏春秋適音篇：『以危聽清，則耳豁極。』高誘注：『豁，虚。』廣雅釋詁：『豁，空也。』『空虚』與『寂泊』義近，則泊固不必改作洦矣。且『寂泊』與『窮流』，義正相應；若作洦，洦爲『淺水貌』，『淺水』與『窮流』固有别也。盧氏蓋未深思耳。」

〔二三〕説文解字水部：「洦，淺水貌。」洦泊古今字。淺水與窮流，義相若也。

〔二四〕説郛本、程本、何本、奇賞及戒子通録二「鹿獨」作「孤獨」；今從宋本。少儀外傳上、事文類聚後九引亦作「鹿獨」。盧文弨曰：「禮記王制正義引釋名：『無子曰獨，獨，鹿也，鹿鹿無所依也。』又張華拂舞賦：『獨漉獨漉，水深泥濁。』『獨漉』一作『獨禄』，亦作『獨鹿』，當是彳亍之意，本無定字，故此又倒作『鹿獨』也。」焦循易餘籥録十八：「鹿獨，今俗呼作捋奪。」郝懿行曰：「『鹿獨』疑當爲『獨鹿』，荀子成相篇云：『剄以獨鹿棄之江。』注云：『獨鹿與屬鏤同。』又案：鹿獨或當時方言，流離顛沛之意，不得援荀子『剄以獨鹿』爲解也。存以俟知者。」梧舟案：「或是『碌碡』二字，味全句神似也。」

〔二五〕器案：轉死即轉屍。孟子梁惠王下：「君之民老弱轉乎溝壑。」胡三省通鑑三一注引應劭曰：「死不能葬，故屍流轉在溝壑之中。」

〔二六〕何焯曰：「後人所罵奴才，亦駑材耳。」盧文弨曰：「字林：『駑，駘也。』駑駘，下乘，此亦謂下材也。」陸繼輅合肥學舍札記三曰：「駑材，金聖歎謂始於郭令公之罵其子，非也。劉元海云：『成都王穎不用吾言，逆自奔潰，真駑材也。』王景略云：『慕容評真駑材也。』語皆在前。又魏尒朱榮謂元天穆曰：『葛榮之徒，本是駑材。』蓋駑材者，駑下之材。顏氏家訓云：『貴游子弟，離亂之後，失皮露質，當此之時，真駑材也。』」趙翼陔餘叢考三八謂駑材即奴才，引證大同。案陳士元俚言解二：「郭子儀自稱諸子皆奴材。劉元海謂成都王穎曰：『逆自奔潰，真奴材也。』田崧曰：『賊氐奴材，欲覬非分。』劉璋執姚洪，洪罵曰：『汝奴材，固無取；吾義士豈忍爲汝所爲。』奴材者，言奴僕之所能，皆卑賤事也。」陸、趙之說，蓋又本於陳士元。

〔二七〕案：觸地，猶言無論何地也。本書名實篇：「觸塗難繼。」又養生篇：「觸塗牽縶。」觸塗、觸地義同。

〔二八〕少儀外傳上、類說引「虜」作「掠」。

〔二九〕文選奏彈王源李善注引袁子正書：「古者，命士已上，皆有冠冕，故謂之冠族。」

〔三〇〕宋本「安」作「汝」，少儀外傳上、事文類聚後九引同。

〔三一〕類說「保」作「飽」。

〔三二〕類說、事文類聚後六無「千載」二字。類說「不」作「免」。敬齋古今黈五曰：「世之勸人以學者，動必誘之以道德之精微，此可爲上性言之，非所以語中下者也。上性者常少，中下者常多，其誘之也非其所，則彼之昧者日愈惑，頑者日愈媮，是其所以益之者，乃所以損之也。大抵今之學，非古之學也。今之學不過爲利而勤，爲名而修爾；因其所爲而引之，則吾之勸之者易以入，而聽之者易以進也。求之前賢，蓋得二説焉：齊顔之推家訓云：『有學藝者，觸地而安。自荒亂以來，雖百世小人，知讀論語、孝經者，尚爲人師；雖千載冠冕，不曉書記者，莫不耕田養馬。以此觀之，安可不自勉耶？若能常保數百卷書，千載終不爲小人也。諺曰：「積財千萬，不如薄技在身。」』則今人所謂『良田千頃，不如薄藝隨身』者也。韓退之爲其姪符作讀書城南詩：『金璧雖重寶，費用難貯儲；學問藏之身，身在即有餘。』則今世俗所謂『一字值千金』者也。古今勸學者多矣，是二説者，最得其要，爲人父兄者，蓋不可以不知也。」

夫明六經之指，涉百家之書〔一〕，縱不能增益德行，敦厲風俗，猶爲一藝〔二〕，得以自資。父兄不可常依，鄉國不可常保，一旦流離，無人庇廕，當自求諸身耳。諺曰：「積財千萬，不如薄伎在身〔三〕。」伎之易習而可貴者〔四〕，無過讀書也。世人不問愚智，皆欲識人之多，見事之廣，而不肯讀書，是猶求飽而嬾營饌，欲暖而惰裁衣也。夫讀書之人〔五〕，自羲、農已〔六〕來，宇宙之下，凡識幾人，凡見幾事，生民〔七〕之成敗好惡，固不足論，天地所不能藏，鬼神所不能隱也。

〔一〕盧文弨曰：「六經依禮記經解所列，則詩、書、樂、易、禮、春秋是也。經不可以不明，百家之書，則但涉獵而已。」

〔二〕器案：一藝即一經。漢書藝文志六藝略：「古之學者耕且養，三年而通一藝，承其大體，玩經文而已。是故用日少而畜德多，三十而五經立也。」

〔三〕戒子通録，敬齋古今黈五「伎」作「技」；野客叢書二九引「薄伎在身」作「薄藝隨身」；事文類聚後六引此二句作「積錢千萬，無過讀書」，蓋總下文言之，非舉諺也。太公家教：「積財千萬，不如明解一經；良田千頃，不如薄藝隨軀。」至正直記三：「諺云：『日進千文，不如一藝防身。』蓋言習藝之人，可終身得託也。」義與此同。

〔四〕戒子通録「伎之」作「而況」。敦煌殘卷勤讀書抄（伯・二六〇七）引「貴」上有「富」字。

〔五〕戒子通録二引自此句起，跳行另起，則宋人所見之本，自此分段。靖康緗素雜記引此五句在「世人不問愚智」六句之前，蓋以臆自爲移易。

〔六〕靖康緗素雜記「已」作「以」。

〔七〕勤讀書抄「生民」作「生人」，避唐太宗李世民諱改。

有客難主人〔一〕曰：「吾見彊弩長戟〔二〕，誅罪安民，以取公侯者有矣；文義習吏〔三〕，匡時富國，以取卿相者有矣；學備古今，才兼文武，身無禄位，妻子飢寒者，不可勝數〔四〕，安足貴學乎？」主人對曰：「夫命之窮達，猶金玉木石也；脩以學藝，猶磨瑩雕刻也〔五〕。金玉之磨瑩，自美其鑛璞〔六〕，木石之段塊，自醜其雕刻；安可言木石之雕刻，乃勝金玉之鑛璞哉？不得以有學之貧賤，比於無學之富貴也。且負甲爲兵，咋筆爲吏〔七〕，身死名滅者如牛毛，角立傑出者如芝草〔八〕；握素披黄〔九〕，吟道詠德〔一〇〕，苦辛無益者如日蝕，逸樂名利者如秋荼〔一一〕，豈得同年而語矣〔一二〕。且又聞之：生而知之者上，學而知之者次〔一三〕。所以學者，欲其多知〔一四〕明達〔一五〕耳。必有天才，拔羣出類〔一六〕，爲將則闇與孫武、吴起〔一七〕同術，執政則懸〔一八〕得管仲、子産之教〔一九〕，雖未讀書，吾亦謂之學矣〔二〇〕。今子即〔二一〕不能然，不師古之蹤跡，猶蒙被而卧耳〔二二〕。

〔一〕盧文弨曰：「難，乃旦切。主人，之推自謂也。」

〔二〕盧文弨曰：「説文：『弩，弓有臂者。』釋名：『其柄曰臂，鉤弦曰牙，牙外曰郭，下曰懸刀，合名之曰機。』書太甲上：『若虞機張，往省括于度則釋。』傳：『機，弩牙也。』鄭注考工記：『戟，今三鋒戟也。』釋名：『戟，格也，旁有枝格也。』」器案：漢書鼂錯傳：「勁弩長戟，射疏及遠。」

〔三〕説郛本、羅本、顏本、程本、胡本、何本、朱本、别解「吏」作「史」。盧文弨曰：「大戴禮保傅篇：『不習爲吏，視已成事。』一作『習史』，亦可通，謂習史書也。漢書藝文志：『太史試學童，能諷書九千字以上，乃得爲史；又以六體試之，課最者，以爲尚書、御史、史書令史。』」器案：作「史」者形近之誤，下文「咋筆爲吏」，即承爲言，字正作「吏」。

〔四〕盧文弨曰：「勝，音升。數，色主切。」

〔五〕説文玉部：「瑩，玉色也。」段注：「謂玉光明之貌，引申爲磨瑩。」器案：劉子崇學章：「鏡出於金而明於金，瑩使然也。」又因顯章：「夫火以吹爇生焰，鏡以瑩拂成鑑。火不吹則無外耀之光，鏡不瑩必闕内影之照；故吹爲火之光，瑩爲鏡之華。人之居代，亦須聲譽以發光華，比火鏡假吹瑩也。」王叔岷曰：「案『瑩』與『鎣』同，廣雅釋詁：『鎣，磨也。』（文選左太沖招隱詩注、江文通雜體詩注引廣雅，『鎣』並作『瑩』。）」

〔六〕盧文弨曰：「鑛，古猛切，本作卝，亦作鐄、礦。周禮地官卝人：『掌金玉錫石之地。』注：『卝之言礦也，金玉未成器曰礦。』玉篇：『璞，玉未治者。』」説文石部：「磺，銅鐵樸石也。从石黄聲，讀若穬。卝，古文磺。」（段以卝爲後人所加。）段注：「樸，木素也，因以爲凡素之稱。銅鐵樸在石與銅鐵之間，可以爲銅鐵而未成者也。」

〔七〕盧文弨曰：「咋，仕客切，齧也。北齊書徐之才傳：『小史好嚼筆。』」

〔八〕後漢書徐穉傳：「角立傑出。」注：「如角之特立也。」王叔岷曰：「案記纂淵海五五引蔣子萬機論：『學者如牛毛（御覽六百七引無『者』字），逸樂名利者如秋荼。』」

〔九〕盧文弨曰：「古者，書籍以絹素寫之。太平御覽六百六引風俗通曰：『劉向爲孝成皇帝典校書籍十餘年，皆先書竹，改易刊定，可繕寫者，以上素也。』黄者，黄卷也；古者，書並作卷軸，可卷舒，用黄者，取其不蠹。」

〔一〇〕文選嘯賦：「精性命之至機，研道德之玄奥。」李善注：「管子曰：『虚無無形者謂之道，化育萬物謂之德。』」

〔一一〕説郛本、羅本、顔本、程本、胡本、何本、朱本「如秋荼」作「幾秋荼」。盧文弨曰：「日蝕，喻不常有也。鹽鐵論刑德篇：『秦法繁於秋荼。』荼至秋而益繁，喻其多也。」器案：文選王元長永明九年策秀才文：「傷秋荼之密網，惻夏日之嚴威。」張銑注：「荼，草也，其葉繁密，謂刑法酷暴亦如之。」

〔一二〕文選過秦論：「試使山東之國，與陳涉度長絜大，比權量力，則不可同年而語矣。」後漢書朱穆傳崇厚論：「豈得同年而語，並日而談哉？」則以時間爲衡量程度，長久則言年，短暫則計日。史記游俠傳：「誠使鄉曲之俠，與季次、原憲，比權量力，効功於當世，不同日而論矣。」漢書陳餘傳：「夫主之與主，豈可同日道哉？」晉書曹志傳：「豈與召公之歌棠棣，周詩之詠鴟鴞，同日論哉？」真誥卷十七握真輔第一：「豈可以與夫坐華屋、擊鐘鼓、饗五鼎、艷綺紈者，同日而論之哉？」朱軾曰：「以上爲不學者言學，以下爲學者言實學。」

〔一三〕論語季氏篇：「孔子曰：『生而知之者，上也；學而知之者，次也；困而學之者，又其次也；困而不學，民斯爲下矣。』」

〔一四〕羅本、顔本、程本、胡本、何本、朱本、別解「知」作「智」，古通。

〔一五〕大戴禮記哀公問五義篇：「思慮明達而辭不争。」文選潘安仁夏侯常侍誄：「傑操明達。」吕延濟注：「明達，通達。」

〔一六〕孟子公孫丑上：「出於其類，拔乎其萃。」趙岐注：「萃，聚也。」梁書劉顯傳：「聰明特達，出類拔羣。」

〔一七〕盧文弨曰：「史記孫子吴起列傳：『孫子武者，齊人也，以兵法見吴王闔廬。闔廬以爲將，西破彊楚，入郢，北威齊、晉，顯名諸侯。吴起者，衛人也，好用兵，魏文侯以爲將。起與士卒最下者同衣食，卧不設席，行不乘騎，親裹贏糧，與士卒分勞苦，用兵廉平，盡能得士心。後之楚，南平百越，北併陳、蔡，却三晉，西伐秦。後爲貴族所害。』」

〔一八〕器案：下文「懸見排蹙」。金樓子立言篇上：「鑒人則懸知善惡。」文心雕龍附會篇：「夫能懸設湊理，然後節文自會。」懸字義同。劉淇助字辨略二：「懸猶預也。凡預計遥揣皆曰懸者，懸是繫物之稱，物繫則有不定之勢；預計遥揣，有未定之意，故云懸也。」李調元勦説四説同。

〔一九〕盧文弨曰：「史記管晏列傳：『管仲夷吾者，潁上人也，任政於齊，桓公以霸。』循吏列傳：

『子産者，鄭之列大夫，相鄭二十六年而死，丁壯號哭，老人兒啼。』」

〔二〇〕論語學而篇：「雖曰未學，吾必謂之學也。」

〔二一〕朱本「即」作「既」。

〔二二〕盧文弨曰：「言其一物無所見也。」

人見鄰里親戚有佳快者〔一〕，使子弟慕而學之，不知使學古人，何其蔽也哉〔二〕？世人但知跨馬被甲，長矟〔三〕彊弓，便云我能爲將；不知明乎天道，辯乎地利〔四〕，比量逆順，鑒達興亡之妙也。但知承上接下，積財聚穀，便云我能爲相；不知敬鬼事神〔五〕，移風易俗〔六〕，調節陰陽〔七〕，薦舉賢聖之至也〔八〕。但知私財不入，公事夙辦，便云我能治民；不知誠己刑物〔九〕，執轡如組〔一〇〕，反風滅火〔一一〕，化鴟爲鳳之術也〔一二〕。但知抱令守律〔一三〕，早刑晚捨〔一四〕，便云我能平獄；不知同轅觀罪〔一五〕，分劍追財〔一六〕，假言而姦露〔一七〕，不問而情得之察也〔一八〕。爰及農商工賈，廝役奴隸，釣魚屠肉，飯牛牧羊，皆有先達〔一九〕，可爲師表〔二〇〕，博學求之，無不利於事也。

〔一〕盧文弨曰：「佳快，言佳人快士，異乎庸流者也。」郝懿行曰：「快，廣韻云：『稱心也，可也。』後漢書蓋勳傳：『卓問司徒王允曰：「欲得快司隸校尉，誰可作者？」』」器案：胡三省通鑑一一二注：「江東人士，其名位通顯於時者，率謂之佳勝、名勝。」佳快與佳勝義近。

〔二〕少儀外傳上、戒子通録二無「哉」字。

〔三〕「稍」原作「弰」，永樂大典一八二〇八引同；朱本及戒子通録引作「稍」，今據改正。龔道耕先生曰：「『弰』當作『稍』，稍與槊同，矛長丈八謂之稍。弰，玉篇訓『弓使箭』，集韻訓『弓末』，不得云長弰也。」

〔四〕盧文弨曰：「孫子始計篇：『天者，陰陽寒暑時制也。地者，遠近險易廣狹生死也。』司馬法定爵篇：『凡戰，順天，阜財，懌衆，利地，右兵：是謂五慮。順天，奉時；阜財，因敵；懌衆，勉若；利地，守隘險阻；右兵，弓矢禦，殳矛守，戈戟助。』」

〔五〕盧文弨曰：「漢書郊祀志：『元帝好儒，貢禹、韋玄成、匡衡等建言，祭祀多不應古禮，乃多所更定。』」

〔六〕盧文弨曰：「孝經：『移風易俗，莫善于樂。』」

〔七〕盧文弨曰：「書周官：『三公燮理陰陽。』漢書陳平傳：『文帝以平爲左丞相，對上曰：「主臣！宰相佐天子，理陰陽，調四時，理萬物，撫四夷。」』」

〔八〕盧文弨曰：「案：漢之三公，得自辟舉士，士之有行義伏巖穴者，常徵上公車，賢者多出其中。」

〔九〕何本、别解及戒子通録二引「刑」作「型」。趙曦明曰：「『刑』與『型』同。」王叔岷曰：「喻林五引作『形』，刑、形古亦通用，淮南子道應篇：『誠於此者刑於彼。』（又見孔子家語屈節篇）治要引『刑』作『形』，即其比。」

〔一〇〕鮑本「如」下注云：「一本作『生』字。」案：傳本作「生」。盧文弨曰：「吕氏春秋先己篇：『詩曰：「執轡如組。」孔子曰：「審此言也，可以爲天下。」子貢曰：「何其躁也？」孔子曰：「非謂其躁也，謂其爲之於此，而成文於彼也；聖人組脩其身，而成文於天下矣。」』案：家語好生篇亦載此，以爲邶詩，而并引『兩驂如儛』，殊誤。其載孔子之言曰：『爲此詩者，其知政乎！夫爲組者，總紕於此，成文於彼；言其動於近，行於遠也。執此法以御民，豈不化乎！竿旄之忠告，至矣哉！』案：毛詩傳云：『御衆有文章，言能治衆，動於近，成於遠也。』語意正相合。」器案：韓詩外傳二：「故御馬有法矣，御民有道矣，法得則馬和而歡，道得則民安而集。詩曰：『執轡如組，兩驂如舞。』此之謂也。」則詩今古文都以「執轡如組」取譬御民。

〔一一〕趙曦明曰：「後漢書儒林傳：『劉昆，字桓公，陳留東昏人。光武除爲江陵令，時縣連年火災，昆輒向火叩頭，多能降雨止風。還弘農太守，虎皆負子渡河。建武二十二年，徵代杜林爲光禄勳。詔曰：「前在江陵，反風滅火，後守弘農，虎北渡河：行何德政而致是事？」對曰：「偶然耳。」帝歎曰：「此乃長者之言也。」』」

〔一二〕趙曦明曰：「後漢書循吏傳：『仇覽，字季智，一名香，陳留考城人。縣選爲蒲亭長。有陳元者，獨與母居，而母詣覽，告元不孝。覽親到元家，與其母子飲，爲陳人倫孝行，譬以禍福之言。元卒成孝子。鄉邑爲之諺曰：「父母何在在我庭，化我鳲鴞哺所生。」考城令王涣聞覽以德化民，署爲主簿，謂曰：「主簿聞陳元之過，不罪而化之，得無少鷹鸇之志耶？」覽曰：「以爲鷹鸇不若鸞鳳。」涣謝遣曰：「枳棘非鸞鳳所棲，百里非大賢之路。」以一月奉爲資，令入太學。』」

〔一三〕漢書杜周傳：「前王所是著爲律，後王所是疏爲令。」

〔一四〕「早刑晚捨」，宋本原作「早刑時捨」，注云：「『時捨』，一本作『晚舍』。」案：説郛本、羅本、顔本、程本、胡本、何本、朱本、别解作「晚舍」，戒子通録二作「晚捨」，今據改正。意謂早上判刑，晚上立刻赦免也。

〔一五〕朱亦棟曰：「左傳成公十七年：『郤犨與長魚矯争田，執而梏之，與其父母妻子同一轅。』杜注：『繫之車轅。』之推此句本此。然此事非明察類，不解之推何以用之？抑或别有所本耶？」李詳説同。案：朱、李之説，終不與此合，存以待考。

〔一六〕趙曦明曰：「太平御覽六百三十九引風俗通：『沛郡有富家公，貲二千餘萬。子纔數歲，失母，其女不賢。父病，令以財盡屬女，但遺一劍，云：「兒年十五，以還付之。」其後又不肯與兒，乃訟之。時太守大司空何武也，得其辭，顧謂掾吏曰：「女性強梁，壻復貪鄙，畏害其兒，且寄之耳。夫劍者所以決斷；限年十五者，度其子智力足聞縣官，得以見伸展也。」乃悉奪財還子。』」

〔一七〕趙曦明曰：「魏書李崇傳：『（崇）爲揚州刺史。先是，壽春縣人苟泰有子三歲，遇賊亡失，數年，不知所在，後見在同縣人趙奉伯家，泰以狀告，各言己子，並有鄰證。郡縣不能斷。崇曰：「此易知耳。」令二父與兒各在別處，禁經數旬，然後遣人告之曰：「君兒遇患，向已暴死。」苟泰聞，即號咷，悲不自勝；奉伯咨嗟而已，殊無痛意。崇察知之，乃以兒還泰。』」

〔一八〕趙曦明曰：「晉書陸雲傳：『（雲）爲浚儀令。人有見殺者，主名不立，雲録其妻而無所問。十許日遣出，密令人隨後，謂曰：「不出十里，當有男子候之與語，便縛來。」既而果然。問之，具服，云：「與此妻通，共殺其夫，聞其得出，故遠相要候。」於是一縣稱其神明。』」

〔一九〕先達，猶言先進也。文選江文通雜體詩盧郎中諶：「常慕先達槩。」李周翰注：「言我慕先達節槩之人。」又庾元規讓中書令表：「位超先達。」李周翰注：「言爵禄越先進之人。」

〔二〇〕趙曦明曰：「古聖賢如舜、伊尹皆起於耕，後世賢而躬耕者多，不能以偏舉。尸子曰：『子貢，衛之賈人。』左傳載鄭商人弦高及賈人之謀出荀罃而不以爲德者，皆賢達也。工如齊之斲輪及東郭牙；廝役僕隸如兒寬爲諸生都養，王象爲人僕隸而私讀書；釣魚屠牛，皆齊太公事；飯牛，甯戚事；卜式、路温舒、張華，皆嘗牧羊：史傳所載，如此者非一。」

夫所以讀書學問〔一〕，本欲開心明目，利於行耳〔二〕。未知養親者，欲其觀古人之先意承顏〔三〕，怡聲下氣〔四〕，不憚劬勞，以致甘腝〔五〕，惕然慙懼，起而行之也〔六〕；未知事君者，欲其觀古人之守職無侵〔七〕，見危授命〔八〕，不忘誠諫〔九〕，以利社稷，惻然自念，思欲效之也；素驕奢者，欲其觀古人之恭儉節用，卑以自牧〔一〇〕，禮爲教本，敬者身基〔一一〕，瞿然自失〔一二〕，斂容抑志也〔一三〕；素鄙吝者〔一四〕，欲其觀古人之貴義輕財，少私寡慾〔一五〕，忌盈惡滿〔一六〕，賙窮卹匱〔一七〕，赧然〔一八〕悔恥，積而能散也〔一九〕；素暴悍者，欲其觀古人之小心黜己〔二〇〕，齒弊舌存〔二一〕，含垢藏疾〔二二〕，尊賢容衆〔二三〕，苶然沮喪〔二四〕，若不勝衣也〔二五〕；素怯懦者，欲其觀古人之達生委命〔二六〕，彊毅正直，立言必信〔二七〕，求福不回〔二八〕，勃然奮厲，不可恐懾也〔二九〕：歷兹以往，百行皆然〔三〇〕。縱不能淳〔三一〕，去泰去甚〔三二〕。學之所知，施無不達。世人讀書者〔三三〕，但能言之，不能行之〔三四〕，忠孝無聞，仁義不足；加以斷一條訟〔三五〕，不必得其理；宰千户縣，不必理其民〔三六〕；問其造屋，不必知楣横而棁竪也〔三七〕；問其爲田，不必知稷早而黍遲也〔三八〕；吟嘯談謔，諷詠辭賦，事既優閑，材增迂誕〔三九〕，軍國〔四〇〕經綸〔四一〕，略無施用〔四二〕：故爲武人〔四三〕俗吏所共嗤詆，良由是乎！

〔一〕黄叔琳曰：「文氣極平易，義理却極精實。」

〔二〕盧文弨曰：「家語六本篇：『忠言逆耳，而利於行。』」案：明吴訥小學集解五引熊氏曰：「學在知行二者。能知而不能行，與不學同。然欲行之，必先知之。今有人焉，心無所知，目無所見，而欲足之能行，無是理也。故必讀書學問，開心明目，而後可利於行耳。」王叔岷曰：「案後漢書王常傳：『聞陛下即位河北，心開目明。』」

〔三〕盧文弨曰：「禮記祭義：『曾子曰：「君子之所謂孝者，先意承志，諭父母於道。」』晉書孝友傳：『柔色承顏，怡怡以樂。』」

〔四〕盧文弨曰：「禮記内則：『父母有過，下氣怡色柔聲以諫。』」

〔五〕「腝」，宋本作「㬉」，原注云：「一本作『旨』。」永樂大典一一六一八載壽親養老新書引作「腰」，蓋即「腝」之譌誤；朱本、鮑本作「輭」，自警編小學門引小學引作「脆」。盧文弨曰：「案：廣韻：『腝，肉腝。』讀若嫩。㬉與煗、暖同，非其義。」案：腝蓋即煗字之借，煗，𥁕也，故可引申爲熟爛，㬉則煗之或體也。其作「輭」者，俗別字；作「脆」，則以臆改之耳。

〔六〕荀子性惡篇：「故坐而言之，起而可設，張而可施行。」

〔七〕器案：侵謂越局侵上，左傳成公十六年：「侵官，冒也。」

〔八〕論語子張篇：「士見危致命。」集解：「孔安國曰：『致命，不愛其身。』」

〔九〕宋本、少儀外傳上「誠」作「箴」，説郛本、小學外篇嘉言仍作「誠」。案：「誠」避隋文帝父「忠」字諱改。

〔一〇〕卑以自牧，盧文弨曰：「易謙初六象傳文。」案：王弼注：「牧，養也。」

〔一一〕盧文弨曰：「禮記曲禮上：『人有禮則安，無禮則危。』哀公問：『孔子對哀公曰：「所以治禮，敬爲大，君子無不敬也，敬身爲大。不能敬其身，是傷其親；傷其親，是傷其本；傷其本，枝從而亡。」』」嚴式誨曰：「案：春秋成十三年左傳：『禮，身之幹也；敬，身之基也。』」

〔一二〕盧文弨曰：「禮記檀弓上：『曾子聞之瞿然。』瞿然，驚變之貌，紀具切。列子仲尼篇：『子貢茫然自失。』」王叔岷曰：「案瞿借爲瞿，説文：『瞿，舉目驚瞿然也。』莊子説劍篇：『文王芒然自失。』」

〔一三〕離騷注：「抑，案也。」文選注作「按也」，字同。

〔一四〕羅本、傅本、顔本、程本、胡本、何本、朱本、黄本、戒子通録二、自警編、别解「吝」作「悋」，俗别字。説文口部：「吝，恨惜也。」徐鉉曰：「今俗别作悋，非是。」

〔一五〕王叔岷曰：「案老子十九章：『少私寡欲。』莊子山木篇：『少私而寡欲。』」

〔一六〕盧文弨曰：「易謙彖辭：『天道虧盈而益謙，地道變盈而流謙，鬼神害盈而福謙，人道惡盈而好謙。』書大禹謨：『滿招損。』」

〔一七〕盧文弨曰：「賙，周也。高誘注呂氏春秋季春紀：『鰥寡孤獨曰窮。』匱，乏也。」

〔一八〕盧文弨曰：「赧，奴版切，小爾雅：『面慙曰戁。』戁與赧同。」

〔一九〕盧文弨曰：「積而能散，禮記曲禮上文。」

〔二〇〕勤讀書抄「黜」作「屈」。盧文弨曰：「説文：『黜，貶下也。』」

〔二一〕趙曦明曰：「説苑敬慎篇：『常摐有疾，老子往問焉，張其口而示老子曰：「吾舌存乎？」老子曰：「然。」曰：「吾齒存乎？」老子曰：「亡。」常摐曰：「子知之乎？」老子曰：「夫舌之存也，豈非以其柔耶？齒之亡也，豈非以其剛耶？」常摐曰：「嘻，是已。天下之事已盡，無以復語子哉！」』」王叔岷曰：「案淮南子原道篇：『齒堅於舌，而先之弊。』（又見文子道原篇）孔叢子抗忠篇：『子思見老萊子……老萊子曰：子不見夫齒乎？齒堅剛，卒盡相磨；舌柔順，終以不弊。』高士篇上：『商容（即常摐），不知何許人也。有疾。老子曰：先生無遺教以告弟子乎？……容張口曰：吾舌存乎？曰：存。曰：吾齒存乎？曰：亡。知之乎？老子曰：非謂其剛亡而弱存乎？容曰：嘻！天下事盡矣。』（又見僞慎子外篇）」

〔二二〕趙曦明曰：「左氏宣十五年傳：『川澤納汙，山藪藏疾，瑾瑜匿瑕，國君含垢，天之道也。』」案：杜注：「藏疾，山之有林藪，毒害者居之。」

〔二三〕論語子張篇：「君子尊賢而容衆，嘉善而矜不能。」邢昺疏曰：「君子之人，見彼賢則尊重之，雖衆多，亦容納之。」

〔二四〕説郛本、羅本、顔本、程本、胡本、何本、朱本、黄本、戒子通録、小學、自警編、别解「苶」作「薾」，朱本注云：「苶，同音涅，疲也。」器案：苶者薾之俗，薾又闟之變也。説文：「闟，智少力劣也。」廣雅釋詁：「闟，弱也。」盧文弨曰：「莊子齊物論：『苶然疲役，而不知所歸。』苶，奴結切；沮，慈吕切；喪，蘇浪切。」王叔岷曰：「莊子齊物論篇云云，道藏成玄英疏、王元澤新傳、林希逸口義、褚伯秀義海纂微、羅勉道循本諸本，世德堂本，『苶』皆作『薾』。」

〔二五〕趙曦明曰：「禮記檀弓下：『趙文子退然如不勝衣，其言呐呐然如不出諸其口。』」案：正義曰：「其形退然柔和，似不勝衣，言形貌之早退也。」

〔二六〕勤讀書抄「委」作「知」。盧文弨曰：「莊子達生篇：『達生之情者，不務生之所無以爲；達命之情者，不務知之所無奈何。』」器案：委命，猶言委心任命，文選班孟堅答賓戲：「委命供己，味道之腴。」

〔二七〕論語子路篇：「言必信。」

〔二八〕趙曦明曰：「詩大雅旱麓：『豈弟君子，求福不回。』回，違也，邪也。」

〔二九〕小學、自警編「懾」作「懼」。盧文弨曰：「禮記曲禮上：『貧賤而知好禮，則志不懾。』之涉切。」

〔三〇〕百行，注見治家篇。

〔三一〕自警編「淳」作「純」。

〔三二〕趙曦明曰：「韓非子外儲説左下：『季孫好士，終身莊處，衣服常如朝廷；而季孫適懈，有過失；客以爲厭易己，相與怨之，遂殺季孫。故君子去泰去甚。』」盧文弨曰：「『聖人去甚，去奢，去泰。』老子道德經文。」

〔三三〕「世人讀書者」句上，宋本有「今」字，原注云：「一本無『今』字。」案：小學、少儀外傳引無「今」字，並無「者」字。

〔三四〕史記孫子吴起列傳太史公曰：「語曰：『能行之者，未必能言；能言之者，未必能行。』」

〔三五〕胡三省通鑑二七注：「顔師古曰：『凡言條者，一一而疏舉之，若木條然也。』」

〔三六〕盧文弨曰：「漢書百官公卿表：『縣萬户以上爲令，減萬户爲長。』案：今言千户，言最小之縣，猶不能理也。」

〔三七〕宋本、羅本、傅本、顔本、程本、胡本、何本、朱本「豎」作「竪」。盧文弨曰：「釋名：『楣，眉也，近前，若面之有眉也。棳，儒也，梁上短柱也；棳儒猶侏儒，短，故以名之也。』案：爾雅釋宫作棁，亦作棳，同音拙。豎，臣庾切，説文：『豎，立也。』」

〔三八〕宋本、羅本「遲」作「穉」，宋本原注云：「一本作『遲』字。」盧文弨曰：「尚書大傳唐傳：『主春者，張昏中可以種稷；主夏者，火昏中可以種黍。』鄭注禮記月令首種云：『舊説謂稷。』」案：詩魯頌閟宫傳：「先種曰稙，後種曰穉。」但顔氏上言早，則下文自當作遲，使人易曉，不必迂取穉字爲配，故不從宋本。

〔三九〕史記封禪書：「言神事，事如迂誕。」漢書藝文志方技略神僊家：「誕欺怪迂之文，彌以益多。」師古曰：「誕，大言也。迂，遠也。」

〔四〇〕文選任彦昇王文憲集序：「至於軍國遠圖，刑政大典，既道在廊廟，則理擅民宗。」又云：「理窮言行，事該軍國。」軍國，謂軍事與國務也。戰國策秦策：「雖有萬金，弗得私也，亦充軍國之用矣。」

〔四一〕周易屯象曰：「雲雷屯，君子以經綸。」孔穎達正義：「經謂經緯，綸謂綱綸。言君子法此屯象有爲之時，以經綸天下，約束於物，故云君子以經綸也。」中庸：「唯天下至誠，爲能經綸天下之大經。」朱熹章句：「經綸，皆治絲之事：經者，理其緒而分之；綸者，比其類而合之也。」

〔四二〕史記封禪書：「始皇聞此，以各乖異難施用。」後漢書左雄傳：「若其面牆，則無所施用。」

〔四三〕抱朴子行品篇：「奮果毅之壯烈，騁干戈以静難者，武人也。」

夫學者所以求益耳〔一〕。見人讀數十卷書，便自高大，凌忽〔二〕長者，輕慢同列；人疾之如讎敵，惡之如鴟梟〔三〕。如此以學自損〔四〕，不如無學也。

〔一〕論語憲問篇：「吾見其居於位也，見其與先生並行者也，非求益者也，欲速成者也。」

〔二〕凌忽，侵凌慢忽。又作陵忽，南史劉康祖傳：「恭以豪戚自居，甚相陵忽。」

〔三〕盧文弨曰：「詩大雅瞻卬：『懿厥哲婦，爲梟爲鴟。』箋：『梟鴟，惡聲之鳥。』亦作『鴟鴞』，見前『化鴟』注。」

〔四〕小學外篇嘉言、戒子通録二、自警編、明霍韜霍氏家訓子弟第八引此句作「如此學以求益，今反自損」，少儀外傳引同宋本。

古之學者爲己，以補不足也；今之學者爲人，但能說之也〔一〕。古之學者爲人，行道以利世也；今之學者爲己，脩身以求進也〔二〕。夫學者猶種樹也〔三〕，春玩其華，秋登其實〔四〕；講論文章，春華也，脩身利行，秋實也〔五〕。

〔一〕論語憲問篇：「古之學者爲己，今之學者爲人。」集解：「孔安國曰：『爲己，履而行之；爲人，徒能言。』」器案：「古之學者爲己，今之學者爲人」，語又見荀子勸學篇。又北堂書鈔卷八十三、太平御覽卷六百七引新序：「齊王問墨子曰：『古之學者爲己，今之學者爲人，何如？』對曰：『古之學者，得一善言，以附其身，今之學者，得一善言，務以悅人。』」

〔二〕王楙野客叢書二八：「范曄後漢論（桓榮傳）曰：『古之學者爲己，今之學者爲人。爲人者，憑譽以顯物；爲己者，因心以會道。』顏氏家訓曰：『古之學者爲己，輔不足也；今之學者爲人，但能說之也。古之學者爲人，行道以濟世也；今之學者爲己，修身以求進也。』二說不同，皆非吾夫子之意。」引此文「以補」二字作「輔」，「利」作「濟」。黃叔琳曰：「翻轉說，其義乃備。」

〔三〕盧文弨曰：「左氏昭十八年傳：『閔子馬曰：「夫學，殖也，不殖將落。」』」

〔四〕說郛本「玩」作「翫」。御覽二〇「登」作「取」。記纂淵海六二引「玩」作「翫」，「登」作「取」。盧文弨曰：「韓詩外傳七：『簡主曰：「春樹桃李，夏得陰其下，秋得食其實。」』魏志邢顒傳：『採庶子之春華，忘家丞之秋實。』」器案：三國志吳書諸葛恪傳注引志林：「虞喜曰：『世人奇其英辯，造次可觀，而哂吕侯無對爲陋。不思安危終始之慮，是樂春藻之繁華，而忘秋實之甘口也。』」文心雕龍辨騷篇：「翫華而不墜其實。」金樓子著書篇：「春華秋實，懷哉何已。」北齊書文苑傳序：「開四照於春華，成萬寶於秋實。」都以華實喻學與用。

〔五〕太平御覽卷二十引「講論」作「講説」，「春華」作「春之華」，「秋實」作「秋之實」。記纂淵海引亦作「春之華」、「秋之實」。

人生小幼，精神專利，長成已後，思慮散逸，固須早教，勿失機也。吾七歲時，誦靈光殿賦〔一〕，至於今日，十年一理，猶不遺忘；二十之外，所誦經書，一月〔二〕廢置，便至〔三〕荒蕪矣。然人有坎壈〔四〕，失於盛年〔五〕，猶當晚學，不可自棄。孔子云：「五十以學易，可以無大過矣〔六〕。」魏武、袁遺〔七〕，老而彌篤〔八〕，此皆少學而至老不倦也。曾子七十乃學，名聞天下〔九〕；荀卿五十，始來遊學，猶爲碩儒〔一〇〕；公孫弘四十餘，方讀春秋，以此遂登丞相〔一一〕；朱雲亦四十，始學易、論語〔一二〕；皇甫謐二十，始受孝經、論語〔一三〕：皆終成大儒，此並早迷而晚寤也。世人婚冠未學，便稱遲暮〔一四〕，因循面牆〔一五〕，亦爲愚耳。幼而學者，如日出之光，老而學者，如秉燭夜行〔一六〕，猶賢乎瞑目而無見者也〔一七〕。

〔一〕抱經堂本「靈」上有「魯」字，各本俱無，今據删。趙曦明曰：「後漢書文苑傳：『王逸子延壽，字文考，有儁才，少遊魯國，作靈光殿賦。』今見文選。」

〔二〕宋本原注：「『月』一本作『日』字。」鮑本誤作「一本有『日』字」。案：類説作「日」。

〔三〕宋本原注：「一本無『至』字。」案：類説無「至」字。

〔四〕盧文弨曰：「坎壈，苦感、盧感二切，亦作坎廩，音同。楚辭九辯：『坎廩兮貧士失職而志不平。』五臣注文選：『坎壈，困窮也。』」

〔五〕器案：文選曹子建洛神賦：「怨盛年之莫當。」李善注：「盛年，謂少壯之時。」又曹子建美女篇：「盛年處房室，中夜起長歎。」李善注：「蘇武答李陵詩：『低頭還自憐，盛年行已衰。』」又吴季重答魏太子牋：「盛年一過，實不可追。」陶淵明集卷四雜詩十二首其一：「盛年不重來，一日難再晨。」元李公焕注：「男子自二十一至二十九，則爲盛年。」

〔六〕文見論語述而篇，集解：「易窮理盡性，以至於命。年五十而知天命。以知命之年，讀至命之書，故可以無大過也。」朱熹集注：「學易，則明乎吉凶消長之理、進退存亡之道，故可以無大過。」

〔七〕趙曦明曰：「魏志武帝紀注：『太祖御軍三十餘年，手不捨書，晝則講武策，夜則思經傳，登高必賦，及造新詩，被之管絃，皆成樂章。袁遺，字伯業，紹從兄，爲長安令。河間張超嘗薦遺於太尉朱儁，稱遺有冠世之懿、幹時之量。太祖稱：長大而能勤學，惟吾與袁伯業耳。』」

器案：三國志吴書吕蒙傳注引江表傳：「孫權語蒙曰：『孟德亦自謂老而好學。』」梁谿漫志五：「曹孟德嘗言：『老而好學，惟吾與袁伯業耳。』東坡云：『此事不獨今人不能，即古人亦自少也。』」

〔八〕勤讀書抄「篤」作「固」。

〔九〕類説「七十」作「十七」。黄叔琳曰：「曾子少孔子四十六歲，非晚始學者（郝懿行説同），當別有曾子。」孫志祖讀書脞録四：「盧抱經據高誘淮南子説林注『吕望年七十，始學讀書，九十爲文王作師』，疑『曾子』爲『吕望』之譌。蓋曾子少孔子四十六歲，則其從遊，必在少年也。志祖疑『七十』爲『十七』之譌，然於書傳亦無確證。又宋書建平王宏子景素傳内載劉璡疏云：『曾子孝親，而沈乎水。』又：『曾子不逆薪而爨，知其不爲暴也。』然則後人所述曾子事之無攷者多矣。」朱亦棟羣書札記十：「案：大戴禮曾子立事篇：『三十四十之間而無藝，即無藝矣。五十而不以善聞，則不聞矣。七十而無德，雖有微過，亦可以勉矣。其少不諷誦，其壯不議論，其老不教誨，亦可謂無業之人矣。』之推正用此語，是文章活用之法，不必刻舟以求也。宋景文筆記卷中：『曾子年七十，文學始就，乃能著書。孔子曰：「參也魯。」蓋少時止以孝顯，未如晚節之該洽也。』則痴人説夢矣。」器案：孫説是，類説正作「十七」，下文「皇甫謐二十始受孝經、論語」，蓋顔氏以十七、二十之年，俱爲晚學矣。許慎説文解字叙曰：「尉律：『學僮十七已上，始試諷籀書九千字，乃得爲史。又以八體試之，郡移太史，不正，輒舉劾之。』」此蓋承周、秦舊制而言。古者，「八歲入小學」（見大戴禮記保傅篇、白虎通辟雍篇、漢書食貨志及藝文志、説文解字叙），年十七已上始試，中律者得習爲吏；而曾子年十七乃學（此已是入仕之年），較之八歲，已遲九年，故亦謂之晚學也。

〔一〇〕趙曦明曰：「史記孟荀列傳：『荀卿，趙人。年五十，始來遊學於齊。』索隱：『荀卿，名况。卿者，時人相尊而號曰卿也。』」

〔一一〕勤讀書抄引「春秋」下有「雜説」二字，與漢書本傳合；又「丞相」作「卿相」。趙曦明曰：「漢書公孫弘傳：『弘，菑川薛人。年四十餘，乃學春秋雜説，六十爲博士，免歸。武帝元光五年，復徵賢良文學，策詔諸儒，弘對爲第一，拜爲博士，待詔金馬門。元朔中，代薛澤爲丞相，封平津侯。』」器案：御覽六一四引應璩答韓文憲書：「昔公孫弘皓首入學。」

〔一二〕勤讀書抄無「語」字。趙曦明曰：「漢書朱雲傳：『雲，字游，魯人。少時通輕俠，年四十迺變節，從博士白子友受易，又事將軍蕭望之，受論語，皆能傳其業。當世高之。』」

〔一三〕「受」，各本俱作「授」，抱經堂本校定作「受」；案：勤讀書抄、類説正作「受」，今從之。趙曦明曰：「晉書皇甫謐傳：『謐，字士安，安定朝那人。年二十，不好學，遊蕩無度所，後叔母任氏，對之流涕；乃感激，就鄉人席坦受書，勤力不怠，遂博綜典籍百家之言，以著述爲務，自號玄晏先生。』」器案：齊民要術三引崔寔四民月令：「冬十一月，命幼童入小學，讀孝經、論語、篇、章。」漢書匡衡傳：「論語、孝經，聖人言行之要，宜先究其意。」是孝經、論語，漢時爲初學必讀之書；士安年二十始受孝經、論語，蓋魏、晉時猶仍沿襲漢制云。

〔一四〕離騷：「惟草木之零落兮，恐美人之遲暮。」王逸注：「遲，晚也。」

〔一五〕盧文弨曰：「書周官：『不學牆面。』」器案：論語陽貨篇：「人而不爲周南、召南，其猶正牆面而立也歟！」後漢書鄧皇后紀：「面牆術學，不識臧否。」注：「尚書曰：『弗學面牆也。』」又作牆面，文選任彦昇天監三年策秀才文：「庶非牆面。」李周翰注：「牆面，謂面向牆而無所見者。」通鑑五十漢安帝六年詔康等曰：「面牆術學，不識臧否。」胡三省注曰：「尚書曰：『弗學牆面。』言正牆面而立，無所見。」

〔一六〕盧文弨曰：「説苑建本篇：『師曠曰：「少而好學，如日出之陽；壯而好學，如日中之光；老而好學，如炳燭之明。炳燭之明，孰與昧行乎？」』」器案：藝文類聚八〇引尚書大傳：「晉平公問師曠曰：『吾年七十，欲學，恐已暮。』師曠曰：『臣聞老而學者，如執燭之明。執燭之明，孰與昧行？』公曰：『善。』」説苑即本尚書大傳。文選古詩：「人生不滿百，常懷千歲憂；晝短苦夜長，何不秉燭遊？」王叔岷曰：「記纂淵海五六引范子：『師曠對晉平公曰：少而學者，如日出之光；壯而學者，如日中之光；老而學者，如秉燭夜行。』金樓子立言上：『晉平公問師曠曰：吾年已老，學將晚邪？對曰：少好學者，如日盛陽；老好學者，如炳燭夜行。』」

〔一七〕抱朴子外篇勗學：「若乃絶倫之器，盛年有故，雖失之於暘谷，而收之於虞淵；方知良田之晚播，愈於卒歲之荒蕪也。日燭之喻，斯言當矣。」

學之興廢，隨世輕重。漢時賢俊，皆以一經弘聖人之道〔一〕，上明天時，下該人事〔二〕，用此致卿相者多矣〔三〕。末俗〔四〕已來不復爾〔五〕，空守章句〔六〕，但誦師言，施之世務〔七〕，殆無一可。故士大夫子弟，皆以博涉〔八〕爲貴，不肯專儒〔九〕。梁朝皇孫以下，總丱〔一〇〕之年，必先入學〔一一〕，觀其志尚，出身〔一二〕已後，便從文史〔一三〕，略無卒業者〔一四〕。冠冕〔一五〕爲此者，則有何胤〔一六〕、劉瓛〔一七〕、明山賓〔一八〕、周捨〔一九〕、朱异〔二〇〕、周弘正〔二一〕、賀琛〔二二〕、賀革〔二三〕、蕭子政〔二四〕、劉縚〔二五〕等，兼通文史，不徒講説也。洛陽亦聞崔浩〔二六〕、張偉〔二七〕、劉芳〔二八〕，鄴下又見邢子才〔二九〕：此四儒者〔三〇〕，雖好經術，亦以才博擅名。如此諸賢，故爲上品〔三一〕，以外率多田野閒人，音辭鄙陋，風操蚩拙〔三二〕，相與專固〔三三〕，無所堪能，問一言輒酬數百，責其指歸〔三四〕，或無要會〔三五〕。鄴下諺云：「博士買驢，書券〔三六〕三紙，未有驢字。」使汝以此爲師，令人氣塞。孔子曰：「學也祿在其中矣〔三七〕。」今勤無益之事，恐非業也。夫聖人之書，所以設教，但明練經文，粗通注義〔三八〕，常使言行有得，亦足爲人〔三九〕；何必「仲尼居」即須兩紙疏義〔四〇〕，燕寢講堂〔四一〕，亦復何在？以此得勝〔四二〕，寧有益乎？光陰可惜，譬諸逝水〔四三〕。當博覽機要〔四四〕，以濟功業；必能兼美，吾無閒焉〔四五〕。

〔一〕趙曦明曰：「弘，大之也。」器案：漢有通經致用之説，謂治一經必得一經之用也。如平當以禹貢治河（見漢書本傳），夏侯勝以洪範察變（見漢書本傳），董仲舒以春秋決獄，（漢書藝文志六藝略有公羊董仲舒治獄十六篇，後漢書應劭傳：「董仲舒作春秋決獄二百三十二事。」）王式以三百五篇當諫書（見漢書儒林傳），皆其例證。論語衞靈公篇：「子曰：『人能弘道，非道弘人。』」集解：「王肅曰：『才大者道隨大，才小者隨小，故不能弘人。』」

〔二〕黄叔琳曰：「兼此八字，方不媿爲窮經之儒。」

〔三〕盧文弨曰：「事皆具漢書儒林傳。」

〔四〕漢書朱博傳：「今末俗之弊，政事煩多，宰相之材不及古，而丞相獨兼三公之事。」末俗謂末世之風俗也。

〔五〕盧文弨曰：「『爾』字疑當重。」劉盼遂曰：「按：六朝人率以爾作如此用，如世説新語品藻篇：『外人論殊不爾。』又云：『身意正爾。』任誕篇云：『未能免俗，聊復爾耳。』又云：『温往衞許亦爾。』宋書孔興宗傳云：『卿不得爾。』水經注三十三：『今則不能爾。』此皆以爾作如此用之成例矣。盧氏不悉當時文法，故有此失。」

〔六〕黄叔琳曰：「俗儒之學，古人所訾；若今人中有此，吾當低頭拜之矣。」紀昀曰：「先生固詞宗也，奈何輕量天下士！」

〔七〕世務，猶言時務、時事。史記禮書：「時於世務刑名。」漢書主父偃傳：「上書言世務。」北史蘇威傳：「奏薦柳莊：『江南人有學業者多不習世務，習世務者又無學業。』」文選陸士衡擬東城一何高：「曷爲牽世務。」呂向注：「言何爲牽於時事。」

〔八〕器案：本書有涉務篇，涉字義同。漢書賈山傳：「涉獵書記。」師古曰：「言若涉水獵獸，不專精也。」桂馥札樸三曰：「漢時書少，學者皆能專精。晉、宋以後，四部之書，卷袟千萬，遂有涉獵之學。南齊書柳世隆傳：『世隆性愛涉獵，啓太祖借秘閣書，上給二千卷。』」

〔九〕宋本此句作「不肯專於經業」，原注：「一本作『專儒』。」趙曦明曰：「儒者，專治經也，宋本作『不肯專於經業』，疑是後人所改。」劉盼遂引吴承仕曰：「魏、晉以來，清談始興，故多以玄儒相對，齊、梁閒又分文史玄儒四科，是專目治經者爲儒也。」器案：論衡超奇篇：「故夫能説一經者爲儒生，博覽古今者爲通人，采掇傳書以上書奏記者爲文人，能精思著文、連結篇章者爲鴻儒。」顔氏所謂專儒，即仲任之所謂儒生，以其僅能説一經，非鴻儒之比，故謂之專儒。文心雕龍才略篇：「仲舒專儒，子長純史。」

〔一〇〕盧文弨曰：「詩齊風甫田：『婉兮孌兮，總角丱兮。』傳：『總角，聚兩髦也；丱，幼穉也。』」

〔一一〕錢大昕曰：「梁書武帝紀：『天監九年三月乙未詔曰：王子從學，著自禮經，貴游咸在，實惟前誥，所以式廣義方，克隆教道。今成均大啓，元良齒讓，自兹以降，並宜肄業。皇太子及王侯之子，年在從師者，可令入學。』」

〔一二〕漢書酷吏郅都傳：「常稱曰已背親而出身，固當奉職，死節官下。」文選禰正平鸚鵡賦：「臣出身而事主。」出身，謂出仕則致身於君。

〔一三〕「便從文史」，宋本作「使從文吏」，羅本、傅本、顏本、程本、胡本、何本、朱本、文津本、鮑本、汗青簃本「史」作「吏」。盧文弨曰：「漢書東方朔傳：『三冬文史足用。』史謂史書也；但此亦兼文章三史而言，舊本作『吏』字，非。」唐晏惕庵隨筆上：「盧抱經校顏氏家訓，最稱善本；然亦有不足者。如勉學篇：『出身以後，使從文吏。』此言梁朝貴游子弟，多不向學，故云：『總丱之年，必先入學，出身已後，便從文吏，略無卒業者。』其文義甚明。而盧氏改爲『文史』，而引漢書東方朔傳『文史足用』爲注，失本義矣。」案：唐説是，此文當從各本作「便從文吏」。

〔一四〕三國志魏書牽招傳：「年十餘歲，詣同縣樂隱受學；後隱爲車騎將軍何苗長史，招隨卒業。」

〔一五〕文選奏彈王源：「衣冠之族。」李善注引袁子正書曰：「古者，命士已上，皆有冠冕，故謂之冠族。」

〔一六〕趙曦明曰：「梁書處士傳：『何胤，字子季，點之弟也。師事沛國劉瓛，受易及禮記、毛詩；入鍾山定林寺，聽内典，其業皆通。辭職，居若邪山雲門寺。世號點爲大山，子季爲小山，亦曰東山。注周易十卷，毛詩總集六卷，毛詩隱義十卷，禮記隱義二十卷，禮答問五十五卷。』」

〔一七〕抱經堂本「瓛」誤「巘」。趙曦明曰：「已見一卷。」

〔一八〕趙曦明曰：「梁書本傳：『明山賓，字孝若，平原鬲人。七歲，能言玄理；十三，博通經傳。梁臺建，置五經博士，山賓首膺其選。東宫新置學士，又以山賓居之。俄兼國子祭酒。累居學官，甚有訓導之益。所著吉禮儀注二百二十四卷，禮儀二十卷，孝經喪禮服義十五卷。』」

〔一九〕趙曦明曰：「梁書本傳：『周捨，字昇逸，汝南安成人。博學多通，尤精義理。高祖即位，博求異能之士，范雲言之於高祖，召拜尚書祠部郎。居職屢徙，而常留省内，國史詔誥，儀體法律，軍旅謨謀，皆兼掌之。預機密者二十餘年，而竟無一言漏洩機事，衆尤歎服之。』」

〔二〇〕趙曦明曰：「梁書本傳：『朱异，字彦和，吴郡錢唐人。徧治五經，尤明禮、易，涉獵文史，兼通雜藝，博弈書算，皆其所長。有詔求異能之士，明山賓表薦之。高祖召見，使説孝經、周易義，謂左右曰：「朱异實異。」周捨卒，异代掌機謀，方鎮改换，朝儀國典，詔誥敕書，並兼掌之。每四方表疏，當局部領，諮詢詳斷，填委於前，頃刻之間，諸事便了。所撰禮、易講疏，及儀注、文集百餘篇，亂中多亡逸。』」

〔二一〕趙曦明曰：「陳書本傳：『周思行，汝南安成人。幼孤，及弟弘讓、弘直，俱爲叔父捨所養。十歲，通老子、周易。起家梁太學博士，累遷國子博士。時於城西立士林館，弘正居以講授，聽者傾朝野焉。特善玄言，兼明釋典，雖碩學名僧，莫不請質疑滯。所著周易講疏、論語疏、莊子、老子疏、孝經疏及集行於世。』」

〔二二〕趙曦明曰：「梁書本傳：『賀琛，字國寶，會稽山陰人。伯父瑒，授其經業，一聞便通義理，尤精三禮。爲通事舍人，累遷，皆參禮儀事。所撰三禮講疏、五經滯義及諸儀法，凡百餘篇。』」

〔二三〕趙曦明曰：「梁書儒林傳：『賀瑒子革，字文明。少通三禮，及長，徧治孝經、論語、毛詩、左傳。湘東王於州置學，以革領儒林祭酒，講三禮，荆、楚衣冠，聽者甚衆。』」

〔二四〕趙曦明曰：「隋書經籍志：『周易義疏十四卷，繫辭義疏三卷，古今篆隸雜字體一卷。』注：『梁都官尚書蕭子政撰。』」

〔二五〕趙曦明曰：「已見二卷。」

〔二六〕趙曦明曰：「魏書本傳：『崔浩，字伯淵，清河人。少好文學，博覽經史，玄象陰陽百家之言，無不關綜；研精義理，時人莫及。太宗好陰陽術數，聞浩説易及洪範五行，善之，因命浩筮吉凶，參觀天文，考定疑惑。浩綜覈天人之際，舉其綱紀，諸所處決，多有應驗。恒與軍國大謀，甚爲寵密。』」

〔二七〕趙曦明曰：「魏書儒林傳：『張偉，字仲業，小名翠螭，太原中都人。學通諸經，講授鄉里，受業常數百人，儒謹汎納，勤於教訓，雖有頑固，問至數十，偉告喻殷勤，曾無慍色。常依附經典，教以孝悌；門人感其仁化，事之如父。』」

〔二八〕趙曦明曰：「魏書本傳：『劉芳，字伯文，彭城人。聰敏過人，篤志墳典，晝則傭書以自資給，夜則誦讀，終夕不寢。爲中書侍郎，授皇太子經，遷太子庶子，兼員外散騎常侍。從駕洛陽，自在路以旋師，恒侍坐講讀。芳才思深敏，特精經義，博聞强記，兼覽蒼、雅，尤長音訓，辨析無疑；於是禮遇日隆，賞賚優渥。撰諸儒所注周官、儀禮、尚書、公羊、穀梁、國語音、後漢書音、毛詩箋音義證、周官、儀禮、禮記義證等書。』」

〔二九〕趙曦明曰：「北齊書邢邵傳：『邵字子才，河間鄚人。十歲，便能屬文。少在洛陽，會天下無事，與時名勝專以山水遊宴爲娱，不暇勤業。嘗因霖雨，乃讀漢書五日，略能徧記之，復因飲謔倦，方廣尋經史，五行俱下，一覽便記，無所遺忘。文章典麗，既贍且速。年未二十，名動衣冠。孝昌初，與黄門侍郎李琰之對典朝儀。自孝明之後，文雅大盛；邵雕蟲之美，獨步當時，每一文出，京都爲之紙貴，讀誦俄徧遠近。晚年，尤以五經章句爲意，窮其旨要，吉凶禮儀，公私諮稟，質疑去惑，爲世指南。有集三十卷。』」

〔三〇〕宋本原注：「一本無『此』字。」案：説郛本、羅本、傅本、顔本、程本、胡本、何本、朱本無「此」字。

〔三一〕晉書劉毅傳云：「上品無寒門，下品無勢族。」尋文選沈休文恩倖傳論引劉毅之言作「下品無高門，上品無賤族」，李善注引臧榮緒晉書同唐修晉書，李善注云：「言勢族之人不居下品，寒門之子不居上班。」又任彦昇爲蕭揚州薦士表：「勢門上品。」李善注引謝靈運宋書序曰：「下品無高門，上品無賤族。」據宋書謝靈運傳，靈運撰有晉書，不聞有宋書，此宋書序當爲晉書序之誤。尋魏人陳羣制九品官人之法，分上中下三等，三等之中，又分上中下三品，蓋本之班固古今人表，分爲三科，定以九等，網羅千載，區别九品，自此言人品者，遂有三六九等之分矣。

〔三二〕盧文弨曰：「蚩，無知之貌。詩衛風氓：『氓之蚩蚩。』」

〔三三〕專固，專輒而頑固。書仲虺之誥：「好問則裕，自用則小。」傳：「問則有得，所以足；不問專固，所以小。」

〔三四〕器案：嚴君平有道德指歸，王僧虔戒子書：「汝曹未窺其題目，未辨其指歸，而終日自欺欺人，人不受汝欺也。」郭璞爾雅序：「夫爾雅者，所以通詁訓之指歸。」邢昺疏：「指歸，謂指意歸鄉也。」

〔三五〕器案：要會，謂要領總會。禮記樂記鄭玄注：「要猶會也。」杜正倫文筆要決：「右並要會所歸，總上義也。」

〔三六〕盧文弨曰：「券，去願切，下從刀。説文：『契也。』」器案：陸游讀書詩：「文辭博士書驢券，職事參軍判馬曹。」本此。

〔三七〕論語衛靈公篇文。

〔三八〕盧文弨曰：「練，練習也。戰國秦策：『簡練以爲揣摩。』粗，才古切，略也。」器案：涉務篇：「明練風俗。」

〔三九〕黄叔琳曰：「唐人所以重進士而卑明經也。今之設科，合進士明經而一之，然其效可覩矣。」

〔四〇〕「仲尼居」，孝經開宗明義第一章章首文。趙曦明曰：「陸德明孝經釋文：『居，説文作凥，音同。鄭康成云：尻，尻講堂也。王肅云：閒居也。』」案：疏義，係對經注而言，注以釋經文，疏以演注義。六朝義疏之學頗盛行，爲唐人五經正義導夫前路也。郝懿行曰：「桓譚新論云：『秦延君説堯典篇首兩字之説，十餘萬言，但説「曰若稽古」三萬言。』亦此類也。」

〔四一〕陳直曰：「此即漢秦延君説『曰若稽古』三萬言之例。燕寢講堂，蓋在疏義中，辨論仲尼所居之地，爲燕寢或講堂也。」器案：燕寢，閒居之處；講堂，講習之所。此言解經之家，對居字理解不同，各持一端。

〔四二〕宋本「以」作「争」。

〔四三〕金樓子立言篇：「馳光不留，逝川倏忽，尺日爲寶，寸陰可惜。」

〔四四〕孔安國書序：「删夷煩亂，剪裁浮辭，舉其閎綱，攝其機要。」機要，謂機微精要也。三國志魏書管寧傳：「韜古今於胸懷，包道德之機要。」

〔四五〕論語泰伯篇：「禹，吾無閒然矣。」史記夏本紀正義引孝經鈎命決亦有此文。通鑑一二〇：「吾無閒然。」胡三省注曰：「吕大臨曰：『無閒隙可言其失。』謝顯道曰：『猶言我無得而議之也。』」

俗間儒士，不涉羣書，經緯〔一〕之外，義疏〔二〕而已。吾初入鄴，與博陵崔文彦交遊〔三〕，嘗説王粲集中難鄭玄尚書事〔四〕。崔轉爲諸儒道之，始將發口〔五〕，懸見排蹙〔六〕，云：「文集只有詩賦銘誄〔七〕，豈當論經書事乎？且先儒之中，未聞有王粲也。」崔笑而退，竟不以粲集示之。魏收〔八〕之在議曹，與諸博士議宗廟事〔九〕，引據漢書，博士笑曰：「未聞漢書得證經術。」收便忿怒〔一〇〕，都不復言，取韋玄成傳〔一一〕，擲之而起。博士一夜共披尋之〔一二〕，達明，乃來謝曰：「不謂玄成如此學也〔一三〕。」

〔一〕緯所以配經，主要由西漢末年諸儒依附六經而僞造之者。趙曦明曰：「後漢書方術樊英傳注：『七緯者，易緯：稽覽圖，乾鑿度，坤靈圖，通卦驗，是類謀，辨終備也；書緯：璇機鈐，考靈曜，刑德放，帝命驗，運期授也；詩緯：推度災，氾歷樞，含神霧也；禮緯：含文嘉，稽命徵，斗威儀也；樂緯：動聲儀，稽耀嘉，叶圖徵也；孝經緯：援神契，鉤命決也；春秋緯：演孔圖，元命包，文耀鉤，運斗樞，感精符，合誠圖，攷異郵，保乾圖，漢含孳，佑助期，握誠圖，潛潭巴，說題辭也。』」盧文弨曰：「困學紀聞八：『鄭康成注二禮，引易說、書說、樂說、春秋說、禮家說、孝經說，皆緯候也。河洛七緯，合爲八十一篇，河圖九篇，洛書六篇，又別有三十篇。（案：原文尚有「七經緯三十六篇」句，當補，始與八十一篇之數合。）又有尚書中候、論語讖，皆在七緯之外。』」器案：禮記檀弓正義引鄭志：「張逸問：『禮注曰書說，書說何書也？』答曰：『尚書緯也。當爲注時，時在文網中，嫌引秘書，故所牽圖讖，皆謂之說。』」然則漢末人引讖緯而謂之經說者，皆以文網之故耳。

〔二〕陳直曰：「六朝人說經著作，統稱講疏，如梁朱异禮易講疏、周弘正周易講疏、賀琛三禮講疏之類，即本文所稱之義疏。」

〔三〕趙曦明曰：「隋書地理志：『博陵郡，屬冀州。』」案：宋本作「博陸」，誤。器案：北史崔鑒傳：「崔育王子文豹，字蔚。」疑文彦即其弟兄行。

〔四〕趙曦明曰：「魏志王粲傳：『粲字仲宣，山陽高平人。太祖辟爲丞相掾，賜爵關内侯。著詩賦論議，垂六十篇。』隋書經籍志：『後漢侍中王粲集十一卷。』後漢書鄭玄傳：『玄字康成，北海高密人。遊學十餘年，乃歸。所注周易、尚書、毛詩、儀禮、禮記、論語、孝經、尚書大傳、中候、乾象歷，又著天文七政論、魯禮禘祫義、六藝論、毛詩譜、駁許慎五經異義、答林孝存周禮難，凡百餘萬言。』」盧文弨曰：「困學紀聞二：『粲集中難鄭玄尚書事，今僅見於唐元行沖釋疑，王粲曰：「世稱伊、雒以東，淮、漢以北，康成一人而已。咸言先儒多闕，鄭氏道備。粲竊嗟怪，因求所學，得尚書注，退思其意，意皆盡矣，所疑猶未喻焉。」凡有二篇。館閣書目：「粲集八卷。」』案：其集今已亡，抄撮者無此難。難，乃旦切。」案：郝懿行説與盧同。元行沖，唐書卷二百有傳，云：「著論自辯，名曰釋疑：『王肅規鄭玄數千百條，鄭學馬昭詆劾肅短，詔遣博士張融按經問詰。融推處是非，而肅酬對疲於歲時，四也。王粲曰：世稱伊雒以東，淮漢以北，康成一人而已。咸言先儒多闕，鄭氏道備，粲竊嗟怪，因求所學得尚書注，退思其意，意皆盡矣，所疑猶未諭焉。……徒欲父康成，兄子慎，寧道孔聖誤，諱言鄭服非，然則鄭服之外皆讐矣，五也。』」

〔五〕發口，猶言出口、開口。文心雕龍總術篇：「予以爲發口爲言。」

〔六〕李調元勦説卷四：「懸猶預也。凡預計遥揣皆曰懸者，懸是繫物之稱，物繫則有不定之勢，預計遥揣，懸也。」盧文弨曰：「排蹙，猶言排笮。」

〔七〕器案：賦爲「鋪采摛文，體物寫志」的有韻之文。銘爲「稱述功美」的有韻之文。誄爲「累列生時行迹」的有韻之文。

〔八〕趙曦明曰：「北齊書魏收傳：『收字伯起，小字佛助，鉅鹿下曲陽人。讀書，夏月坐板牀，隨樹陰諷誦，積年，板牀爲之鋭減，而精力不輟。以文華顯。』」

〔九〕宋本「議」作「争」。

〔一〇〕宋本、羅本、鮑本、汗青簃本「收」作「魏」。

〔一一〕盧文弨曰：「漢書韋賢傳：『賢少子玄成，字少翁。好學，修父業，以明經擢爲諫大夫。永光中，代于定國爲丞相，議罷郡國廟，又議太上皇、孝惠、孝文、孝景廟，皆親盡宜毁，諸寢園日月間祀，皆勿復修。』」

〔一二〕披尋，謂披閲尋討，披即上文「握素披黄」之披，韓愈進學解：「手不停披于百家之編。」文選琴賦注：「披，開也。」

〔一三〕太平廣記二五八引大唐新語：「唐張由古有吏才而無學術，累歷臺省；嘗於衆中歎班固有大才而文章不入文選。或謂之曰：『兩都賦、燕然山銘、典引等並入文選，何爲言無？』由古曰：『此並班孟堅文章，何關班固事。』聞者掩口而笑。」此不知班固，彼不知漢書，可謂無獨有偶也。

夫老、莊之書，蓋全真養性〔一〕，不肯以物累己也〔二〕。故藏名柱史，終蹈流沙〔三〕；匿跡漆園〔四〕，卒辭楚相，此任縱〔五〕之徒耳。何晏〔六〕、王弼〔七〕，祖述玄宗〔八〕，遞相誇尚〔九〕，景附草靡〔一〇〕，皆以農、黃〔一一〕之化，在乎己身，周、孔〔一二〕之業，棄之度外。而平叔以黨曹爽見誅，觸死權之網也〔一三〕；輔嗣以多笑人被疾，陷好勝之穽也〔一四〕；山巨源以蓄積取譏，背多藏厚亡之文也〔一五〕；夏侯玄以才望被戮，無支離擁腫之鑒也〔一六〕；荀奉倩喪妻，神傷而卒，非鼓缶之情也〔一七〕；王夷甫悼子，悲不自勝，異東門之達也〔一八〕；嵇叔夜排俗取禍，豈和光同塵之流也〔一九〕；郭子玄以傾動專勢，寧後身外己之風也〔二〇〕；阮嗣宗沈酒荒迷，乖畏途相誡之譬也〔二一〕；謝幼輿贓賄黜削，違棄其餘魚之旨也〔二二〕：彼諸人者，並其領袖〔二三〕，玄宗〔二四〕所歸。其餘桎梏塵滓之中〔二五〕，顛仆〔二六〕名利之下者，豈可備言乎〔二七〕！直取其清談雅論〔二八〕，剖玄析微，賓主往復〔二九〕，娛心〔三〇〕悅耳，非濟世成俗之要也〔三一〕。洎於梁世〔三二〕，茲風復闡〔三三〕，莊、老、周易，總謂三玄〔三四〕。武皇、簡文〔三五〕，躬自講論。周弘正奉贊大猷〔三六〕，化行都邑，學徒千餘，實爲盛美。元帝在江、荆〔三七〕間，復所愛習，召置學生〔三八〕，親爲教授，廢寢忘食〔三九〕，以夜繼朝〔四〇〕，至乃倦劇愁憤〔四一〕，輒以講自釋〔四二〕。吾時頗預末筵〔四三〕，親承音旨〔四四〕，性既頑魯，亦所不好云〔四五〕。

〔一〕淮南覽冥訓：「全性保真，不虧其身。」嵇康幽憤詩：「養素全真。」張銑注曰：「全真，謂養其質以全真性。」

〔二〕案：莊子天道、刻意二篇俱有「無物累」語，即秋水篇「不以物害己」之意也。王叔岷曰：「淮南子氾論篇：『不以物累形。』」

〔三〕顏本、程本、胡本、朱本、黄本、奇賞「史」誤「石」。柱史即柱下史省稱，張衡周天大象賦：「柱史記私而奏職。」省稱柱史與此同。趙曦明曰：「列仙傳：『老子姓李，名耳，字伯陽，陳人也。生於殷時，爲周柱下史。關令尹喜者，周大夫也，善内學，常服精華，隱德脩行，時人莫知。老子西遊，喜先見其氣，知有真人當過，物色而迹之，果見老子。老子亦知其奇，爲著書授之。後與老子俱遊流沙化胡，服苣勝實，莫知其所終。』」

〔四〕趙曦明曰：「史記老子韓非列傳：『莊子者，蒙人，名周，爲漆園吏。楚威王聞其賢，使使厚幣迎之，許以爲相。周笑曰：「子獨不見郊祭之犧牛乎？養食之數歲，衣以文繡，以入太廟。當是之時，雖欲爲孤豚，豈可得乎？子亟去，無汙我。」』」案：此文本之莊子秋水篇及列禦寇篇。

〔五〕徐時棟曰：「顏氏家訓譏老、莊爲任縱之徒，而北齊書之推本傳亦譏其『多任縱，不脩邊幅』。」器案：晉書胡毋輔之傳：「嗜酒任縱，不拘小節。」胡三省通鑑注曰：「任者，任物之自然。」

〔六〕趙曦明曰：「魏志曹真傳：『晏，何進孫也。少以才秀知名，好老、莊言，作道德論及諸文賦著述凡數十篇。』注：『晏，字平叔。』」

〔七〕趙曦明曰：「魏志鍾會傳：『初，會弱冠，與山陽王弼並知名。弼好論儒道，辭才逸辯，注易及老子。爲尚書郎，年二十餘，卒。』注：『弼，字輔嗣。何劭爲其傳曰：「弼好老氏，通辯能言。何晏爲吏部尚書，甚奇弼，歎之曰：仲尼稱後生可畏，若斯人者，可與言天人之際乎！」』」

〔八〕禮記中庸：「祖述堯、舜。」文選王仲寶褚淵碑文：「眇眇玄宗。」李周翰注：「玄宗，道也。」器案：隋煬帝敕禁僧鳳抗禮：「三大懸於老宗。」老宗、玄宗，義同。

〔九〕齊書王僧虔傳：「僧虔誡子書曰：『曼倩有言：「談何容易。」見諸玄，志爲之逸，腸爲之抽；專一書，轉誦數十家注，自少至老，手不擇卷，尚未敢輕言。汝開老子卷頭五尺許，未知輔嗣何所道，平叔何所說，指例何所明，而便盛於麈尾，自呼談士，此最險事。設令袁令命汝言易，謝中書挑汝言莊，張吳興叩汝言老，端可復言未嘗看耶！』」案：當時玄宗之學，遞相誇尚，景附草靡，即爲人之父者，亦以此誡其子，其風可見矣。

〔一〇〕盧文弨曰：「景，於丙切，俗作影；靡，眉彼切；言如景之附形、草之從風也。」案：本書書證篇説景字云：「晉世葛洪字苑，傍始加彡。」説苑君道篇：「夫上之化下，猶風靡草。東風則草靡而西，西風則草靡而東。在風所由，而草爲之靡。」王叔岷曰：「案班固答賓戲：『猋飛景附。』」

〔一一〕盧文弨曰：「農、黄，神農、黄帝，言道德者宗之。」

〔一二〕周、孔，周公、孔子，言儒學者宗之。

〔一三〕趙曦明曰：「魏志曹真傳：『真子爽，字昭伯，明帝寵待有殊。帝寢疾，引入卧内，拜大將軍，假節鉞，都督中外諸軍事，録尚書事，受遺詔，輔少主。乃進叙南陽何晏等爲腹心。弟羲，深以爲大憂，或時以諫諭，不納，涕泣而起。車駕朝高陵，爽兄弟皆從。司馬宣王先據武庫，遂出屯洛水浮橋，奏免爽兄弟，以侯就第；收晏等下獄，後皆族誅。』注：『魏略：「黄初時，晏無所事任。及明帝立，頗爲冗官。至正始初，曲合於曹爽，用爲散騎侍郎，遷侍中尚書。」』史記賈誼傳：『服鳥賦：夸者死權。』」案：金樓子立言篇：「道家虚無爲本，因循爲務。中原喪亂，實爲此風；何、鄧誅於前，裴、王滅於後，蓋爲此也。」

〔一四〕羅本「多」作「參」，不可據。趙曦明曰：「何劭爲王弼傳：『弼論道，傅會文辭，不如何晏自然，有所拔得多晏也。頗以所長笑人，故時爲士君子所疾。』」盧文弨曰：「家語觀周篇：『強梁者不得其死，好勝者必遇其敵。』」

〔一五〕何焯曰："山巨源以蓄積取譏，未詳所出。"趙曦明曰："晉書山濤傳：『濤字巨源，河内懷人。』老子德經：『多藏必厚亡。』"盧文弨曰："案：濤傳稱其『貞慎儉約，雖爵同千乘，而無嬪媵，禄賜俸秩，散之親故。及薨後，范晷等上言："濤舊第屋十間，子孫不相容。"帝爲之立室』。安有蓄積取譏事？惟陳郡袁毅嘗爲鬲令，貪濁，而賂遺公卿，以求虚譽，亦遺濤絲百斤，濤不欲異於時，受而藏於閣上；後毅事露，凡所受賂，皆見推檢，濤乃取絲付吏，積年塵埃，印封如初。此一事亦不可以蓄積之名加之，疑此語爲誤。"劉盼遂曰："山巨源疑當是王濬沖，此黄門之筆誤也。山、王同在竹林名士，故易混淆。攷濬沖之儉吝，如責從子之單衣，索息女之貸錢，鑽核而賣李，把籌而計資諸事，備載於世説新語儉嗇篇中，故王隱晉書記『天下人謂爲膏肓之疾』，阮步兵詆爲俗物來敗人意（世説新語排調篇），其取譏也鉅矣。然則顔氏舉王濬沖以爲多藏之戒，復何疑焉。"

〔一六〕趙曦明曰："魏志夏侯尚傳：『子玄，字太初，少知名。正始初，曹爽輔政，玄，爽之姑子也，累遷散騎常侍中護軍。爽誅，徵爲大鴻臚，數年，徙太常。玄以爽抑黜，内不得意。中書令李豐，雖爲司馬景王所親待，然私心在玄，遂結皇后父張緝，謀欲以玄輔政。嘉平六年二月，當拜貴人，豐等欲因御臨軒，諸門有陛兵，誅大將軍，以玄代之。大將軍微聞其謀，請豐相見，即殺之，收玄等送廷尉。鍾毓奏豐等大逆無道，皆夷三族。玄格量弘濟，臨斬東市，顔色不變，舉動自若。時年四十六。』莊子人間世：『支離疏者，頤隱於齊，肩高於頂，會撮指天，五管在上，兩髀爲脅，挫鍼治繲，足以餬口，鼓筴播精，足以食十人。上徵武士，則支離攘臂於其間；上有大役，則支離以有常疾，不受功；上與病者粟，則受三鍾與十束薪。夫支離其形者，猶足以養其身，終其天年；又況支離其德者乎？』釋文：『會，古外切。撮，子列切。會撮，髻也，古者，髻在項中，脊曲頭低，故髻指天也。繲，佳賣反，司馬云：「浣衣也。」崔作⿰糸鮮，音綫。鼓筴，揲蓍鑽龜也。播精，卜卦占兆也，司馬云：「簸箕簡米也。」』又逍遥遊：『惠子謂莊子曰：「吾有大樹，人謂之樗，其大本擁腫而不中繩墨，其小枝拳曲而不中規矩，立之途，匠者不顧。」莊子曰：「子患其無用，何不樹之於無何有之鄉，不夭斧斤，物無害者，無所可用，安所困苦哉？」』案：才望，猶言才氣名望。晉書陸機傳：「負其才望，志匡世難。」世説新語品藻篇：「會稽虞騤，元皇時與桓宣武同俠，其人有才理勝望。王丞相嘗謂騤曰：『孔愉有公才而無公望，丁潭有公望而無公才，兼之者其在卿乎！』騤未達而喪。」

〔一七〕趙曦明曰：「奉倩名粲，世説惑溺篇注：『粲别傳曰：「粲常以婦人才智不足論，自宜以色爲主。驃騎將軍曹洪女有色，粲於是聘焉，專房燕婉。歷年後，婦病亡，傅嘏往喭粲，粲不明（案：宋本作「粲雖不哭」。）而神傷，歲餘亦亡。亡時年二十九。」』莊子至樂論：『莊子妻死，惠子弔之，方箕踞鼓盆而歌。惠子曰：「與人居，長子，老，身死，不哭，亦足矣，又鼓盆而歌，不亦甚乎？」莊子曰：「不然。是其始死也，我獨何能無槩然！察其始而本無生，非徒無生也，而本無形，非徒無形也，而本無氣。人且偃然寢於巨室，而我噭噭然隨而哭之，自以爲不通乎命，故止也。」』」王叔岷曰：「案御覽三百八十引晉陽秋：『荀燦字奉倩，常曰：婦人者，才智不足論，自宜以色爲主。驃騎將軍曹洪女，有美色，燦於是聘焉。容服帷帳甚麗，專房宴寢，歷數年後，婦偶病亡。未殯，傅嘏往唁燦，不哭神傷，曰：佳人難再得！痛悼不已，歲餘亦亡。』（「燦」與「粲」同。）」

〔一八〕趙曦明曰：「晉書王戎傳：『戎從弟衍，字夷甫。喪幼子，山簡弔之，衍悲不自勝。簡曰：「孩抱中物，何至於此？」衍曰：「聖人忘情，最下不及於情，然則情之所鍾，正在我輩。」簡服其言，更爲之慟。』列子力命篇：『魏人有東門吴者，其子死而不憂，其相室曰：「公之愛子，天下無有；今子死而不憂，何也？」東門吴曰：「吾嘗無子，無子之時不憂。今子死，乃與向無子同，臣奚憂焉？」』」陳直曰：「趙氏原注，引列子力命篇魏東門吴事，甚是。北齊姜纂爲亡息元略造像記有云：『父纂情慕東門，心憑冥福。』蓋六朝文喪子習用之故實。」王叔岷曰：「案戰國策秦策三：『梁人有東門吴者，其子死而不憂。其相室曰：「公之愛子也，天下無有；今子死不憂，何也？」東門吴曰：「吾嘗無子，無子之時不憂；今子死，乃即與無子時同也，臣奚憂焉？」』」

〔一九〕趙曦明曰：「晉書嵇康傳：『康字叔夜，譙國銍人。早孤，有奇才，遠邁不羣。長好老、莊，常脩養性服食之事。山濤將去選官，舉康自代，乃與濤書告絶；此書既行，知其不可羈屈也。性絶巧，而好鍛。宅中有一柳樹甚茂，乃激水圜之，每夏月居其下以鍛。東平呂安服康高致，每一相思，千里命駕，康友而善之。後安爲兄所枉訴，以事繫獄，詞相證引，遂復收康。初康居貧，嘗與向秀共鍛於大樹之下，以自贍給。鍾會往造焉，康不爲之禮，會以此憾之。及是，言於文帝曰：「嵇康，卧龍也，不可起。公無憂天下，顧以康爲慮耳。」因譖康欲助毌丘儉，宜因釁除之。帝既信會，遂并害之。』案：後漢書張魯傳：「不能和光同塵，爲讒邪所忌。」老子道經：『和其光，同其塵。』」案：老子想爾注：「情性不動，喜怒不發，五藏皆和同相生，與道同光塵也。」

〔二〇〕羅本、顏本、何本、朱本「專」同，程本、胡本、黄本作「權」，戒子通録二亦作「權」。趙曦明曰：「晉書郭象傳：『象字子玄，少有才理，好老、莊，能清言。州郡辟召，不就。常閑居，以文論自娱。東海王越引爲太傅主簿，遂任職當權，熏灼内外，由是素論去之。』老子道經：『後其身而身先，外其身而身存。』」

〔二一〕趙曦明曰：「晉書阮籍傳：『籍字嗣宗，陳留尉氏人。本有濟世志，屬魏、晉之際，天下多故，名士少有全者，由是不與世事，遂酣飲爲常。文帝初欲爲武帝求婚於籍，籍醉六十日，不得言而止。鍾會數以時事問之，欲因其可否而致之罪，皆以酣醉獲免。時率意獨駕，不由徑路，車迹所窮，輒慟哭而反。』莊子達生篇：『夫畏途者十殺一人，則父子兄弟相戒也。』」案：莊子下文云：「必盛卒徒而後敢出焉，不亦知乎！人之所取畏者，衽席之上，飯食之間，而不知爲戒者，過也。」此當全引。

〔二二〕趙曦明曰：「晉書謝鯤傳：『鯤字幼輿，陳國陽夏人，好老、易。東海王越辟爲掾，坐家僮取官稾，除名。鯤不徇功名，無砥礪行，居身於可否之間，雖自處若穢，而動不累高。』淮南子齊俗篇：『惠子從車百乘，以過孟諸，莊子見之，棄其餘魚。』注：『莊周見惠施之不足，故棄餘魚。』」王叔岷曰：「抱朴子交際篇：『昔莊周見惠子從車之多，而棄其餘魚。』博喻篇：『是以惠施患從車之苦少，莊周憂得魚之方多。』」

〔二三〕趙曦明曰：「晉書裴秀傳：『時人爲之語曰：「後進領袖，有裴秀。」』」器案：世說賞譽篇下：「胡毋彦國吐佳言如屑，後進領袖。」

〔二四〕文選王仲寶褚淵碑文：「眇眇玄宗。」李周翰注：「玄宗，道也。」

〔二五〕盧文弨曰：「鄭注周禮大司寇：『木在足曰桎，在手曰梏。』桎音質。梏，古毒切。」器案：南史劉敬宣傳論：「或能振拔塵滓，自致封侯。」塵滓，謂塵俗滓穢。

〔二六〕盧文弨曰：「小爾雅：『顛，殞也。』釋名：『仆，踣也。』音赴。」

〔二七〕漢書杜周傳：「萬事之是非，何足備言。」杜預春秋左氏傳序：「躬覽載籍，必廣記而備言之。」

〔二八〕宋本原注：「『清談雅論』，一本作『清談高論』。」案：戒子通録二「雅」作「高」。淮南精神篇注：「直猶但也。」

〔二九〕宋本「剖玄析微，賓主往復」作「辭鋒理窟，剖玄析微，妙得入微，賓主往復」，原注：「一本作

『剖玄析微，賓主往復』。」器案：晉書張憑傳：「憑爲鄉國所稱舉，劉惔言於簡文帝，帝召與語，歎曰：『張憑勃窣爲理窟。』」徐陵與楊僕射書：「足下素挺詞鋒，兼長理窟。」以詞鋒與理窟對文，當爲顏氏所本。又案：晉書樂廣傳：「廣命駕爲剖析之。」南史姚察傳：「並爲剖析，皆有經據。」文選七命注：「剖，析也。」又案：賓主往復，即賓主問答之意。魏、晉、南北朝人稱賓主問答爲往反。世説新語文學篇：「既共清言，遂達三更。丞相與殷共相往反，其餘諸賢，略無所關。」又：「弟子如言詣支公，正值講，因謹述開意，往反多時。」又：「謝萬作八賢論，與孫興公往反，小有利鈍。」往反即往復也。又有自爲賓主一往一復者，世説新語文學篇：「何晏因條向者勝理語弼曰：『此理，僕以爲極，可得復難不？』弼便作難，一坐人便以爲屈；於是弼自爲客主數番，皆一坐所不及。」

〔三〇〕戒子通録「娱」作「怡」。王叔岷曰：「案史記李斯列傳：『娱心意，悦耳目。』司馬相如列傳：『所以娱耳目而樂心意。』」

〔三一〕此句，宋本作「然而濟世成俗，終非急務」，原注：「一本作『非濟世成俗之要也』。」郝懿行曰：「漢文用黄、老爲治，而休息無爲；曹參師蓋公移風，而清静寧一；古來濟世成俗，何必非薄老、莊，但須用得其人爾。至於魏、晉以清談誤國，非老、莊之罪也。」

〔三二〕盧文弨曰：「洎，具冀切，及也。」

〔三三〕盧文弨曰：「闡，昌善切。闡明之，使廣大也。」

〔三四〕劉盼遂引吴承仕曰：「梁書儒林傳：『太史叔明三玄尤精解，當世冠絶。』陳之末季，陸德明撰經典釋文，以老、莊繼論語之後，居爾雅之前，足以見當時之風尚。」器案：南史張譏傳：「篤好玄言，立周易、老、莊而講授焉。沙門法才、道士姚綏皆傳其業。」又金緩傳：「通周易、老、莊，時人言玄者咸推之。」南齊書王僧虔傳，有書誡子，言及周易、老、莊，而謂：「見諸玄，志爲之逸。」

〔三五〕盧文弨曰：「梁書武帝紀：『少而篤學，洞達儒玄，造周易講疏、老子講疏。』又簡文帝紀：『博綜儒書，善言玄理，所著有老子義、莊子義。』」

〔三六〕器案：大同八年，周弘正啓梁主周易疑義，見陳書弘正本傳。

〔三七〕器案：江、荆，謂江陵、荆州。宋書武帝紀：「江、荆彫殘，刑政多闕。」

〔三八〕宋本「召」作「故」。

〔三九〕王叔岷曰：「文選王元長三月三日曲水詩序：『猶且具明廢寢，昃晷忘餐。』」

〔四〇〕孟子離婁下：「仰而思之，夜以繼日。」後漢書郅惲傳：「陛下遠獵山林，夜以繼晝。」

〔四一〕史記屈原傳：「勞苦倦極，未嘗不呼天也。」倦劇即倦極也。

〔四二〕盧文弨曰：「梁書元帝紀：『承聖三年九月辛卯，於龍光殿述老子義，尚書左僕射王褒爲執經。乙巳，魏遣其柱國万紐、于謹來寇。冬十月景（丙）寅，魏軍至於襄陽，蕭詧率衆會之。丁卯，停講。』」

〔四三〕章碣陪王侍郎夜宴詩：「小儒末座頻傾耳。」末筵猶末座也。

〔四四〕傳本、顏本、胡本、程本、黄本「旨」作「指」，古通。世説新語賞譽篇：「東海王敕世子毗云：『諷味遺言，不如親承音旨。』」注引趙吴郡行狀：「代太傅越與穆及王承、阮瞻、鄧攸書曰：『諷味遺言，不如親承音旨。』」（又見晉書王承傳、阮瞻傳）陶潛與子儼等疏：「四友之人，親受音旨。」正統道藏「定」字九號真誥卷十九翼真檢第一：「二許親承音旨。」廣弘明集十五沈約佛記序：「欲悟道者，必妙識所宗，然後能允得其門，親承音旨。」水經淮水注：「丘明親承聖旨，録爲實證。」禮記曲禮上正義：「傳謂傳述爲義，或親承音旨，或師儒相傳，故云傳。」張懷瓘書斷中：「師資大令，時亦衆矣，非無雲塵之遠，若親承妙旨，入於室者，唯獨此公。」漢書楚元王傳注：「師古曰：『承指，謂取霍光之意。』」此亦謂親自接受梁元之講説耳。

〔四五〕朱本「不」誤「一」。陳直曰：「沈約集君子有所思行末四句云：『寂寥茂陵宅，照耀未央蟬。無以五鼎盛，顧嗤三經玄。』是沈隱侯對梁武當時講論三玄，亦有微詞。」器案：之推父協，釋褐湘東王國常侍，又兼府記室，見梁書協本傳。尋梁書元帝紀：「天監十三年封湘東郡王。普通七年，出爲使持節都督荆、湘、郢、益、寧、南梁六州諸軍事、西中郎將、荆州刺史。大同五年，入爲安右將軍、護軍將軍、領石頭戍軍事。大同六年，出爲使持節都督江州諸軍事、鎮南將軍、江州刺史。」協以大同五年卒於江陵，時年四十二。本書序致篇云：「年始九歲，便丁荼蓼。」則之推以中大通三年生於江陵，類聚二六引之推古意詩云：「寶珠出東國，美玉産南荆，隋侯曜我色，卞氏飛吾聲。」蓋自道也。北齊書之推傳云：「世善周官、左氏。之推早傳家業，年十二，值繹講莊、老，便預門徒，虚談非其所好。」之推年十二時，爲大同八年，時繹在江、荆間，北齊書所云，正與家訓此文合。頑魯，謂頑鈍愚魯。晉書阮种傳：「臣猥以頑魯之質，應清明之舉。」

齊孝昭帝〔一〕侍婁太后〔二〕疾，容色顦顇〔三〕，服膳減損。徐之才〔四〕爲灸兩穴，帝握拳代痛，爪入掌心，血流滿手。后既痊愈，帝尋疾崩，遺詔恨不見太后山陵〔五〕之事。其天性至孝如彼，不識忌諱如此，良由無學所爲。若見古人之譏欲母早死而悲哭之〔六〕，則不發此言也。孝爲百行之首〔七〕，猶須學以脩飾〔八〕之，況餘事乎！

〔一〕趙曦明曰：「北齊書孝昭紀：『帝諱演，字延安，神武第六子，文宣母弟。』」盧文弨曰：「孝昭紀：『性至孝，太后不豫，出居南宫，帝行不正履，容色貶悴，衣不解帶，殆將四旬。殿去南宫五百餘步，雞鳴而去，辰時方還，來去徒行，不乘輿輦。太后所苦小增，便即寢伏閤外，食飲藥物，盡皆躬親。太后常心痛，不自堪忍，帝立侍幃前，以爪掐手心，血流出袖。』」

〔二〕趙曦明曰：「北齊書神武明皇后傳：『婁氏，諱昭君，司徒内干之女。』」

〔三〕宋本、羅本、傅本、顔本、程本、胡本、何本、朱本「悴」作「顇」，字同。王叔岷曰：「案楚辭漁父：『顔色憔悴。』『憔悴』與『顦顇』同。」

〔四〕盧文弨曰：「北齊書徐之才傳：『之才，丹陽人，大善醫術，兼有機辯。』」陳直曰：「按：徐之才精于醫，見北史藝術徐謇傳。隋書經籍志子部醫家有徐王方五卷，徐王八世家傳效驗方十卷，徐氏家傳祕方二卷。又在民國初年，河北磁州出土北齊西陽王徐之才墓誌，八分書，誌文中未言及工醫。」

〔五〕廣雅釋丘：「秦名天子冢曰山，漢曰陵。」

〔六〕沈揆曰：「淮南子説山訓：『東家母死，其子哭之不哀。西家子見之，歸謂其母曰：「社何愛速死，吾必悲哭社。」（江、淮間謂母爲社。）夫欲其母之死者，雖死亦不能悲哭矣。』」

〔七〕器案：玉海十一引鄭玄孝經序：「孝爲百行之首。」孟子公孫丑上趙岐章句：「孝，百行之首。」後漢書江革傳：「孝，百行之冠。」三國志魏書王昶傳：「昶家誡曰：『夫孝敬仁義，百行之首，而立身之本也。』」

〔八〕荀子君道篇：「其爲身也謹脩飾而不危。」漢書翟方進傳：「方進内行修飾，供養甚篤。」師古曰：「飾，謹也。」文選袁彦伯三國名臣序贊：「行不脩飾，名跡無愆。」呂向注曰：「德行天性，故不待脩，而名跡無其愆失。」

梁元帝嘗爲吾説：「昔在會稽〔一〕，年始十二，便已好學。時又患疥〔二〕，手不得拳，膝不得屈。閑齋〔三〕張葛幃避蠅獨坐，銀甌貯山陰甜酒〔四〕，時復進之，以自寬痛〔五〕。率意自讀史書，一日二十卷，既未師受〔六〕，或不識一字，或不解一語，要自重之，不知厭倦〔七〕。」帝子之尊，童稚之逸，尚能如此，況其庶士冀以自達者哉？

〔一〕趙曦明曰：「隋書地理志：『會稽屬揚州。』」案：南朝會稽治山陰，即今浙江紹興也。

〔二〕「時」字抱經堂校定本脱，各本俱有，今據補正。

〔三〕羅本、顔本、何本、朱本「閑齋」作「閉齋」。

〔四〕洪亮吉曉讀書齋初録上：「今世盛行紹興酒，或以爲不知起於何時。今攷梁元帝金樓子云：『銀甌貯山陰甜酒，時復進之。』則紹興酒梁時已有名。顔氏家訓勉學篇亦引之。」陳漢章曰：「案：此言山陰酒，本金樓子。」

〔五〕「以自寬痛」，宋本原注：「一本作『以寬此痛』。」

〔六〕盧文弨曰：「師受，受於師也。或改『受』爲『授』。」

〔七〕盧文弨曰：「金樓子自序：『吾年十三，誦百家譜，雖略上口，遂感心氣疾。』又云：『吾小時夏夕中，下絳紗蚊㡡，中有銀甌一枚，貯山陰甜酒，卧讀，有時至曉，率以爲常。又經病瘡，肘膝盡爛。比來三十餘載，泛玩衆書。』一本『甜酒』作『𣞒酒』。」

古人勤學，有握錐〔一〕投斧〔二〕，照雪〔三〕聚螢〔四〕，鋤則帶經〔五〕，牧則編簡〔六〕，亦爲勤篤〔七〕。梁世彭城劉綺〔八〕，交州刺史勃之孫，早孤家貧，燈燭難辦〔九〕，常買荻，尺寸折之，然明夜讀。孝元初出會稽〔一〇〕，精選寮寀〔一一〕，綺以才華，爲國常侍兼記室〔一二〕，殊蒙禮遇〔一三〕，終於金紫光禄〔一四〕。義陽〔一五〕朱詹〔一六〕，世居江陵，後出揚都〔一七〕，好學，家貧無資，累日不爨，乃時吞紙以實腹〔一八〕。寒無氈被，抱犬而卧。犬亦飢虛〔一九〕，起行盜食，呼之不至，哀聲動鄰，猶不廢業，卒成學士〔二〇〕，官至鎮南録事參軍〔二一〕，爲孝元所禮。此乃不可爲之事，亦是勤學之一人〔二二〕。東莞〔二三〕臧逢世，年二十餘，欲讀班固漢書，苦假借不久，乃就姊夫劉緩乞丐客刺〔二四〕書翰紙末〔二五〕，手寫一本，軍府〔二六〕服其志尚，卒以漢書聞。

〔一〕趙曦明曰：「戰國秦策：『蘇秦讀書欲睡，引錐自刺其股，血流至足。』」王叔岷曰：「劉子崇學篇：『蘇生患睡，親錐其股。』通塞篇：『蘇秦握錐而憤懣。』」

〔二〕趙曦明曰：「盧江七賢傳：『文黨，字仲翁。未學之時，與人俱入山取木，謂侶人曰：「吾欲遠學，先試投我斧高木上，斧當挂。」仰而投之，斧果上挂，因之長安受經。』」案：見北堂書鈔九七、御覽六一一引。

〔三〕趙曦明曰：「初學記引宋齊語：『孫康家貧，常映雪讀書，清淡，交遊不雜。』」案：御覽十二亦引宋齊語此文。

〔四〕趙曦明曰：「晉書車武子傳：『武子，南平人。博學多通。家貧，不常得油，夏月則練囊盛數十螢火以照書，以夜繼日焉。』」

〔五〕趙曦明曰：「漢書兒寬傳：『帶經而鉏，休息，輒讀誦。』魏志常林傳注引魏略：『常林少單貧，自非手力，不取之於人。性好學，漢末爲諸生，帶經耕鉏，其妻常自饋餉之，林雖在田野，其相敬如賓。』」王叔岷曰：「案御覽六一一引魏略：『常林，少單貧，爲諸生，耕帶經鋤，其妻自擔餉餽之，相敬如賓。』又引虞溥江表傳：『張紘，事父至孝，居貧，躬耕稼，帶經而鋤，孜孜汲汲，以夜繼日，至於弱冠，無不窮覽。』」

〔六〕趙曦明曰：「漢書路温舒傳：『温舒字長君，鉅鹿東里人。父爲里監門，使温舒牧羊，取澤中蒲，截以爲牒，編用書寫。』注：『小簡曰牒。編，聯次之。』」

〔七〕「爲」，宋本作「云」，原注：「一本作『爲』。」案：事文類聚别四作「云」。

〔八〕器案：何遜增新曲相對聯句、照水聯句、折花聯句、摇扇聯句、正釵聯句，俱有劉綺，當即此人。

〔九〕「燈燭難辦常買荻尺寸折之然明夜讀」，宋本作「常無燈，折荻尺寸，然明夜讀書」，原注：「一本云：『燈燭難辦，常買荻，尺寸折之，然明夜讀。』」羅本、顔本、胡本、程本、何本、朱本「然」作「燃」，燃，後起字。事文類聚引作「家貧常無燈，折荻尺寸，燃則（當作「明」）讀書」，與宋本合。

〔一〇〕趙曦明曰：「梁書元帝紀：『天監十三年，封湘東王，邑二千户，初爲寧遠將軍、會稽太守。』」

〔一一〕文選封禪文李善注：「漢書音義曰：『寀，官也。』」爾雅釋詁：「寮，寀，官也。」

〔一二〕趙曦明曰：「隋書百官志：『皇子府置中録事、中記室、中直兵等參軍，功曹史、録事、中兵等參軍。王國置常侍官。』」北堂書鈔六九引干寶司徒儀：「記室主書儀，凡有表章雜記之書，掌創其草。」孔顗辭荆州安西府記室牋：「記室之局，實惟華要，自非文行秀敏，莫或居之。」宋書孔顗傳：「以記室之要，宜須通才敏忠，加性情勤密者。」唐六典二九：「親王府記室，掌表啓書疏。」

〔一三〕「殊蒙禮遇」，抱經堂本脱此四字，各本俱有，今據補正。

〔一四〕「終於金紫光禄」，宋本句末有「大夫」二字，原注云：「一本無『大夫』二字。」趙曦明曰：「隋書百官志：『特進、左右光禄大夫、金紫光禄大夫，並爲散官，以加文武官之德聲者。』」

〔一五〕趙曦明曰：「隋書地理志，荆州有義陽郡義陽縣。」

〔一六〕案：金樓子聚書篇有州民朱澹遠，疑即詹，去「遠」字者，因之推祖名見遠，故去「遠」字，猶唐人諱虎，稱韓擒虎爲韓擒也。隋書經籍志子部有朱澹遠撰語對十卷、語麗十卷。直齋書録解題卷十四類書類：「語麗十卷，梁湘東王參軍朱澹遠撰。……澹遠又有語對一卷，不傳。」陳直説略同，又曰：「書録解題稱澹遠官湘東王功曹參軍，蓋據語麗書中結銜如此。本文稱爲鎮南録事參軍，亦指梁元帝初官鎮南將軍、江州刺史也。」

〔一七〕器案：下文云：「下揚都言去海邦。」揚都俱指建業，即今江蘇南京市。庾闡有揚都賦，所鋪陳者俱爲建業事。隋書地理志下：「丹陽郡，自東晉已後，置郡曰揚州，平陳，詔并平蕩耕墾，更於石頭城置蔣州。」

〔一八〕事類賦十五引「實」下有「其」字。

〔一九〕器案：飢虛，猶言飢餓，謂腹中空虛而飢餓也。飢、饑古混用。三國志魏書邴原傳注引原別傳：「誠副饑虛之心。」則饑虛爲魏、晉、南北朝人習用語。類説卷十三北户録引家訓「抱犬」作「抱火」，不可據。

〔二〇〕「卒成學士」，宋本作「卒成太學」，原注：「一本『卒成學士』。」案：事文類聚作「卒成大學」，事類賦作「後以學顯」。北户録二引云：「朱詹饑即吞紙，寒即抱犬讀書。」

〔二一〕趙曦明曰：「梁書元帝紀：『大同六年，出爲使持節都督江州諸軍事、鎮南將軍、江州刺史。』」案：唐六典二九：「親王府録事參軍，掌付勾稽，省署抄目。」

〔二二〕朱本「人」作「又」，屬下句讀。

〔二三〕趙曦明曰：「晉書地理志：『徐州東莞郡，太康中置，東莞縣，故魯鄆邑。』」案：臧逢世又見風操篇。

〔二四〕宋本「刺」下有「或」字，原注：「一本無『或』字。」案：愛日齋叢鈔二引無「或」字。胡三省通鑑一一四注：「書姓名於奏白曰刺。」陳直曰：「居延漢簡甲編一〇七頁附二十三，有『黄門官者殷彭』木簡，余昔考爲即古之名刺。釋名釋書契云：『下官刺曰長刺，長書中央一行而下也。』在東漢末期，禰衡所用，尚系竹製，此時已改爲紙書帖子也。逢世熟精漢書，著述獨無考。」

〔二五〕郝懿行曰：「古之客刺書翰，邊幅極長，故有餘處，可容書寫，非如今時形制殺削之比也。」

〔二六〕三國志魏書崔琰傳「涿縣孫禮、盧毓始入軍府，琰又名之」云云。軍府義與此同，謂大將軍府也。

齊有宦者內參田鵬鸞〔一〕，本蠻人也〔二〕。年十四五，初爲閽寺，便知好學，懷袖握書〔三〕，曉夕諷誦。所居卑末，使役苦辛，時伺閒隙，周章〔四〕詢請。每至文林館〔五〕，氣喘汗流，問書之外，不暇他語。及覩古人節義之事，未嘗不感激沈吟〔六〕久之。吾甚憐愛，倍加開獎〔七〕。後被賞遇，賜名敬宣，位至侍中開府〔八〕。後主之奔青州〔九〕，遣其西出，參伺〔一〇〕動靜，爲周軍所獲。問齊主〔一一〕何在，紿云〔一二〕：「已去，計當出境。」疑其不信，歐捶服之〔一三〕，每折一支〔一四〕，辭色愈厲，竟斷四體而卒〔一五〕。蠻夷童丱，猶能以學成忠〔一六〕，齊之將相，比敬宣之奴不若也〔一七〕。

〔一〕宋本「有」下有「主」字，原注云：「一本無『主』字。」何焯曰：「『有』疑作『後』，或倒一字。」器案：田鵬鸞見北史恩倖傳。北齊書及北史傳伏傳載此事，「鵬」下都無「鸞」字。陳直說略同。

〔二〕器案：「蠻」爲當時居住河南境内之少數民族。水經淮水注：「魏太和中，蠻田益宗效誠，立東豫州，以益宗爲刺史。」田鵬鸞，蓋益宗之族也。

〔三〕王叔岷曰：「案文選古詩：『置書懷袖中，三歲字不滅。』」

〔四〕王觀國學林卷五：「屈平九歌曰：『龍駕兮帝服，聊翺翔兮周章。』五臣注文選曰：『周章，往來迅疾也。』左太沖吴都賦曰：『輕禽狡獸，周章夷猶。』五臣注文選曰：『周章夷猶，恐懼不知所之也。』王文考魯靈光殿賦曰：『俯仰顧眄，東西周章。』五臣注文選曰：『顧眄周章，驚視也。』觀國案：五臣訓周章，三説不同，然皆非也。周章者，周旋舒緩之意，蓋九歌有翺翔字，吴都賦有夷猶字，靈光殿賦有顧眄字，皆與周章文相屬，而翺翔、夷猶、顧眄，亦皆優游不迫之貌，則周章爲舒緩之意可知矣。前漢武帝紀：『元狩二年，南越獻馴象。』應劭注曰：『馴者教能拜起周章從人意也。』所謂拜起周章者，其舉止進退皆喻人意而不怖亂者也。而五臣注文選，反以爲迅疾恐懼驚視，則誤矣。」器案：楚辭九歌雲中君：「聊遨遊兮周章。」王逸注：「周章，猶周流也。」應劭風俗通義序：「天下孝廉衛卒交會，周章質問。」集韻十一唐：「倜傏，行貌。」倜傏即周章也。

〔五〕趙曦明曰：「北齊書文苑傳：『後主屬意斯文，三年，祖珽奏立文林館；於是更召引文學士，謂之待詔文林館焉。』」案：北史齊本紀下：「後主武平四年二月景(丙)午，置文林館。」

〔六〕胡三省通鑑七五注：「沈吟者，欲決而未決之意，今人猶有此語。」案：此處沈吟有詠嘆之意。王叔岷曰：「案文選古詩：『馳情整中帶，沈吟聊躑躅。』魏武帝短歌行：『但爲君故，沈吟至今。』」

〔七〕孔穎達尚書序：「雖有文筆之善，乃非開獎之路。」開獎，謂開導獎勵。

〔八〕「位至侍中開府」，北齊書、北史俱作「開府中侍中」。趙曦明曰：「隋書百官志：『中侍中省，掌出入門閣，中侍中二人。』」器案：通鑑一七二胡注：「内參者，諸閹宦也。」

〔九〕後魏時置青州於樂安，即今山東省廣饒縣治；後移治東陽，即今山東省益都縣治。

〔一〇〕樂府詩集四六讀曲歌：「歡但且還去，遣信相參伺。」參伺，謂參稽偵伺也。

〔一一〕羅本、傅本、顔本、程本、胡本、何本、朱本「主」作「王」。案：北齊書、北史俱作「主」。

〔一二〕盧文弨曰：「紿，徒亥切，欺也。」

〔一三〕朱本「毆」作「欲」。盧文弨曰：「毆與毆通，烏后切，捶擊也。捶，之累切。」器案：通鑑卷一七三用顔氏此文。

〔一四〕支與肢通。

〔一五〕李詳曰：「敬宣此事，北齊書及北史均未載。司馬温公據此著入通鑑陳紀太康元年，黄門表忠之意達矣。」

〔一六〕宋本此句作「猶能以學著忠誠」，原注：「一本作『以學成忠』。」龔道耕先生曰：「家訓忠字皆作誠，避隋諱，序致篇『聖賢之書，教人誠孝』是其證。此當作『以學著誠』。」

〔一七〕盧文弨曰：「將相，謂開府儀同三司賀拔伏恩、封輔相、慕容鍾葵等宿衛近臣三十餘人，西奔周師；穆提婆、侍中斛律孝卿皆降周；高阿那肱召周軍，約生致齊主，而屢使人告言，賊軍在遠，以致停緩被獲，顏氏故有此憤恨之言。」器案：北史唐邕傳：「文宣或切責侍臣云：『觀卿等，不中與唐邕作奴。』」語意與此相似。

鄴平之後，見〔一〕徙入關〔二〕。思魯嘗謂吾曰：「朝無禄位，家無積財，當肆筋力〔三〕，以申供養。每被課篤〔四〕，勤勞經史，未知爲子，可得安乎？」吾命之曰：「子當以養爲心，父當以學爲教〔五〕。使汝棄學徇財〔六〕，豐吾衣食，食之安得甘？衣之安得暖？若務先王之道，紹家世之業，藜羹緼褐〔七〕，我自欲之〔八〕。」

〔一〕見，猶言被也。史記屈原列傳：「信而見疑，忠而被謗。」文選張平子西京賦：「當足見碾，值轂被轢。」俱以「見」「被」互文爲義，因明白矣。

〔二〕趙曦明曰：「北齊後主紀：『武平七年十月，周師攻晉州。十二月，戰於城南，我軍大敗。帝入晉陽，欲向北朔州，改武平七年爲隆化元年，除安德王延宗爲相國，委以備禦，帝入鄴。延宗與周師戰於晉陽，爲周師所虜。甲子，皇太子從北道至，引文武入朱華門，問以禦周之方；羣臣各異議，帝莫知所從。於是依天統故事，授位幼主。幼主名恒，時年八歲，改元承光。帝爲太上皇帝，后爲太上皇后，自鄴先趨濟州。周師漸逼，幼主又自鄴東走。乙丑，周師至紫陌橋，燒城西門。太上皇東走，入濟州。其日，幼主禪位於大丞相任城王湝。太上皇并皇后攜幼主走青州，周軍奄至青州；太上窘急，將遜於陳，與韓長鸞、淑妃等爲周將尉遲綱所獲，送鄴，周武帝與抗賓主禮，并太后、幼主俱送長安，封温國公，後皆賜死。』」

〔三〕後漢書承宫傳：「後與妻子之蒙陰山，肆力耕種。」三國志魏書鍾毓傳：「使民得肆力于農事。」文選陸士衡辯亡論下：「志士咸得肆力。」注：「孔安國尚書傳曰：『肆，陳也。』」舊唐書卷二十三職官志二：「肆力耕桑者爲農。」

〔四〕器案：篤讀爲督，左傳昭公二十二年司馬督，古今人表作司馬篤，是二字古通之證。文選潘安仁籍田賦：「靡誰督而常勤兮，莫之課而自厲。」李善注：「字書曰：『督，察也。』王逸楚辭（天問）注：『課，試也。』」以課督對文，與此以課篤連用，義同。漢書主父偃傳：「上自虞、夏、殷、周，罔不程督。」注：「程，課也。督，責視也。」文選陸士衡文賦：「課虚無以責有。」課字用法與此同。

〔五〕此句，宋本作「父當以教爲事」，原注：「『教』一本作『學』，『事』一本作『教』。」

〔六〕王叔岷曰：「案莊子盗跖篇：『小人殉財。』文選曹子建王仲宣誄注引莊子：『小人徇財。』（與前非一篇之文。）史記賈生列傳：『貪夫殉財兮。』文選鵩鳥賦『徇』作『殉』，注引列子（疑莊子之誤）：『貪夫之殉財。』『徇』『殉』古通。」

〔七〕王叔岷曰：「案墨子非儒下篇：『藜羹不糂。』（荀子宥坐篇同）莊子讓王篇：『藜羹不糝。』

（韓詩外傳七、説苑雜言篇同）呂氏春秋任數篇：『藜羹不斟。』（説文：『糂，以米和羹也。』糝，古文糂。斟，糂之借字。）韓非子五蠹篇：『藜藿之羹。』（淮南子精神篇、史記李斯列傳、太史公自序並同。太史公自序正義：『藜似藿而表赤。藿，豆葉也。』）」盧文弨曰：「漢書司馬遷傳：『墨者，糲粱之食，藜藿之羹。』注：『藜草似蓬。』禮記玉藻：『縕爲袍。』注：『謂今纊及舊絮也。』詩豳風七月箋：『褐，毛布也。』」器案：韓詩外傳二：「曾子褐衣縕緒，未嘗完也，糲米之食，未嘗飽也，義不合則辭上卿。」説苑立節篇：「曾子布衣縕袍未得完，糟糠之食、藜藿之羹未得飽，義不合則辭上卿。不恬貧窮，安能行此。」以縕袍藜羹對言，當爲此文所本。

〔八〕「我自欲之」，各本皆如此作，抱經堂校定本誤作「吾自安之」，今據改正。

書曰：「好問則裕〔一〕。」禮云：「獨學而無友，則孤陋而寡聞〔二〕。」蓋須切磋相起〔三〕明也。見有閉門讀書，師心自是〔四〕，稠人廣坐〔五〕，謬誤差失〔六〕者多矣。穀梁傳稱公子友與莒挐相搏，左右呼曰「孟勞」〔七〕。「孟勞」者，魯之寶刀名，亦見廣雅〔八〕。近在齊時，有姜仲岳謂：「『孟勞』者〔九〕，公子左右，姓孟名勞，多力之人，爲國所寶。」與吾苦諍。時清河郡守邢峙〔一〇〕，當世碩儒，助吾證之，赧然而伏。又三輔決録〔一一〕

云：「靈帝殿柱題曰：『堂堂乎張，京兆田郎。』」蓋引論語，偶以四言，目京兆人田鳳也〔一二〕。有一才士，乃言：「時張京兆及田郎二人皆堂堂耳。」聞吾此説，初大驚駭，其後尋媿悔焉。江南〔一三〕有一權貴，讀誤本蜀都賦注〔一四〕，解「蹲鴟，芋也」乃爲「羊」字〔一五〕；人饋羊肉〔一六〕，答書云：「損惠〔一七〕蹲鴟。」舉朝驚駭，不解事義〔一八〕，久後尋迹〔一九〕，方知如此〔二〇〕。元氏〔二一〕之世，在洛京時〔二二〕，有一才學重臣〔二三〕，新得史記音〔二四〕，而頗紕繆〔二五〕，誤反「顓頊」字，頊當爲許録反〔二六〕，錯作許緣反〔二七〕，遂謂朝士言〔二八〕：「從來謬音『專旭』，當音『專翾』耳。」此人先有高名，翕然〔二九〕信行；期年之後，更有碩儒，苦相究討，方知誤焉。漢書王莽贊云：「紫色鼃聲〔三〇〕，餘分閏位〔三一〕。」謂以僞亂真耳。昔吾嘗共人談書，言及王莽形狀，有一俊士，自許史學，名價甚高〔三二〕，乃云：「王莽非直鴟目虎吻，亦紫色蛙聲〔三三〕。」又禮樂志云：「給太官挏馬酒〔三四〕。」李奇注：「以馬乳爲酒也，揰挏〔三五〕乃成。」二字並從手。揰〔三六〕挏〔三七〕，此謂撞擣〔三八〕挺挏之，今爲酪酒亦然〔三九〕。向學士又以爲種桐時，太官釀馬酒乃熟。其孤陋遂至於此。太山羊肅〔四〇〕，亦稱學問，讀潘岳賦〔四一〕「周文弱枝之棗〔四二〕」，爲杖策之杖；世本：「容成造歷〔四三〕。」以歷爲碓磨之磨〔四四〕。

〔一〕趙曦明曰：「仲虺之誥文。」

〔二〕趙曦明曰：「學記文。」

〔三〕詩衛風淇奥：「如切如磋。」爾雅釋訓：「如切如磋，道學也。」郭璞注：「骨象須切磋而爲器，人須學問以成德。」論語八佾篇：「起予者商也。」集解：「包曰：『孔子言子夏能發明我意。』」

〔四〕盧文弨曰：「莊子齊物論：『夫隨其成心而師之，誰獨且無師乎？』」王叔岷曰：「莊子人間世篇：『夫胡可以及化，猶師心者也。』」

〔五〕史記灌夫傳：「稠人廣衆，薦寵下輩，士以此多之。」

〔六〕宋本「差失」作「羞慙」，原注：「一本有『羞失』字，無『羞』字。」案：各本俱作「羞慙」。

〔七〕趙曦明曰：「事在僖元年，傳無『呼』字。」案：釋文云：「孟勞，寶刀名。」

〔八〕趙曦明曰：「孟勞，刀也，見釋器。」朱亦棟羣書札記十：「案：孟勞二字，反語爲刀，此左右之隱語，即當時之切音也。若姜仲岳所云，是以刀字訛作力字，真堪資笑談之一噱也。」

〔九〕宋本原注：「一本無『孟勞者』三字。」案：羅本、傅本、顔本、程本、胡本、何本、朱本、文津本及天中記二九無此三字。

〔一〇〕趙曦明曰：「北齊書儒林傳：『邢峙，字士峻，河間鄚人。通三禮、左氏春秋。皇建初，爲清河太守，有惠政。』隋書地理志，冀州有清河郡。」

〔一一〕趙曦明曰：「隋書經籍志：『三輔決録七卷，漢太僕趙岐撰，摯虞注。』」

〔一二〕器案：目謂題目，即品題也。後漢書許劭傳：「曹操微時，常卑辭厚禮，求爲己目。」李賢注：「命品藻爲題目。」胡三省通鑑七一注：「目者，因其人之才品爲之品題也。」趙曦明曰：「初學記十一引三輔決録注：『田鳳爲尚書郎，容儀端正，入奏事，靈帝目送之，題柱曰：「堂堂乎張，京兆田郎。」』漢書百官公卿表：『右扶風與左馮翊、京兆尹，是爲三輔。』」案：論語子張篇：「堂堂乎張也，難與並爲仁矣。」

〔一三〕太平廣記二二五引「江南」作「梁」。

〔一四〕趙曦明曰：「李善文選注：『左思三都賦成，張載爲注魏都，劉逵爲注吴、蜀。』」

〔一五〕郝懿行曰：「篆文羊字作𦍌，與芋形尤近，所以易訛，亦如李林甫讀『有杖之杜』矣。」陳直曰：「按：左思蜀都賦云：『交壤所植，蹲鴟所伏。』劉淵林注：『蹲鴟，大芋。』亦引卓王孫云云，本于史記貨殖傳。」器案：輿地紀勝卷七十五荆湖北路辰州景物上：「芋山，寰宇記云：『在沅陵，山有蹲鴟，如兩斛大，食之，終身不飢，今民取之。』」又案：類説卷十談賓録：「唐率府馮光震入集賢院校文選，注蹲鴟云：『今之芋子，即是著毛蘿蔔。』」馮光震所見本不誤也。馮光震所見與顏氏家訓載江南一權貴所讀蜀都賦注，俱即劉淵林注也。

〔一六〕廣記引此句作「後有人饋羊肉」。

〔一七〕羅本、程本、胡本、何本「損惠」誤作「捐惠」。類説卷六廬陵官下記用此文作「損惠」，不誤。

〔一八〕本書文章篇：「文章當以理致爲心腎，氣調爲筋骨，事義爲皮膚，華麗爲冠冕。今世相承，趨末棄本，率多浮豔，辭與理競，辭勝而理伏，事與才爭，事繁而才損。」器案：據此則之推之所謂事義，猶文心雕龍事類篇之所謂事類，與文選序之所謂「事出於沈思，義歸乎翰藻」，分事與義爲二者，區以別矣。

〔一九〕廣記引「尋迹」作「尋繹」。案：劉子妄瑕章：「今忌（志）人之細短，忘人之所長，以此招賢，是書空而尋迹，披水而覓路，不可得也。」則「尋迹」爲南北朝人習用語，廣記作「尋繹」，當出臆改。

〔二〇〕朱亦棟羣書札記十：「伊世珍瑯嬛記：『張九齡知蕭炅不學，相調謔。一日送芋，書稱蹲鴟，蕭答云：「損芋拜嘉，惟蹲鴟未至耳；然僕家多怪，亦不願見此惡鳥也。」九齡以書示客，滿坐大笑。』案：史記貨殖傳：『卓氏曰：「吾聞汶山之下沃野，下有蹲鴟，至死不飢。」』注：『徐廣曰：「古蹲字作踆。」駰案：漢書音義曰：「水鄉多鴟，其山下有沃野灌溉。一曰大芋。」』則蹲鴟原有別解，第二子之不學，則真可哂耳。（李善文選注——器案：當作劉逵注：「蹲鴟，大芋也，其形類蹲鴟。」）」李慈銘曰：「案：金樓子雜記篇述王翼向謝超宗借看鳳毛事云：『翼即是于孝武坐呼羊肉爲蹲鴟者，乃其人也。』」孫詒讓札迻十、劉盼遂説同。案：太平廣記二五九引譚賓録：「唐率府兵曹參軍馮光震入集賢院校文選，嘗注蹲鴟云：『蹲鴟者，今之芋子，即是著毛蘿蔔也。』蕭令（案：即蕭嵩）聞之，拊掌大笑。」（又見大唐新語九著述。）此又以蹲鴟貽爲笑柄者。

〔二一〕廣記「元氏」作「元魏」。

〔二二〕趙曦明曰：「魏書高祖孝文皇帝紀：『太和十八年十一月，自代遷都洛陽。二十一年正月，詔改拓拔姓爲元氏。』」

〔二三〕管子明法解：「治亂不以法斷，而決於重臣。」漢書淮南王安傳：「使重臣臨存，施德垂賞，以招致之。」重臣，謂權威之臣也。

〔二四〕趙曦明曰：「隋書經籍志：『史記音三卷，梁輕車都尉參軍鄒誕生撰。』」器案：此史記音未知何本，據索隱後序稱：後漢延篤有音義一卷，又別有音隱五卷，不記作者何人，徐廣音義十卷，裴駰仍之，亦有音義。此元氏重臣所得者，恐非同時人鄒誕生所撰之本。王叔岷曰：「案司馬貞史記索隱序：『南齊輕車録事鄒誕生作音義三卷。音則微殊，義乃更略。』索隱後序亦云：『南齊輕車録事鄒誕生撰音義三卷。音則尚奇，義則罕説。』是鄒氏所著，有音兼義，非此所稱史記音僅有音者矣。」

〔二五〕禮記大傳注：「紕繆，猶錯也。」

〔二六〕太平廣記二五八引「録」作「緑」。

〔二七〕盧文弨曰：「反與翻同。」

〔二八〕「遂謂朝士言」，宋本原注：「一本作『遂一一謂言』。」案：羅本、傅本、顏本、程本、胡本、何本、朱本、文津本同一本。

〔二九〕翕然，猶言全然。史記汲鄭列傳：「以此翕然稱鄭莊。」又太史公自序：「天下翕然，大安殷富。」

〔三〇〕廣記、類説引「鼃」作「蛙」，字同。

〔三一〕續家訓七：「紫色，不正之色。鼃聲，不正之聲也。閏位者，不正之位也；故嬴秦、後魏、朱梁，皆爲閏位。」盧文弨曰：「漢書注：『鼃者，樂之淫聲。近之學者，便謂蛙鳴，已乖其義，更欲改爲蠅聲，益穿鑿矣。』」器案：盧引漢書注，見敘傳「淫鼃而不可聽」下。

〔三二〕名價，謂名譽聲價。南史張敷傳：「父邵使與高士南陽宗少文談繫、象……少文歎：『吾道東矣。』於是名價日重。」

〔三三〕盧文弨曰：「漢書王莽傳：『莽爲人侈口蹷顄，露眼赤睛，大聲而嘶，反膺高視，瞰臨左右，待詔曰：莽，所謂鴟目虎吻、豺狼之聲者矣。』」

〔三四〕盧文弨曰：「漢書百官公卿表：『少府屬官有太官。』注：『太官，主膳食。』」案：王觀國學林三：「前漢禮樂志曰：『師學百四十二人，其七十二人，給太官挏馬酒。』李奇注曰：『以馬乳爲酒，撞挏乃成也。』顏師古注曰：『挏，音動，馬酪味如酒，而飲之亦可醉，故呼爲酒也。』又前漢百官公卿表曰：『武帝太初元年，更名家馬爲挏馬。』應劭注曰：『主乳馬，取其汁挏治之，味酢可飲，因以名官也。』如淳曰：『主乳馬，以韋革爲夾兜，受數斗，盛馬乳，挏取其上肥，因名曰挏馬，今梁州亦名馬酪爲馬酒。』晉灼曰：『挏音挺挏之挏。』觀國案：挏馬者，乃官號，非酒名也。前漢百官公卿表曰：『太僕掌輿馬，有家馬令，五丞一尉。』顏師古注曰：『家馬者，主供天子私用，非大祀、戎事、軍國所須，故謂之家馬。』武帝太初元年，更名家馬爲挏馬，則改家馬之官名爲挏馬耳。若然，則太僕有挏馬令一人，有挏馬丞五人，有挏馬尉一人，其所治亦主供天子私用之馬。則挏馬者，乃太僕之屬官也。字書曰：『挏，擁也，引也。』以擁引其馬爲義，故曰挏馬。禮樂志曰『師學百四十二人，其七十二人，給太官挏馬酒』者，乃是以七十二人給事太官，令役以造酒而供挏馬官也。以禮樂志上下文攷之可以見。志曰：『河間獻王雅樂。至成帝時，謁者常山王禹，世受河間樂，其弟子宋煜等上書言之，下公卿，以爲久遠難明，議寢。是時，鄭聲尤甚，哀帝自爲定陶王時疾之，及即位，乃下詔罷樂官，在經非鄭、衞之樂者條奏。丞相孔光、大司馬何武奏其不應經法，或鄭、衞之聲皆罷，其名號數千，或罷或不罷者也。師學百四十二人，其七十二人，給太官挏馬酒，其七十人可罷者。』蓋師學乃習學之有祿食者也，師學百四十二人者，冗員如此之多也。其七十二人給太官挏馬酒者，以此七十二人撥隸太官，使之役之以造酒，而供挏馬之所用也。蓋挏馬令五丞一尉，其官吏必多，當時挏馬所用之酒，太官令供之，故給此七十二人使從役於太官，而使之造酒，而其七十人則罷而不用。蓋師學百四十二人，以七十二人撥隸他局，而其餘七十人又罷而不用，是師學百四十二人皆省而不在樂府矣，此皆不應經法者也。哀帝疾鄭聲而省樂官，本志首尾甚詳，而諸家注釋漢書，乃以挏馬爲酒名，則誤矣。志曰：『郊祭樂人員六十二人，給祠南北郊。』又曰：『給祠南郊用六十七人。』又曰：『鄭四會員六十二人，一人給事雅樂，六十一人可罷。』凡此皆稱給，蓋給屬別局，與給太官之給同也。如諸家注釋漢書者，乃以給爲給酒，則愈誤矣。顏氏家訓牽於漢書注釋之説，不能稽考辨明，而卒取撞挏之義，又謂挏爲桐，當桐花開時造馬酒，其鑿愈甚矣。」器案：王説給太官義甚是，而謂「役之以造酒而供挏馬之所用」，又云「挏馬所用之酒」，則非是，説詳下。又漢書地理志上：「太原郡注：『有家馬官。』臣瓚曰：『漢有家馬廄，一廄萬匹。時以邊表有事，故分來在此。家馬後改曰挏馬也。』師古曰：『挏音動。』」此足補王説之不逮。

〔三五〕類説「揰」作「撞」。

〔三六〕宋本原注：「揰，都統反。」續家訓書證篇同，抱經堂本作「都孔反」。

〔三七〕宋本原注：「挏，達孔反。」器案：漢書百官公卿表上：「武帝太初元年，更名家馬爲挏馬。」注：「晉灼曰：『挏音挺挏之挏。』師古曰：『晉音是也，挏音徒孔反。』」王叔岷曰：「淮南子俶真篇：『撢掞挺挏世之風俗。』高誘注：『挺挏，猶上下也。』」俞樾湖樓筆談卷四：「此蓋百四十二人中罷遣其七十人，餘者給太官使挏撞馬酒；若以『挏』爲『桐』，是直謂以桐馬酒給此七十二人矣；句讀之不知，而欲言史學哉！」

〔三八〕類説「擣」作「搗」。

〔三九〕趙曦明曰：「漢書百官公卿表：『武帝太初元年，更名家馬爲挏馬。』注：『應劭曰：「主乳馬，取其汁挏治之，味酢可飲。」如淳曰：「以韋革爲夾兜，受數升，盛馬乳，挏取其上肥。今梁州亦名馬酪爲馬酒。」」釋名：『酪，澤也，乳汁所作，使人肥澤也。』」鄧廷楨雙研齋筆記四：「漢百官公卿表有挏馬官，……説文曰：『挏，攤引也。漢有挏馬官作馬酒。』案：此法至今西北兩路蕃俗猶然，其法以革囊盛馬乳，一人抱持之，乘馬絶馳，令乳在囊中自相撞動，所謂挏也。往復數十次，即可成酒。余在西域時，親見額魯特，及移駐之察哈爾，皆沿此俗。」器案：元耶律鑄雙溪醉隱集六行帳八珍詩，麆沆：「麆沆，馬駧也。漢有挏馬，注曰：『以韋革爲夾兜，盛馬乳，挏治之，味酢可飲，因以爲官。』又禮樂志大官挏馬酒，注曰：『以馬乳爲酒。』言挏之味酢則不然，愈挏治則味愈甘，挏逾萬杵，香味醇濃甘美，謂麆沆。麆沆，奄蔡語也，國朝因之。」（奄蔡，西漢西域傳無音，大宛傳宛王昧蔡，師古曰：「蔡，千葛切。」書：「二一百里蔡。」毛晃韻：「蔡，柔葛切。」廣韻亦然。奄蔡，蔡，千葛切爲是，今有其種，率皆從事挏馬。）

〔四〇〕趙曦明曰：「羊肅，注見卷二。」

〔四一〕趙曦明曰：「晉潘岳，字安仁，著閒居賦，今見文選。」

〔四二〕文選閒居賦李善注：「西京雜記曰：『上林苑有弱枝棗。』廣志曰：『周文王時有弱枝之棗甚美，禁之不令人取，置樹苑中。』」李周翰注：「周文王時有弱枝棗樹，味甚美。」

〔四三〕趙曦明曰：「漢書藝文志：『世本十五篇。』注：『古史官記黃帝以來訖春秋時諸侯大夫。』

案：今不傳，諸書尚有引用者。注云：『容成，黄帝之臣。』」案：注詳書證篇。

〔四四〕段玉裁曰：「古書字多假借，世本假『磿』爲『歷』，致有此誤。古書歷磿通用，同郎擊切。碓，都内切，舂具。磨，模卧切，説文作䃺，石磑也。」陳直曰：「漢代『歷』『磿』二字本相通用，不勝枚舉。齊魯封泥集存有『磿城丞印』，即歷城丞也。特律歷之歷，不能假作律磨，故顏氏深以爲譏。」器案：古書磿與歷通，爲例甚多，如周官遂師注：「磿者，適歷。」山海經中山經：「歷山之石。」郭注：「或作磿。」史記高祖功臣侯表：「磿簡侯程黑。」漢表作「歷」；春申君傳：「濮磿之北。」新序善謀篇作「歷」；樂毅傳：「故鼎返乎磿室。」戰國策燕策作「歷」，俱其證。又案：文選閒居賦李善注：「大山肅（脱「羊」字）亦稱學問，讀岳賦『周文弱枝之棗』爲杖策之杖，世本『容成造麻』爲碓磨之磨。」即本此文。王叔岷曰：「案吕氏春秋勿躬篇：『容成作曆。』淮南子脩務篇：『容成造歷。』後漢書律曆志上劉昭注引（漢唐蒙）博物記：『容成氏造曆，黄帝臣也。』（「歷」，俗「曆」字。）」

談説製文，援引古昔〔一〕，必須眼學，勿信耳受〔二〕。江南閭里閒，士大夫或不學問，羞爲鄙朴〔三〕，道聽塗説〔四〕，強事飾辭〔五〕：呼徵質爲周、鄭〔六〕，謂霍亂爲博陸〔七〕，上荆州必稱陝西〔八〕，下揚都言去海郡〔九〕，言食則餬口〔一〇〕，道錢則孔方〔一一〕，問移則楚丘〔一二〕，論婚則宴爾〔一三〕，及王則無不仲宣〔一四〕，語劉則無不公幹〔一五〕。凡有一二百件，傳相祖述〔一六〕，尋問莫知原由，施安〔一七〕時復失所。莊生有乘時鵲起之説〔一八〕，故謝脁〔一九〕詩曰：「鵲起登吳臺〔二〇〕。」吾有一親表，作七夕詩云：「今夜吳臺鵲，亦共往填河〔二一〕。」羅浮山記云〔二二〕：「望平地樹如薺。」故戴暠〔二三〕詩云：「長安樹如薺〔二四〕。」又鄴下有一人詠樹詩云：「遥望長安薺。」又嘗見謂矜誕爲夸毗〔二五〕，呼高年爲富有春秋〔二六〕，皆耳學〔二七〕之過也。

〔一〕「援引古昔」，抱經堂本脱此句，各本俱有，今補。

〔二〕郝懿行曰：「耳受不如眼學，眼學不如心得，心得則眼與耳皆收實用矣。朱子所謂『一心兩眼，痛下工夫』是也。」

〔三〕抱經堂本「朴」作「樸」，各本俱作「朴」，少儀外傳上同，今據改正。王叔岷曰：「案日本高山寺舊鈔卷子本莊子漁父篇：『而鄙樸之心，至今未去。』今本『鄙樸』二字倒。樸、朴正、假字。」

〔四〕論語陽貨篇：「道聽而塗説。」集解引馬融曰：「聞之於道路，則傳而説之。」邢昺疏：「若聽之於道路，則於道路傳而説之。」漢書藝文志：「小説家者流，蓋出於稗官，街談巷語，道聽塗説者之所造也。」

〔五〕類説「事」作「辨」。黄叔琳曰：「繆種流傳，古今同慨。」黄侃文心雕龍札記曰：「案：晉來用字有三弊，……三曰用典飾濫：呼徵質爲周、鄭，謂霍亂爲博陸，言食則糊口，道錢則孔方，稱兄則孔懷，論昏則宴爾，求莫而用爲求瘼，計偕而以爲計階，轉相祖述，安施失所，比喻乖方，斯亦彥和所云『文澆之致弊』也。」説即本此。

〔六〕趙曦明曰：「左隱二年傳：『周、鄭交質。』」盧文弨曰：「質，音致，説文：『質以物相贅。』案：贅如贅壻，謂男無娉財，以身自質于妻家也。」

〔七〕趙曦明曰：「漢書嚴助傳：『夏月暑時，歐泄霍亂之病相隨屬也。』又霍光傳：『光字子孟，封博陸侯。』」案：本傳注：「文穎曰：『博，大；陸，平；取其嘉名，無此縣也。』師古曰：『亦取鄉聚之名以爲國號，非必縣也，公孫弘平津鄉則是矣。』」器案：漢書李廣蘇建傳：「上思股肱之美，迺圖畫其人於麒麟閣，法其形貌，署其官爵姓名；唯霍光不名，曰大司馬大將軍博陸侯，姓霍氏。」然則「謂霍亂爲博陸」，其興於此乎！

〔八〕「陜」，各本並如此作，抱經堂本作「峽」，云：「荆在巴峽西。」此不知妄作，又從而爲之辭者也。錢大昕曰：「南齊書州郡志：『江左大鎮，莫過荆、揚。周世二伯總諸侯，周公主陜東，召公主陜西，故稱荆州爲陜西也。』俗生耳受，便以陜西代江陵之稱，則昧於地理，故顔氏譏之。」龔道耕先生曰：「江左僑置雍州於襄陽，襄陽爲荆州郡，故稱荆州爲陜西耳。」劉盼遂曰：「案：北周書王襃傳：『周弘讓復襃書云：「與弟分袂西陜，言返東區。」』此正荆州傾没，與襃分散之事也，此西陜斥荆州明矣。陳書周弘正傳：『弘正與僕射王襃言于元帝，宜輿駕入建業，時荆、陜人士，咸言王、周皆是東人，弘正面折之曰：「若東人勸東，謂爲非計；

君等西人欲西，豈是良策。」』荆、陝連言，且與東人爲對，益明當時通以陝西稱荆州矣。」器案：世説新語識鑒篇：「王忱死，西鎮未定，……晉孝武欲拔親近腹心，遂以殷爲荆州，事定，詔未出。王珣問殷曰：『陝西何故未有處分？』」宋書蔡興宗傳：「興宗出爲南郡太守，行荆州事，外甥袁顗曰：『舅今出居陝西。』」又鄧琬傳：「荆州刺史臨海王子頊練甲陝西。」南史侯景傳：「童謡曰：『荆州天子挺應著。』……今廟樹重青，必彰陝西之瑞，議者以爲湘東軍下之徵。」又周弘正傳：「時朝議遷都，但元帝再臨荆陝，前後二十餘年，情所安戀，不欲歸建業。」陳書何之元傳：「之元作梁典序云：『洎高祖晏駕之年，太宗幽辱之歲，謳歌獄訟，向陝西不向東都，不庭之民，流逸之士，征伐禮樂，歸世祖不歸太宗。』」所言陝西，俱指荆州。又宋書王弘傳、謝晦傳皆稱荆州刺史爲分陝，文選齊竟陵文宣王行狀：「初，沈攸之跋扈上流，稱亂陝服。」李善注：「臧榮緒晉書曰：『武陵王令曰：「荆州勢據上流，將軍休之，委以分陝之重。」』」御覽一六七引盛弘之荆州記：「元嘉中，以京師根本之所寄，荆楚爲重鎮，上流之所總，擬周之分陝，晉、宋以降，此爲西陝。」隋書元孝矩傳載隋文帝下書答孝矩：「方欲委裘，寄以分陝。」胡三省通鑑一三〇注：「蕭子顯曰：『江左大鎮，莫過荆、揚。』弘農郡陝縣，周二伯主諸侯，周公主陝東，召公主陝西，故稱荆州爲陝西。」蓋東晉以後，揚、荆兩州刺史，膺分陝之任，故荆州有陝西之稱。梁元帝封湘東王，是時正在荆州也。

〔九〕抱經堂本「郡」作「邦」，各本俱作「郡」，今改。少儀外傳上引「言去海郡」作「要言海郡」，戒子通録七引辨志録引、類説引俱作「要云海郡」，「要云」「要言」，都與上「必稱」對文，義較今本爲勝。

〔一〇〕趙曦明曰：「左氏昭七年傳：『正考父之鼎銘云：「饘於是，鬻於是，以餬余口。」』」器案：左傳隱公十一年：「而使餬其口於四方。」莊子人間世：「挫鍼治繲，足以糊口。」三國志魏書管寧傳：「飯鬻餬口。」説文食部：「餬，寄食也。」

〔一一〕趙曦明曰：「晉魯褒錢神論：『親愛如兄，字曰孔方。』」器案：漢書食貨志下：「錢圜函方。」注：「孟康曰：『外圜而内孔方也。』」

〔一二〕趙曦明曰：「左氏閔二年傳：『僖之元年，齊桓公遷邢于夷儀，封衛于楚丘。邢遷如歸，衛國忘亡。』」

〔一三〕類説「婚」作「昏」，「宴」作「燕」，少儀外傳、戒子通録「宴」作「燕」，古俱通。趙曦明曰：「詩邶谷風：『宴爾新昏，如兄如弟。』」陳直曰：「六朝人喜用隱語及歇後語。隋詔立僧尼二寺記云：『敬勒他山，式遵前學。』他山代表石字，亦其類也。」

〔一四〕趙曦明曰：「王粲已見。」

〔一五〕趙曦明曰：「魏志，東平劉楨字公幹，附見王粲傳。」

〔一六〕類説「傳」作「轉」。王叔岷曰：「案傳借爲轉，吕氏春秋必己篇：『若夫萬物之情、人倫之傳則不然。』高誘注：『傳猶轉。』即其證。禮記中庸：『仲尼祖述堯、舜。』」器案：陸游老學庵筆記八：「國初尚文選，文人專意此書，故草必稱王孫，梅必稱驛使，月必稱望舒，山水必稱清暉。至慶曆後，惡其陳腐，諸作始一洗之。方其盛時，士子至爲之語曰：『文選爛，秀才半。』」則齊、梁餘風，宋初猶大扇也。

〔一七〕「施安」，少儀外傳作「施行」，戒子通録作「文翰」。

〔一八〕趙曦明曰：「太平御覽九百二十一引莊子云：『鵲上高城之垝，而巢於高榆之顛，城壞巢折，陵風而起。故君子之居世也，得時則蟻行，失時則鵲起也。』困學紀聞（卷十）載莊子逸篇有之。」器案：類聚八八、九二、文選和伏武昌登孫權故城詩注、又贈馮文熊詩注並引莊子此文。嵇康集一附秀才答詩：「當流則蟻行，時逝則鵲起。」則全用莊子此文。

〔一九〕趙曦明曰：「南齊書謝朓傳：『朓字玄暉，少好學，有美名。文章清麗，善草隸，長五言詩，沈約常云：二百年來無此詩也。』」

〔二〇〕案：文選載謝玄暉和伏武昌登孫權故城詩作「鵲起登吳山，鳳翔陵楚甸」，李注：「孫氏初基武昌，後都建鄴，故云吳山、楚甸也。」孫志祖讀書脞録七：「六朝人用鵲起二字爲美詞，謝靈運述征賦：『初鵲起於富春，果鯨躍於川湄。』文選謝玄暉和伏武昌詩云云，其意並同。據李善注引莊子云云，然則鵲起非美詞矣。」吳騫拜經樓詩話一：「『吳臺』，謝宣城集及文選皆作『吳山』，黄門所見，蓋是朓原本如此。何義門謂吳臺即姑蘇臺。予重刊宣城集，特爲更正。」

〔二一〕「亦共往填河」，抱經堂本作「亦往共填河」，各本都作「亦共往填河」，今改。類説作「亦起往填河」。趙曦明曰：「白帖：『烏鵲填河成橋而渡織女。』爾雅翼：『相傳七夕，牽牛與織女會於漢東，烏鵲爲梁以渡，故毛皆脱去。』」盧文弨曰：「歲華紀麗引風俗通云：『織女七夕當渡河，使鵲爲橋。』」

〔二二〕趙曦明曰：「羅浮山記：『羅浮者，蓋總稱焉。羅，羅山也，浮，浮山也，二山合體，謂之羅浮。在增城、博羅二縣之境。』」器案：趙引羅浮山記，見御覽四一引，御覽同卷又引裴淵廣州記：「羅山隱天，唯石樓一路，時有閑遊者少得至。山際大樹合抱，極目視之，如薺菜在地。山之陽有一小嶺，云蓬萊邊山浮來著此，因合號羅浮山。」

〔二三〕戴暠，梁人。

〔二四〕盧文弨曰：「此暠度關山詩也，首云：『昔聽隴頭吟，平居已流涕；今上關山望，長安樹如薺。』」陳直曰：「玉臺新詠卷十選戴暠詠欲眠詩一首，吳兆宜注據升庵詩話，引戴暠從軍行兩句，吳氏定暠爲陳時人，其説是也。」器案：戴詩見樂府詩集二七。苕溪漁隱叢話後九引復齋漫録云：「余因讀浩然秋登萬山（能改齋漫録作「方山」）詩：『天邊樹若薺，江畔洲（能改齋漫録作「舟」是）如月。』乃知孟真得暠（原誤「嵩」）意。」又見能改齋漫録三。楊升庵文集五六：「羅浮山記云：『望平地樹如薺。』自是俊語。梁戴暠詩：『長安樹如薺。』用其語也。後人翻之益工，薛道衡詩：『遥原樹若薺，遠水舟如葉。』孟浩然詩：『天邊樹若薺，江畔洲（當作「舟」）如月。』」器案：王維送秘書晁監還日本詩序：「扶桑若薺，鬱島如萍。」用法亦同。

〔二五〕趙曦明曰：「爾雅釋訓：『夸毗，體柔也。』案：與矜誕義相反。」陳直曰：「趙説是也。詩大雅板篇：『無爲夸毗。』毛傳：『夸毗以柔人也。』郭注引李巡注曰：『屈己卑身，求得於人。』又曹魏西鄉侯兄張君殘碑云：『君耻夸比，愠于羣小。』始用此詞彙入石刻，並同諂媚之義。」器案：後漢書崔駰傳達旨：「夫君子非不欲仕也，恥夸毗以求舉。」注：「夸毗，謂佞人足恭，善爲進退。」尋論語公冶長：「巧言令色足恭，左丘明恥之，丘亦恥之。」集注：「孔曰：『足恭，便僻貌。』」

〔二六〕趙曦明曰：「後漢書樂恢傳：『上疏諫曰：「陛下富于春秋，纂承大業。」』注：『春秋謂年也。言年少，春秋尚多，故稱富。』案：與高年義相反。」黄叔琳曰：「自駢麗聲韻之文盛，而假借訛謬之語益多矣。」陳槃曰：「漢書高五王齊悼惠王傳：『皇帝春秋富。』顔注：『言年幼也。比之於財，方未匱竭，故謂之富。』槃案：高年者則曰『春秋高』。同上傳：『高后用事，春秋高。』」

〔二七〕南史沈慶之傳：「慶之厲聲曰：『衆人附見古今，不如下官耳學也。』」

夫文字者，墳籍〔一〕根本。世之學徒，多不曉字：讀五經者，是徐邈而非許慎〔二〕；習賦誦者，信褚詮而忽呂忱〔三〕；明史記者，專徐、鄒而廢篆籀〔四〕；學漢書者，悦應、蘇而略蒼、雅〔五〕。不知書音是其枝葉，小學乃其宗系〔六〕。至見服虔、張揖音義則貴之，得通俗〔七〕、廣雅而不屑。一手之中〔八〕，向背〔九〕如此，況異代各人乎〔一〇〕？

〔一〕墳籍，猶言書籍。文選應休璉與從弟君苗君胄書：「潛精墳籍，立身揚名，斯爲可矣。」呂延濟注曰：「墳籍爲典墳也。」文選序：「概見墳籍，旁出子史。」魏書禮志四：「周覽墳籍。」

〔二〕趙曦明曰：「晉書儒林傳：『徐邈，東莞姑幕人。永嘉之亂，家于京口。邈姿性端雅，博涉多聞。孝武招延儒學之士，謝安舉以應選。年四十四，始補中書舍人，在西省侍帝。雖不口傳章句，然開釋文義，標明指趣，撰五經音訓，學者宗之。』後漢書儒林傳：『許慎字叔重，汝南召陵人。性淳篤，博學經籍，撰五經異義，又作説文解字十四篇，皆傳於世。』」

〔三〕宋本「忽」作「笑」。趙曦明曰：「漢書揚雄傳所載諸賦注内時引諸詮之之説，宋祁亦時引之，經典釋文閒亦引之。諸、褚字不同，未知孰是。隋書經籍志：『字林七卷，晉弦令呂忱撰。』」李詳曰：「隋書經籍志：『百賦音十卷，宋御史褚詮之撰。』」劉盼遂曰：「漢書司馬相如傳上顏注：『近代之讀相如賦者，多皆改易義文，競爲音説，徐廣、鄒誕生、褚詮之、陳武之屬是也。今於彼數家，並無取焉。』」今案：顏監之不取褚詮，蓋亦繩其祖武則然。陳直曰：「漢書楊雄傳各賦之中，蕭該音義多引諸詮、陳武之説。司馬相如各賦，亦舊有二家之注，見於相如傳標題之下顏師古注。諸詮當爲褚詮，疑宋、齊時人，與本文正合。」又曰：「按：魏書江式傳式上表云：『晉世義陽王典祠令任城呂忱，表上字林六卷。』張懷瓘書斷云：『晉呂忱字伯雍，撰字林五篇，萬二千八百餘字。』（封氏聞見記亦同。）清任大椿小學鉤沈有輯本。」器案：隋書經籍志：「梁又有中書舍人諸詮之集八卷，録一卷，亡。」史記會注本魏公子傳正義：「（吕）忱，字伯雍，任城人，吕姓，晉弦令，作字林七卷。」

〔四〕「徐」原作「皮」，今據少儀外傳上引改。案：司馬貞史記索隱序：「貞觀中，諫議大夫崇賢館學士劉伯莊，達學宏才，鉤深探賾，又作音義二十卷，比於徐、鄒，音則具矣。」正以徐、鄒並言，以徐、鄒注史記，重在字義，故此云「專徐、鄒而廢篆籀」也。趙曦明曰：「『皮』未詳，疑是『裴』字之誤，裴駰著史記集解八十卷。或云是『徐』，宋中散大夫徐野民撰史記音義十二卷，見隋書經籍志。」劉盼遂引吴承仕曰：「鄒謂鄒誕生，『皮』疑當爲『裴』，或當爲『徐』，謂裴駰、徐廣也。使皮音爲世所行，不應隋、唐間人都不一引。書證篇曰：『史記又作悉，誤而爲述，裴、徐、鄒皆以悉音述。』連言裴、徐、鄒，足證此文『皮』字之誤。又按：趙注以爲『裴』之譌。」器案：謂「皮」爲「徐」之誤者是，少儀外傳引正作「徐」，今已據以改正矣。趙曦明曰：「許慎叙説文解字略云：『黄帝之始初作書，蓋依類象形。及宣王大篆五十篇，與古文或異。其後七國言語異聲，文字異形，秦兼天下，丞相李斯乃奏同之。斯作倉頡篇，中車府令趙高作爰歷篇，太史令胡毋敬作博學篇，皆取史籀大篆，或頗省改，所謂小篆者也。是時務繁，初有隸書，以趣約易，而古文由是絶矣。』」

〔五〕趙曦明曰：「漢書叙例：『應劭，字仲瑗，汝南南頓人。後漢蕭令、御史、營陵令（原脱「陵」

字，器據意林引風俗通補）、泰山太守。蘇林，字孝友，陳留外黄人。魏給事中。黄初中，遷博士，封安成亭侯。』隋書經籍志：『漢書集解音義二十四卷，應劭撰。三蒼三卷，郭璞注。』秦相李斯作蒼頡篇，漢揚雄作訓纂篇，後漢郎中賈魴作滂喜篇，故曰三蒼。又埤蒼三卷、廣雅三卷，並魏博士張揖撰。小爾雅一卷，孔鮒撰，李軌略解。」

〔六〕黄叔琳曰：「韓云：『士大夫宜略識字。』蘇東坡閑時，恒看字書。」

〔七〕趙曦明曰：「隋書經籍志：『通俗文一卷，服虔撰。』」

〔八〕器案：意林引抱朴子：「一手之中，不無利鈍；方之他人，若江、漢之與潢汙。」

〔九〕文選李蕭遠運命論：「以向背爲變通。」劉良注：「盛者向而附之，衰者背而去之，以此爲見變通之妙。」

〔一〇〕宋本原注：「世人皆以通俗文爲服虔造，未知非服虔而輕之，猶謂是服虔而輕之，故此論從俗也。」趙曦明曰：「案：後漢書儒林傳：『服虔，字子慎，初名重，又名祇，後改爲虔。河南滎陽人。以清苦建志，有雅才，善著文論，作春秋左氏傳解，又以左傳駁何休之所駁漢事六十餘條。拜九江太守。免，遭亂行客，病卒。』」

夫學者貴能博聞〔一〕也。郡國山川，官位姓族，衣服飲食，器皿制度，皆欲根尋，得其原本；至於文字，忽不經懷〔二〕，己身姓名，或多乖舛，縱得不誤，亦未知所由。

近世有人爲子制名：兄弟皆山傍立字，而有名峙者〔三〕；兄弟皆手傍〔四〕立字，而有名機者〔五〕；兄弟皆水傍〔六〕立字，而有名凝〔七〕者。名儒碩學，此例甚多。若有知吾鍾之不調〔八〕，一何可笑〔九〕。

〔一〕禮記曲禮上：「博聞强識而讓，敦善行而不怠，謂之君子。」

〔二〕器案：本書名實篇：「公事經懷。」南史袁粲傳：「雖位仕隆重，不以世務經懷。」經懷，猶今言經心也。

〔三〕宋本「峙」作「歭」。何焯曰：「『歭』疑『峙』。」段玉裁曰：「說文有歭無峙，後人凡從止之字，每多從山；至如岐字本從山，又改路岐之岐從止，則又山變爲止也。顏意謂從山之峙不典，不可以命名。」郝懿行曰：「峙蓋邢峙耶？」劉盼遂引吴承仕曰：「按北齊書：『邢峙字士峻。』名字相應，亦從山作之。顏氏所譏，此其一例。」龔道耕先生曰：「宋本是也。顏時俗書『歭』作『峙』，故以正體書之，以見其字本不從山。」陳直曰：「說文有歭字，無峙字。後人从止之字，每多變作从山。北齊西門豹祠堂碑云：『望黄岑以俱歭。』祠堂碑爲姚元標所書，元標精于小學，故能不誤。」

〔四〕宋本及類說「手傍」作「手邊」，羅本、傅本、何本作「手傍」，餘本作「木傍」。

〔五〕段玉裁曰：「機字本作机，說文有机無機，其機微亦不從木，世俗作機字，亦不典也。」盧文弨曰：「『兄弟皆手傍（本作「邊」）立字，而有名機者』，『手』誤作『木』，『㨈』誤作『機』，今并注一皆改正。」龔道耕先生曰：「宋本作『手邊』是也。顔時俗書『機』作『㩦』，而『機』字本不從手，與上『峙』字同。說文木部：『機，主發謂之機。』『机，机木也。』唐韻：『居履切。』與機字音義俱異，段謂『機字本作机，說文有机無機』，皆不可解。」陳直曰：「按：說文機字本作机，北齊宋買造像碑有邑子傅机棒題名，知當時亦有知古義者。」器案：南史梁安成康王秀傳：「子機嗣。機字智通。機弟推，字智進。」之推所譏，此其一例。以子雲之姓或從木作楊、或從扌作揚例之，則相沿久矣。

〔六〕類說「水傍」作「水邊」。

〔七〕「凝」，宋本以下諸本俱如此作，獨抱經堂本改作「凝」。段玉裁曰：「此亦顔時俗字。凝本從仌，俗本從水，故顔謂其不典，今本正文仍作正體，則又失顔意矣。」龔道耕先生曰：「『凝』當依原本作『凝』，段說誤，見上。」嚴式誨曰：「案：北齊神武諸子澄、洋、演、湛之屬，皆水旁立字，而有新平王凝，正顔氏所譏也。」陳直曰：「按：魏安定王燮造像記云：『工績聲儀，凝華□極。』趙阿歡造像，凝字亦作凝，俱用正體。但唐思順坊造彌勒像記（見中州金石記卷二），仍沿六朝俗體作凝，蓋其時从水與从冫二字不分，凝字繁作凝，猶北魏滎陽太守元寧造像記潤字減作潤也。」

〔八〕沈揆曰：「淮南子脩務篇：『昔晉平公令官爲鍾，鍾成而示師曠，師曠曰：「鍾音不調。」平公曰：「寡人以示工，工皆以爲調；而以爲不調，何也？」師曠曰：「使後世無知音則已，若有知音者，必知鍾之不調。」』『吾』字疑當爲『晉』字。一本以『鍾』爲『種』者尤非。」郝懿行曰：「見呂覽。」器案：見呂氏春秋長見篇。

〔九〕器案：戰國策燕策上：「齊王按戈而却曰：『此一何慶弔相隨之速也。』」説苑尊賢篇：「應侯曰：『今日之琴，一何悲也。』」古樂府陌上桑：「使君一何愚。」古詩十九首：「音響一何悲。」豐溪艮思氏辭徵曰：「一，語助詞。」

吾嘗從齊主〔一〕幸并州〔二〕，自井陘關入上艾縣〔三〕，東數十里，有獵閭村。後百官受馬糧在晉陽東百餘里亢仇城側。並不識二所本是何地，博求古今，皆未能曉。及檢字林、韻集〔四〕，乃知獵閭是舊⿰糹巤餘聚〔五〕，亢仇舊是⿰礻曼⿰欠九亭〔六〕，悉屬上艾。時太原王劭〔七〕欲撰鄉邑記注，因此二名聞之，大喜〔八〕。

〔一〕宋本、羅本、鮑本、汗青簃本作「齊主」，餘本俱誤作「齊王」，永樂大典三五八〇亦誤作「齊王」。

〔二〕趙曦明曰：「隋書地理志：『太原郡，後齊并州。』」案：北齊書文宣帝紀：「天保九年六月乙丑，帝自晉陽北巡，己巳，至祁連池，戊寅，還晉陽。」又之推傳：「天保末，從至天池。」天池即祁連池，胡人呼天曰「祁連」。家訓所言，即此時事。

〔三〕趙曦明曰：「漢書地理志：『常山郡石邑，井陘山在西。』太原郡有上艾縣。」」器案：井陘爲太行八陘之一，見元和郡縣志引述征記。爾雅釋山：「山絶，陘。」郭璞注：「連山中斷絶。」

〔四〕趙曦明曰：「字林見前。隋書經籍志：『韻集十卷，又六卷，晉安復令呂静撰。』」

〔五〕宋本原注：「䰕音獵也。」趙曦明曰：「案：説文：『邑落曰聚。』」

〔六〕宋本原注：「䃨𥐻，上音武安反，下音仇。」永樂大典同。祁寯藻曰：「案今太原縣，故晉陽也，北齊移晉陽縣於汾水東。䃨𥐻亭在晉陽東百餘里，當即今壽陽縣地。」（䃨𥐻亭集十七自題䃨𥐻亭圖序）劉盼遂曰：「按：『亢』疑爲『丸』字之形誤，亭名丸仇，故易譌爲䃨𥐻。吴檢齋（承仕）先生曰：『「亢」或是「万」字之誤。万、䃨同音，較丸尤近也。』」器案：廣韻二十六桓：「䃨，䃨𥐻，亭名，在上女，毋官切。𥐻，音求。」當即本之字林、韻集，「上女」即「上艾」之譌。

〔七〕隋書王劭傳：「王劭，字君懋，太原晉陽人也。父松年，齊通直散騎侍郎。劭少沈嘿，好讀書。弱冠，齊尚書僕射魏收辟參開府軍事，累遷太子舍人，待詔文林館。時祖孝徵、魏收、陽休之等嘗論古事，有所遺忘，討閲不能得，因呼劭問之；劭具論所出，取書驗之，一無舛誤。自是，大爲時人所許，稱其博物。後遷中書舍人。齊滅入周，不得調。高祖受禪，授著作佐郎」云云。

〔八〕永樂大典「大喜」作「甚善」。

吾初讀莊子「螝二首〔一〕」，韓非子曰「蟲有螝者，一身兩口，争食相齕，遂相殺也〔二〕」，茫然不識此字何音，逢人輒問，了〔三〕無解者。案：爾雅諸書，蠶蛹名螝〔四〕，又非二首兩口貪害之物。後見古今字詁〔五〕，此亦古之虺字〔六〕，積年凝滯，豁然霧解。

〔一〕器案：一切經音義四六引莊子，作「虺二首」，螝、虺古今字。

〔二〕趙曦明曰：「漢書藝文志：『韓子五十五篇。名非，韓諸公子，使於秦，李斯害而殺之。』案：此所引見説林下，今本『螝』即作『虮』，又訛『蚢』。」郝懿行曰：「見韓子説林下篇，今本『螝』作『虮』，或作『蚢』，並譌也。」器案：爾雅翼三二引韓非，文與顏氏所引同。

〔三〕本書名實篇：「了非向韻。」了猶絶也，訓見助字辨略。陶潛癸卯歲十二月中作與從弟敬遠：「蕭索空宇中，了無一可悦。」劉繪入琵琶峽望積布磯呈玄暉：「却瞻了非向，前觀已復新。」文心雕龍指瑕篇：「懸領似如可解，課文了不成義。」

〔四〕宋本原注：「螝，音潰。」趙曦明曰：「螝蛹，釋蟲文。」

〔五〕趙曦明曰：「隋書經籍志：『古今字詁三卷，張揖撰。』」説文：「螝，蛹也。」段玉裁注：「見釋蟲。顏氏家訓曰：『莊子螝二首。螝即古虺字，見古今字詁。』按字詁原文必曰『古螝今虺』，以許書律之，古字叚借也。」

〔六〕李枝青西雲札記二：「按：管子水地篇曰：『涸澤之精者生於螝。螝者，一頭而兩身，其形若蛇，其長八尺，以其名呼之，可以取魚鼈。』此與韓非所云，當是一物。但此云一頭兩身，與一身兩口爲異。馬驌繹史引韓非子『螝』作『蚘』。」郝懿行曰：「大戴禮記虞戴德篇云：『昔商老彭及仲傀。』傀即螝字傳寫之譌也，可證顔氏之説。」陳倬敤經筆記：「案：據此，則虺或作螝，今毛詩巧言篇：『爲鬼爲蜮。』鬼即螝之省形存聲字，三家詩當作『爲螝爲蜮』，文選鮑照蕪城賦云：『壇羅虺蜮。』蓋本三家詩也。」陳直曰：「湯左相仲虺，荀子作仲鸓，史記作中鸓。本文作螝，从虫鬼聲，與虺聲相近，蓋後起之字。」器案：楚辭招魂：「雄虺九首。」王逸注：「一身九頭。」九頭極言其多，非一頭之謂而已，則虺一身而多首，先民自有此傳説。又案：「螝」作「蚘」之蚘，字當作虬，蓋俗字也，鬼、九音近古通，如鬼侯一作九侯，即其比也。尋天問：「中央共牧后何怒？」王逸注：「言中央之州，有歧首之蛇，争共食牧草之實，自相啄嚙。」王注可與此互參。

嘗遊趙州〔一〕，見柏人城北〔二〕有一小水，土人亦不知名。後讀城西門〔三〕徐整〔四〕碑云：「洦流東指〔五〕。」衆皆不識。吾案説文，此字古魄字也，洦，淺水貌〔六〕。此水漢來本無名矣，直以淺貌目之，或當即以洦爲名乎？

〔一〕趙曦明曰：「通典：『趙州，春秋時晉地，戰國屬趙，後魏爲趙郡，明帝兼置殷州，北齊改爲趙州。』」器案：北齊書之推傳：「河清末，被舉爲趙州功曹參軍。」遊趙州，當在此時。

〔二〕趙曦明曰：「柏人，趙地。漢高祖將宿，心動，問知其名，曰：『柏人者，迫於人也。』遂去之。

即此。」案：見史、漢高紀。

〔三〕宋本「西」作「南」，説文繫傳二一洦字下引作「西」。

〔四〕徐整，字文操，豫章人，仕吴爲太常卿。

〔五〕「洦流東指」，説文繫傳作「洦水東會」。

〔六〕段玉裁曰：「『洦，古魄字』，此語不見於説文，今本但云：『洦，淺水也。』以顏語訂之，説文有脱誤，當云：『洦，淺水皃，从水白聲；洦，古文泊字也，从水百聲。』顏書『魄』字亦誤，當作『泊』。」案：段説又見説文解字注十一篇上一洦篆下，其言曰：「顏氏家訓曰：『遊趙州，見柏人城北有一小水，土人亦不知名，後讀城西門徐整碑云：洦流東指。案説文此字古泊字也，泊，淺水皃。此水無名，直以淺皃目之，或當即以洦爲名乎？』玉裁案：顏書今本譌誤，爲正之，可讀如此。説文作洦，隸作泊，亦古今字也。犬部狛字下云：『讀若淺泊。』淺水易停，故泊。又爲停泊，淺作薄，故泊亦爲厚薄字，又以爲憺怕字。今韻以泊入鐸，以洦入陌，由不知古音耳。但上下文皆水名，此字次第不應在此，蓋轉寫者以從百從千類之。」郝懿行曰：「今本説文魄下無洦字，蓋闕脱也，當據補。」

世中書翰，多稱勿勿〔一〕，相承如此，不知所由〔二〕，或有妄言此忽忽之殘缺耳。

案：説文：「勿者，州里所建之旗也，象其柄及三斿之形，所以趣民事〔三〕。故悤遽者〔四〕稱爲匆匆〔五〕。」

〔一〕類説、履齋示兒編二三、羣書通要己四「匆匆」俱誤作「匆匆」。郝懿行曰：「今俗書匆匆爲匆匆，尤爲謬妄。」

〔二〕「不知所由」，東觀餘論上、稗史彙編一一三作「莫原其由」，史容山谷外集詩注六作「莫知其由」。

〔三〕説文勿部無「事」字。山谷外集詩注「趣」作「促」，東觀餘論上作「趨」。

〔四〕説文無「悤」字，宋本「悤」作「忩」，乃「悤」之俗體，吾丘衍閒居録引作「怱」，羅本、傅本、顔本、程本、胡本、何本、朱本、文津本作「怱」，類説作「急」。

〔五〕閒居録無「爲」字。東觀餘論上：「王世將……表中有云：『頓乏匆匆。』案：顔氏家訓云：『世中書翰，多稱匆匆，相承如此，莫原其由，或有妄言此忽忽之殘闕耳。説文：「勿者，州里所建之旗，蓋以趨民事，故悤遽者稱匆匆。」』僕謂顔氏以説文證此字爲長。而今世流俗，又妄於勿勿字中斜益一點，讀爲悤字，彌失真矣。按祭義云：『勿勿諸，其欲饗之也。』注：『勿勿，猶勉勉也。』（器案：大戴禮記曾子立事篇：『君子終身守此勿勿。』注：『勿勿猶勉勉。』）慤愛之貌。』杜牧之詩：『浮生長勿勿。』是知勿勿出於祭義，唐人詩中用之，不特稱於書翰耳。」樓鑰攻媿集七六跋黄長睿東觀餘論：「顔之推在牧之數十百年之前，似難以此詩爲證。」吾丘衍閒居録曰：「顔説大爲謬誤。説文曰：『勿，州里所建旗，象其柄有三游，雜帛幅半異，所以趣民，故遽稱勿勿。』又連書㫃字於下，或从㫃，音偃，即周禮旗㫃之㫃，今周禮作從牛，亦誤也。匆字説文作悤，解曰：『多遽悤悤也，从心从囱聲。』當是此悤字，顔氏之説誤。」陸繼輅合肥學舍札記九：「悤，説文：『多遽悤悤也。』晉書王彪之傳：『無事悤悤，先自猖獗。』是也。勿，説文：『州里所建旗，象其柄有三游，所以趣民，故冗遽稱勿勿。』王大令帖：『勿勿不具。』是也。今名士簡牘，多作勿勿，無所不可。或以悤爲勿字之誤則非也。」陳直曰：「按：淳化閣帖四有阮研與人書云：『道增至，得書深慰。已熱，卿何如？吾甚勿勿，始過嶠，今便下水，末因見卿爲歎，善自愛。』此梁代書翰用勿勿之證。之推觀我生賦自注云：『高阿那肱求自鎮濟州，乃啟報應齊主云，無賊勿忽忽就道，周軍追齊主而及之。』據此，之推亦隨俗改用勿勿爲忽忽矣。」

吾在益州〔一〕，與數人同坐，初晴日晃〔二〕，見地上小光，問左右：「此是何物？」有一蜀豎〔三〕就視，答云：「是豆逼耳〔四〕。」相顧愕然，不知所謂。命取將來〔五〕，乃小豆也。窮訪蜀土，呼粒爲逼，時莫之解。吾云：「三蒼、説文，此字白下爲匕，皆訓粒，通俗文音方力反〔六〕。」衆皆歡悟。

〔一〕趙曦明曰：「通典：『益州，理成都、蜀二縣。秦置蜀郡。晉武帝改爲成都國，尋亦復舊。自魏、晉、宋、齊、梁，皆爲益州。』」陳直曰：「之推本傳云：『齊亡入周，大象末，爲御史上士。』

益州先屬梁代版圖，後屬北周，本文所記吾在益州，則當爲之推在北周時事。」器案：此或爲之推從梁元帝在江陵時事，疑不能明也，存以待考。

〔二〕「日晃」，宋本如此作，餘本皆作「日明」，今從宋本。盧文弨曰：「釋名：『光，晃也，晃晃然也。』」

〔三〕盧文弨曰：「廣韻：『豎，童僕之未冠者。』」

〔四〕説文繫傳十「皀」下引作「蜀豎謂豆粒爲豆皀」，蓋總下文言之。廣韻二十一麥：「𦢊，豆中小硬者。出新字林。博厄切。」音義與此相近，今四川猶有豆𦢊之説。魏濬方言據下：「小豆謂之豆逼。顏氏家訓云云，今俗謂之豆婢，遂又謂之豆奴。」

〔五〕「命取將來」，宋本作「命將取來」。劉淇助字辨略二：「此將字，今方言助句多用之，猶云得也。」

〔六〕盧文弨曰：「説文：『皀，穀之馨香也，象嘉穀在裹中之形，匕所以扱之。或説，一粒也，讀若香。』徐鍇繫傳：『扱，載也。白象穀食。鵖亦從此。』朱翺音皮及切。」案：段玉裁説文解字注五篇下皀字篆下引顏氏此文，頗有是正，今迻録之，其言曰：「顏氏家訓曰：『在益州，與數人同坐，初晴，見地下小光，問左右是何物，一蜀豎就視云：是豆逼耳。皆不知所謂，取來，乃小豆也。蜀土呼豆爲逼，時莫之解。吾云：三蒼、説文皆有皀字，訓粒，通俗文音方力反。衆皆歡悟。』」

愍楚友壻〔一〕竇如同從河州〔二〕來，得一青鳥，馴養愛翫，舉俗〔三〕呼之爲鶡。吾曰：「鶡出上黨〔四〕，數曾見之〔五〕，色並黄黑，無駮雜也。故陳思王鶡賦云：『揚玄黄之勁羽〔六〕。』」試檢説文：「鴿〔七〕雀似鶡而青，出羌中。」韻集音介〔八〕。此疑頓釋。

〔一〕陳直曰：「按：顏真卿顏含大宗碑銘云：『愍楚直内史省。』又隋書張胄玄傳（又北史八十九），顏愍楚開皇中爲内史通事舍人，上言新歷。又隋書經籍志，訓俗文字略一卷，顏之推撰。顏氏家廟碑則作之推撰俗音字五卷。而唐書經籍志作證俗音字略六卷，顏敏楚撰，未知孰是。姚振宗隋書經籍志考證謂：『之推訓俗文字略已不傳，疑一部分散在家訓文章、勉學、書證、音辭各篇中。』其説是也。之推三子，長思魯，次愍楚，入北周後生游秦。愍楚謂愍梁元帝江陵之亡，唐志作敏楚，非是。」趙曦明曰：「釋名：『兩壻相謂曰亞，又曰友壻，言相親友也。』」

〔二〕趙曦明曰：「通典：『河州，古西羌地，秦、漢、蜀隴西郡，前秦苻堅置河州，後魏亦爲河州。』」

〔三〕「舉俗」，傅本、程本、胡本、何本、文津本作「舉族」。

〔四〕趙曦明曰：「漢書地理志：『上黨郡，秦置屬并州，有上黨關。』」案：北魏時上黨治壺關，在今山西省長治縣東南。

〔五〕説文繫傳七鶡下引「曾」作「嘗」。盧文弨曰：「數，音朔。」

〔六〕盧文弨曰：「魏志陳思王傳：『植，字子建，太和六年，封植爲陳王。』此賦在集中。」

〔七〕「鴧」，原注云：「音介。」諸本「鴧」作「鳻」，「介」作「分」，今俱從抱經堂本改正。說文繫傳七鴧下引正作「鴧」，不誤。

〔八〕「音介」，各本皆誤作「音分」，今從抱經堂本。段玉裁曰：「漢書黃霸傳鶡雀，師古以爲鴧雀，今本漢書注亦誤鳻，宋祁據徐鍇本曾辨之。」案：段說又見說文解字注四篇上鴧篆下，其言曰：「顏氏家訓曰：『竇如同得一青鳥，呼之爲鶡，吾曰：鶡出上黨，數曾見之，色並黃黑，故陳思王鶡賦云：揚元黃之勁羽。試檢說文：鴧雀似鶡而青，出羌中。韵集音介，此疑頓釋。』漢循吏傳：『張敞舍，鴧雀飛集丞相府。』蘇林曰：『今虎賁所箸鶡也。』師古曰：『蘇說非也。鴧音芥，或作鶡，此通用耳。鴧雀大而色青，出羌中，非武賁所箸也。武賁鶡者色黑，出上黨。今時俗人所謂鶡雞，音曷，非此鴧雀。』按：二書今本舛譌，『介』誤『分』，『芥』誤『芬』，『鴧』誤『鶡』，誤『鳻』，不可讀，故全載之。據此，知郭注山海經云『鶡似雉而大，青色有毛角，鬬死乃止』，亦誤認『鴧』爲『鶡』也。今玉篇、毛晃增韻，皆襲漢書誤字。」趙曦明曰：「案：段說是也，今從改正。」郝懿行曰：「說文今本作鴧，从鳥介聲，則當音介，而此作鳻音分，蓋非顏君之過，板本傳刻，以形近而譌耳。漢書黃霸傳注譌與此同。」器案：困學紀聞十二：「黃霸傳鶡雀，顏氏注當爲鳻，徐楚金攷說文當爲鴧。」翁注引王煦曰：「顏氏家訓引說文云云，即小顏所本也。玉篇亦作鳻，集韻音分，今徐鍇繫傳作鴧，徐鉉本同。別有鳻字，訓爲鳥聚，非鳥名也。」

梁世有蔡朗者諱純〔一〕，既不涉學〔二〕，遂呼蓴爲露葵〔三〕。面牆之徒，遞相倣效〔四〕。承聖〔五〕中，遣一士大夫〔六〕聘齊，齊主客郎李恕〔七〕問梁使曰：「江南有露葵否？」答曰：「露葵是蓴，水鄉所出。卿今食者緑葵菜耳〔八〕。」李亦學問，但不測彼之深淺，乍聞無以覈究〔九〕。

〔一〕「者」字各本俱脱，今據類説、能改齋漫録六、海録碎事七補；抱經堂本臆增作「父」，今不從。

〔二〕漢書馮奉世傳：「年三十餘矣，乃學春秋，涉大義。」後漢書班超傳：「有口辯，而涉獵書傳。」注：「涉如涉水，獵如獵獸，言不能周悉，粗窺覽之也。」

〔三〕宋本「葵」下有「菜」字，類説、能改齋漫録、海録碎事都無「菜」字。趙曦明曰：「案：露葵乃人家園中所種者，列女傳：『魯漆室女謂：「昔晉客馬逸踐吾園葵，使吾終歲不厭葵味。」』古詩：『青青園中葵，朝露待日晞。』潘岳閒居賦：『緑葵含露。』唐王維詩：『松下清齋折露葵。』其非水中之蓴明甚。」器案：古文苑載宋玉諷賦：「烹露葵之羹。」即指水產之蓴，則蔡朗所呼，不無所本。杜甫夔府書懷四十韻：「傾陽逐露葵。」王洙注引曹子建求通親親表「若葵藿之傾太陽」以説之。本草家謂：「古人採葵，必待露解，故名露葵。」李時珍本草綱目菜部：「露葵，今人呼爲滑菜。」蓋水產之葵，爾雅謂之莃葵，傾陽之葵，爾雅謂之蘬，蘬、葵音近，而俱以露稱，故相混耳。

〔四〕「倣效」，宋本、鮑本、汗青簃本作「倣斆」，同。面牆，見本篇前文「人生小幼」條注一五。

〔五〕趙曦明曰："「承聖」，元帝年號。"
〔六〕"士大夫"，能改齋漫録、類説作"士人"。
〔七〕李慈銘曰："案：李恕之"恕"當作"庶"。李庶爲李諧子，北史附李崇傳，歷位尚書郎，以清辯知名，常攝賓司，接對梁客，梁客徐陵深歎美焉。"案：隋書百官志中記後齊官制，尚書省下，祠部尚書所統有主客，"掌諸蕃雜客等事"。
〔八〕類説、能改齋漫録引此句作"今食者緑葵耳"。
〔九〕"覈究"，各本皆作"覆究"，今從宋本。

思魯等姨夫彭城劉靈，嘗與吾坐，諸子侍焉。吾問儒行、敏行曰："凡字與諮議〔一〕名同音者，其數多少，能盡識乎？"答曰："未之究也，請導示之。"吾曰："凡如此例，不預研檢，忽見不識，誤以問人，反爲無賴〔二〕所欺，不容易也。"因爲説之，得五十許字〔三〕。諸劉歎曰："不意〔四〕乃爾！"若遂不知，亦爲異事。

〔一〕盧文弨曰："隋書百官志：'皇弟、皇子府置諮議參軍。'"陳直曰："按：之推之妻爲殷外臣之姊妹，劉靈亦當娶於殷氏，故本文稱爲思魯等之姨夫。劉靈善畫，並見於雜藝篇，不見於其他文獻，再以本文證之，劉靈官諮議，有二子名儒行及敏行也。"器案：此蓋之推於諸劉前，不便直斥劉靈之名，故舉其官號。

〔二〕盧文弨曰：「史記高祖紀集解：『江湖之間，謂小兒多詐狡猾者爲無賴。』」胡三省通鑑二八七注：「俚俗語謂奪攘苟得無媿恥者爲無賴。」

〔三〕劉盼遂曰：「案：敦煌寫本切韻下平十六青韻，靈紐字凡二十八，廣韻下平十五青韻，靈紐字凡八十七，集韻下平十五青韻，靈紐字凡一百六十五，黄門預修切韻，而所收之字乃減於黄門所説，異矣。」

〔四〕不意，猶四川言「那裏諳到」。世説新語賢媛篇：「不意天壤之中，乃有王郎。」又見晉書王凝之妻謝氏傳。隋書五行志上：「天監中，茅山隱士陶弘景爲五言詩曰：『夷甫任散誕，平叔坐談空；不意（南史陶弘景傳作「豈悟」）昭陽殿，忽作單于宮。』」

校定書籍，亦何容易，自揚雄、劉向〔一〕，方稱此職耳。觀天下書未徧，不得妄下雌黄〔二〕。或彼以爲非，此以爲是；或本同末異；或兩文皆欠，不可偏信一隅也〔三〕。

〔一〕盧文弨曰：「漢書揚雄傳：『雄字子雲，蜀郡成都人。少好學博覽，無所不見，校書天禄閣上。』又藝文志：『成帝時，以書頗散亡，使謁者陳農求遺書於天下；詔光禄大夫劉向校經傳諸子詩賦，每一書已，向輒條其篇目，撮其指意，録而奏之。』」案：劉向字子政，傳附見漢書楚元王傳。

〔二〕黄叔琳曰：「爲好雌黄者下一鍼砭，可謂要言不煩。」盧文弨曰：「夢溪筆談（卷一）：『改字之法，粉塗則字不没，惟雌黄漫則滅，仍久而不脱。』」案：宋景文筆記上：「古人寫書，盡用黄紙，故謂之黄卷。顔之推曰：『讀天下書未徧，不得妄下雌黄。』雌黄與紙色類，故用之以滅誤。今人用白紙，而好事者多用雌黄滅誤，殊不相類。道、佛二家寫書，猶用黄紙。齊民要術有治雌黄法。或曰：『古人何須用黄紙？』曰：『蘗染之，可用辟蟫。今臺家詔敕用黄，故私家避不敢用。』」陳直曰：「雌黄包含兩義，一謂不得妄議時流，二爲不得妄爲塗改。北齊隴東王感孝頌云：『雌黄雅俗，雄飛戚里。』是則屬於第一義也。雌黄在本書亦見於書證篇，改田宵爲田肯字，皆屬於校讐之義。古代寫書用黄紙，塗改用雌黄，蓋取其同色。」

〔三〕器案：本書文章篇：「舉此一隅，觸途宜慎。」一隅有單辭、孤證及一個例證之意。此文用前義，文章篇則用後義也。荀子堯問篇：「天下其在一隅。」吕氏春秋用衆篇：「此其一隅也。」周禮肆師職：「歲時之祭祀亦如之。」注：「月令：『仲春命民社。』此其一隅。」戰國策秦策一注：「此其一隅也。」嵇康聲無哀樂論：「今蒙啓導，將言其一隅焉。」又明膽論：「故略舉一隅，想不重疑。」梁書劉歊傳：「各得一隅，無傷厥義。」北齊書宋遊道傳：「舉此一隅，餘詐可驗。」諸「一隅」，都和文章篇用法相同。論語述而篇：「舉一隅，不以三隅反，則不復也。」

卷第四

文章　名實　涉務

文章第九

夫文章者，原出五經〔一〕：詔命策檄〔二〕，生於書者也；序述論議〔三〕，生於易者也；歌詠賦頌〔四〕，生於詩者也；祭祀哀誄〔五〕，生於禮者也；書奏箴銘〔六〕，生於春秋者也。朝廷憲章〔七〕，軍旅誓誥〔八〕，敷顯仁義，發明功德，牧民〔九〕建國，施用多途〔一〇〕。至於陶冶性靈〔一一〕，從容諷諫〔一二〕，入其滋味〔一三〕，亦樂事也。行有餘力，則可習之〔一四〕。然而自古文人，多陷輕薄〔一五〕：屈原露才揚己，顯暴君過〔一六〕；宋玉體貌容冶，見遇俳優〔一七〕；東方曼倩，滑稽不雅〔一八〕；司馬長卿，竊貲無操〔一九〕；王褒過章僮約〔二〇〕；揚雄德敗美新〔二一〕；李陵降辱夷虜〔二二〕；劉歆反覆莽世〔二三〕；傅毅黨附權門〔二四〕；班固盜竊父史〔二五〕；趙元叔抗竦過度〔二六〕；馮敬通浮華擯壓〔二七〕；馬季長佞媚獲誚〔二八〕；蔡伯喈同惡受誅〔二九〕；吴質詆忤鄉里〔三〇〕；曹植悖慢犯法〔三一〕；杜篤乞假無厭〔三二〕；

路粹隘狹已甚〔三三〕；陳琳實號麤疎〔三四〕；繁欽性無檢格〔三五〕；劉楨屈強輸作〔三六〕；王粲率躁見嫌〔三七〕；孔融、禰衡，誕傲致殞〔三八〕；楊修、丁廙，扇動取斃〔三九〕；阮籍無禮敗俗〔四〇〕；嵇康凌物凶終〔四一〕；傅玄忿鬬免官〔四二〕；孫楚矜誇凌上〔四三〕；陸機犯順履險〔四四〕；潘岳乾没取危〔四五〕；顔延年負氣摧黜〔四六〕；謝靈運空疎亂紀〔四七〕；王元長凶賊自詒〔四八〕；謝玄暉侮慢見及〔四九〕。凡此諸人，皆其翹秀〔五〇〕者，不能悉紀，大較如此〔五一〕。至於帝王，亦或未免。自昔天子而有才華者，唯漢武、魏太祖、文帝、明帝、宋孝武帝，皆負世議〔五二〕，非懿德之君也。自子游、子夏〔五三〕、荀況〔五四〕、孟軻〔五五〕、枚乘〔五六〕、賈誼〔五七〕、蘇武〔五八〕、張衡〔五九〕、左思〔六〇〕之儔，有盛名而免過患者，時復聞之，但其損敗居多耳。每嘗思之，原其所積〔六一〕，文章之體，標舉興會〔六二〕，發引性靈，使人矜伐〔六三〕，故忽於持操〔六四〕，果於進取〔六五〕。今世文士，此患彌切〔六六〕，一事愜當〔六七〕，一句清巧〔六八〕，神厲九霄，志凌千載〔六九〕，自吟自賞，不覺更有傍人〔七〇〕。加以砂礫所傷，慘於矛戟〔七一〕，諷刺之禍，速乎風塵〔七二〕，深宜防慮，以保元吉〔七三〕。

〔一〕文心雕龍宗經篇：「故論説辭序，則易統其首；詔策章奏，則書發其源；賦頌詞讚，則詩立其本；銘誄箴祝，則禮總其端；記傳盟檄（從唐寫本），則春秋爲根。」此亦當時主張文章原本五經之説也。

〔二〕文心雕龍詔策篇："命者，使也。秦併天下，改命曰制。漢初定儀則，則命有四品：一曰策書，二曰制書，三曰詔書，四曰戒敕。敕戒州部，詔誥百官，制施赦命，策封王侯。策者，簡也。制者，裁也。詔者，告也。敕者，正也。"又檄移篇："檄者，皦也，宣露於外，皦然明白也。"

〔三〕文心雕龍論説篇："故議者宜言；説者説語；傳者轉師；注者主解；贊者明意；評者平理；序者次事；引者胤辭：八名區分，一揆宗論。論也者，彌綸羣言，而研精一理者也。"又頌讚篇："及遷史、固書，託讚褒貶，約文以總録，頌體以論辭，又紀傳後評，亦同其名；而仲洽流别，謬稱爲述，失之遠矣。"案：漢書叙傳下曰："其叙曰：『皇矣漢祖云云。』"師古曰："自『皇矣漢祖』以下諸叙，皆班固論撰漢書意，此亦依放史記之叙目耳。史遷則云爲某事作某本紀某傳，班固謙不言作而改言述，蓋避作者之謂聖，而取述者之謂明也。但後之學者，不曉此爲漢書叙目，見有述字，因謂此文追述漢書之事，乃呼爲漢書述，失之遠矣。摯虞尚有此惑，其餘曷足怪乎？"

〔四〕尚書舜典："詩言志，歌永言。"文心雕龍明詩篇："民生而志，詠歌所含。"説文欠部："歌，詠也。"徐鍇繫傳曰："歌者，長引其聲以誦之也。"玉篇言部："詠，長言也，歌也。"文心雕龍詮賦篇："賦者，鋪也，鋪采摛文，體物寫志也。"又頌讚篇："頌者，容也，所以美盛德而述形容也。"趙曦明曰："『頌』，宋本作『誦』，古通用。"案：藝苑卮言一引作"頌"。

〔五〕祭，祭文，文選有祭文類。祀，郊廟祭祀樂歌。樂府詩集一：「周頌昊天有成命，郊祀天地之樂歌也；清廟，祀太廟之樂歌也；我將，祀明堂之樂歌也；載芟、良耜，藉田社稷之樂歌也。然則祭樂之有歌，其來尚矣。」文心雕龍哀弔篇：「賦憲之謚，短折曰哀。哀者，依也，悲實依心，故曰哀也。」又誄碑篇：「誄者，累也，累其德行，旌之不朽也。」御覽五九六引摯虞文章流別論：「哀辭者，誄之流也，崔瑗、蘇順、馬融等爲之，率以施于童殤夭折，不以壽終者。建安中，文帝與臨淄侯各失稚子，命徐幹、劉楨等爲之哀辭。哀辭之體，以哀痛爲主，緣以歎息之辭。」

〔六〕文心雕龍書記篇：「書者，舒也，舒布其言，陳之簡牘，取象於夬，貴在明決而已。」又奏啓篇：「奏者，進也，言敷於下，情進于上也。」又銘箴篇：「銘者，名也，觀器必也正名，審用貴乎盛德。」又曰：「箴者，針也（從唐寫本），所以攻疾防患，喻鍼石也。」

〔七〕文章辨體總論作文法引句首有「故凡」二字。

〔八〕禮記曲禮下：「約信曰誓。」尚書甘誓正義曰：「馬融云：『軍旅曰誓，會同曰誥。』誥誓俱是號令之辭，意小異耳。」

〔九〕牧民，猶言治民，管子有牧民篇。

〔一〇〕施用多途，宋本作「不可暫無」，注云：「一本作『施用多途』。」餘師録三引正文及注，俱同宋本，文章辨體總論作文法引作「皆不可無」。

〔一一〕盧文弨曰：「性靈者，天然之美也，陶冶而成之，如董仲舒所言：『猶泥之在鈞，唯甄者之所爲；猶金之在鎔，唯冶者之所鑄。』則有質而有文矣。」器案：漢書董仲舒傳：「陶冶而成之。」師古曰：「陶以喻造瓦，冶以喻鑄金也，言天之生人有似於此也。」文心雕龍原道篇：「性靈所鍾，是謂三才。」詩品上：「詠懷之作，可以陶性靈，發幽思。」北齊書杜弼傳：「鎔鑄性靈，弘獎風教。」藝文類聚卷三十七引陶弘景答趙英才書：「任性靈而直往，保此用以得閑。」南史文學傳叙：「自漢以來，辭人代有，大則憲章典誥，小則申叙性靈。」性靈爲六朝新起之文藝思潮，即司空圖詩品所謂「自然」也。邵氏聞見後録十七：「少陵『陶冶性靈存底物』，本顔之推『至於陶冶性情，從容諷諫，入其滋味，亦樂事也』。」苕溪漁隱叢話前十二説同。

〔一二〕盧文弨曰：「白虎通諫諍篇：『諷諫者，智也。』孔子曰：『諫有五，吾從諷之諫。』」

〔一三〕盧文弨曰：「滋味，喻嗜學也。滋者，草木之滋，見禮記檀弓上曾子之言，記者以爲薑桂之謂也。」器案：詩品序：「五言居文詞之要，是衆作之有滋味者也。」杜甫九月一日過孟十二倉曹十四主簿兄弟：「清談見滋味。」

〔一四〕論語學而篇：「行有餘力，則以學文。」

〔一五〕楚辭離騷後序補注引「多」作「常」。後漢書馬援傳載誡兄子嚴敦書：「效季良不得，陷爲天下輕薄子。」器案：魏、晉以來，對於文人無行，摘斥甚衆。文選魏文帝與吴質書：「觀古今文人，類不護細行，鮮能以名節自立。」三國志魏書王粲傳注：「魚豢曰：『尋省往者，魯連、鄒陽之徒，援譬引類，以解締結，誠彼時文辯之儁也。今覽王、繁、阮、陳、路諸人前後文旨，亦何肯不若哉！其所以不論者，時世異耳。余又竊怪其不甚見用，以問大鴻臚卿韋仲將。仲將曰：『仲宣傷於肥戇，休伯都無格檢，元瑜病於體弱，孔璋實自麤疏，文蔚性頗忿鷙，如是彼爲，非徒以脂燭自煎麋也，其不高蹈，蓋有由矣。然君子不責備于一人，譬之朱漆，雖無楨幹，其爲光澤，亦壯觀也。』」文心雕龍程器篇：「略觀文士之疵：相如竊妻而受金，揚雄嗜酒而少算，敬通之不循廉隅，杜篤之請求無厭，班固諂竇以作威，馬融黨梁而黷貨，文舉傲誕以速誅，正平狂憨以致戮，仲宣輕脆以躁競，孔璋惚恫以麤疎，丁儀貪婪以乞貨，路粹餔啜而無恥，潘岳詭禱於愍、懷，陸機傾仄於賈、郭，傅玄剛隘而詈臺，孫楚狠愎而訟府。諸有此類，並文士之瑕累。」魏書文苑温子昇傳：「楊遵彦作文德論，以爲古今辭人，皆負才遺行，澆薄險忌，惟邢子才、王元美、温子昇，彬彬有德素。」顔氏論點，與諸家大同，可互參也。

〔一六〕陳仁錫曰：「此句不是。」黄叔琳曰：「文人多陷輕薄，評論悉當，獨於三閭，未免失實。」紀昀曰：「此自班生語，不干顔君事，謂之決擇無識可，謂之失實不可。」趙曦明曰：「史記屈原傳：『屈原者，名平，楚之同姓也。爲懷王左徒，王甚任之。上官大夫與之同列，爭寵而心害其能，因讒之王，王怒而疏屈平。屈平疾王聽之不聰也，讒諂之蔽明也，邪曲之害公也，故憂愁幽思而作離騷。』」曦明案：三閭純臣，此論未是。」錢馥曰：「『露才揚己』，乃班孟堅語，非顏氏自爲評也，注似宜提明。」李詳曰：「見班固離騷序，附見王逸楚辭章句後。」陳直説同。

〔一七〕趙曦明曰：「宋玉登徒子好色賦：『大夫登徒子侍於楚王，短宋玉曰：「玉爲人體貌閑麗，口多微辭，性又好色，王勿令出入後宮。」王以登徒子之言問玉，玉對云云。於是楚王稱善，宋玉遂不退。』」盧文弨曰：「史記屈原傳：『屈原既死之後，楚有宋玉、唐勒、景差之徒者，皆好辭，而以文見稱；然皆祖屈原之從容辭令，終莫敢直諫。』」器案：宋玉諷賦序：「玉爲人身體容冶。」即此文所本。

〔一八〕趙曦明曰：「漢書東方朔傳：『朔字曼倩，平原厭次人。上書，高自稱譽。上偉之，令待詔公車，稍得親近。上使諸數射覆，連中，賜帛。時有幸倡郭舍人者，滑稽不窮，與朔爲隱，應聲即對，左右大驚。上以朔爲常侍郎，嘗至太中大夫，後常爲郎，與枚皋、郭舍人俱在左右，詼啁而已。』」盧文弨曰：「嚴助傳：『東方朔、枚皋，不根持論，上頗俳優畜之。』」器案：漢書朔本傳贊云：「依隱玩世，詭時不逢，其滑稽之雄乎！」

〔一九〕趙曦明曰：「漢書司馬相如傳：『相如字長卿，蜀郡成都人。客遊梁，梁孝王薨，歸而家貧無以自業。素與臨邛令王吉相善，往舍都亭。令繆爲恭敬，日往朝相如，相如初尚見之，後稱病謝吉，吉愈謹肅。富人卓王孫乃與程鄭謂令：「有貴客，爲具召之。」並召令。長卿謝病不能臨，令身自迎，相如爲不得已而往。酒酣，令前奏琴，相如爲鼓一再行。時王孫有女文君新寡，好音，故相如繆與令相重，而以琴心挑之。文君竊從户窺，心悦而好之，恐不得當也。

既罷，相如乃令侍人重賜文君侍者，通殷勤。文君夜奔相如。相如與馳歸成都，家徒四壁立。後俱之臨邛，賣酒。卓王孫不得已，分與財物。乃歸成都，買田宅，爲富人。』」李詳曰：「案漢書楊雄傳：『司馬長卿，竊貲於卓氏。』」器案：後漢書崔駰傳注引華嶠書曰：「駰譏楊雄，以爲竊貲卓氏，割炙細君，斯蓋士之贅行，而云不能與此數公者同，以爲失類而改之也。」

〔二〇〕羅本、傅本、顏本、程本、胡本、何本、朱本、黄本、文津本、鮑本、汗青簃本及奇賞引「僮」作「童」，書證篇亦作「童」。沈揆曰：「褒有僮約一篇，自言到寡婦楊惠舍，故言『過章僮約』，下對『揚雄德敗美新』。『約』字頗似『幼』字，諸本誤以爲『過章童幼』。」趙曦明曰：「案：僮約全文載徐堅初學記。」盧文弨曰：「各本『僮』並作『童』，合古僕豎之義，沈氏考證，即已作『僮』，姑仍之。」錢馥曰：「漢書：『王褒，字子淵，蜀人，宣帝時爲諫議大夫。』」器案：僮約見古文苑十七，爲一篇侮辱勞動人民之文。南齊書文學傳論：「王褒僮約，……滑稽之流。」意林卷五引鄒子：「寡門不入宿。」太公家教云：「疾風暴雨，不入寡婦之門。」子淵自言到寡婦楊惠舍，故顏氏謂之「過章」也。

〔二一〕趙曦明曰：「李善文選楊雄劇秦美新注：『王莽潛移龜鼎，子雲進不能辟戟丹墀，亢詞鯁議，退不能草玄虛室，頤性全真；而反露才以耽寵，詭情以懷禄，「素餐」所刺，何以加焉？抱朴子方之仲尼，斯爲過矣。』」器案：李善注引李充翰林傳論：「揚子論秦之劇，稱新之美，此乃計其勝負，比其優劣之義。」又案：後漢書班固傳：「固又作典引篇，述叙漢德，以爲相如封禪，靡而不典；揚雄美新，典而不實。」李賢注：「體雖典則，而其事虚僞，謂王莽事不實。」

〔二二〕餘師録「虜」作「庭」。趙曦明曰：「史記李將軍傳：『廣子當户有遺腹子，名陵，爲建章監。天漢二年，將步兵五千人，出居延北，單于以兵八萬圍擊陵軍。陵軍兵矢既盡，士死者過半，且引且戰，未到居延百餘里，匈奴遮狹絶道，食乏而救兵不到，虜急擊，招降陵。陵曰：「無面目報陛下。」遂降匈奴，單于以女妻之。漢聞，族陵母妻子。自是之後，李氏名敗，隴西之士居門下者，皆用爲恥焉。』」

〔二三〕趙曦明曰：「漢書楚元王傳：『向少子歆，字子駿。哀帝崩，王莽持政，少與歆俱爲黄門郎，白太后，留歆爲右曹太中大夫，封紅休侯。以建平元年改名秀，字穎叔。及莽篡位，爲國師。』王莽傳：『甄豐、劉歆、王舜，爲莽腹心，倡導在位，褒揚功德，「安漢」、「宰衡」之號，……皆所共謀。欲進者並作符命，莽遂據以即真。豐子尋復作符命，言平帝后爲尋之妻。莽怒，收尋，尋亡，歲餘捕得，詞連國師公歆子隆威侯棻、棻弟伐虜侯泳，及歆門人侍中丁隆等，列侯以下，死者數百人。』『先是，衛將軍王涉素養道士西門君惠，君惠好天文讖記，爲涉言：「劉氏當復興，國師公姓名是也。」涉以語大司馬董忠，與俱至國師殿中廬道語，歆因言：「天文人事，東方必成。」涉曰：「董公主中軍，涉領宫衛，伊休侯主殿中，同心合謀，刼帝東降南陽天子，宗族可全。」歆怨莽殺其三子，遂與涉、忠謀，欲發，孫伋、陳邯告之，劉歆、王涉皆自殺。』」

〔二四〕趙曦明曰：「後漢書文苑傳：『傅毅字武仲，扶風茂陵人，文雅顯於朝廷。竇憲爲大將軍，以毅爲司馬，班固爲中護軍，憲府文章之盛，冠於當時。』」

〔二五〕趙曦明曰：「後漢書班彪傳：『子固，字孟堅。以彪所續前史未詳，欲就其業。有人上書，告固私改作國史者，收固繫獄。郡上其書，顯宗甚奇之，除蘭臺令史，使終成前所著書。永平中，始受詔，潛精積思，二十餘年，至建初中始成。』然則非盜竊父史也。固後亦坐竇憲免官。固不教學諸子，諸子多不遵法度，吏人苦之。及竇氏敗，賓客皆逮考，因捕繫固，死獄中。若此責固，無辭矣。」陳直曰：「後漢書班彪傳叙彪作後傳數十篇，王充論衡作百篇。今漢書中僅在韋玄成、翟方進、元后傳贊，稱司徒掾班彪曰，其他皆諱不言彪，故之推目爲盜竊父書也。」器案：意林五引楊泉物理論：「班固漢書，因父得成；遂没不言彪，殊異馬遷也。」文心雕龍史傳篇：「及班固述漢，因循前業，觀司馬遷之辭，思實過半。其十志該富，讚序弘麗，儒雅彬彬，信有遺味。至於宗經矩聖之典，端緒豐贍之功，遺親攘美之罪，徵賄鬻筆之愆：公理辨之究矣。」則謂班固盜竊父史，仲長統已辨其誣。漢書韋賢傳注：「漢書諸贊，皆固所爲，其有叔皮先論述者，固亦具顯，以示後人。而或者謂固竊盜父名，觀此，可以免矣。」又案：周書柳虬傳有班固受金之說，與文心「徵賄鬻筆」説合，則六朝人對於班固漢書固有微辭矣。

〔二六〕趙曦明曰：「後漢書文苑傳：『趙壹，字元叔，漢陽西縣人。恃才倨傲，爲鄉黨所指，屢抵罪，有人救，得免。作窮鳥賦，又作刺世疾邪賦，以紓其怨憤。舉郡計吏，見司徒袁逢，長揖而已。欲見河南尹羊陟，會其高卧，哭之。』此所謂抗竦過度也。」器案：抗竦，謂高抗竦立，廣雅釋詁：「竦，上也。」文選西京賦注：「竦，立也。」

〔二七〕趙曦明曰：「後漢書馮衍傳：『衍字敬通，京兆杜陵人。更始二年，鮑永行大將軍事，安集北方，以衍爲立漢將軍，領狼孟長，屯太原。世祖即位，永、衍審知更始已死，乃罷兵，降於河內。帝怨永、衍不時至，永以立功任用，而衍獨見黜。頃之，爲曲陽令，誅斬劇賊，當封，以讒毀，故賞不行。建武末，上疏自陳，猶以前過不用。顯宗即位，人多短衍以文過其實，遂廢於家。』」

〔二八〕趙曦明曰：「後漢書馬融傳：『融字季長，扶風茂陵人。才高博洽，爲世通儒。懲於鄧氏，不敢違忤勢家，遂爲梁冀草奏李固，又作大將軍西第頌，以此頗爲正直所羞。』」

〔二九〕趙曦明曰：「後漢書蔡邕傳：『邕字伯喈，陳留圉人。董卓爲司徒，舉高第，三日之間，周歷三臺。及卓被誅，邕在司徒王允坐，殊不意，言之而歎，有動於色。允勃然叱之，收付廷尉治罪，死獄中。』」

〔三〇〕羅本、傅本、顔本、程本、胡本、何本、朱本、黄本「忤」作「訶」，宋本及餘師録作「忤」，今從之。趙曦明曰：「魏志王粲傳附：『吴質，濟陰人。』裴松之注：『質字季重，始爲單家，少游遨貴戚間，不與鄉里相浮沉，故雖已出官，本國猶不與之士名。』」器案：王粲傳注引質别傳：「質先以怙威肆行，謚曰醜侯。質子應上書論枉，至正元中，乃改謚威侯。」此云「詆忤鄉里」，當即其怙威肆行，爲鄉人所不滿，故士名不立也。

〔三一〕趙曦明曰：「魏志陳思王植傳：『善屬文，太祖特見寵愛，幾爲太子者數矣。文帝即位，植與諸侯並就國。黄初二年，監國謁者灌均希旨，奏植醉酒悖慢，劫脅使者。有司請治罪。帝以太后故，貶爵安鄉侯。』餘已見前。」

〔三二〕趙曦明曰：「後漢書文苑傳：『杜篤，字季雅，京兆杜陵人。博學不修小節，不爲鄉人所禮。居美陽，與令游，數從請託，不諧，頗相恨。令怨，收篤送京師。』」

〔三三〕趙曦明曰：「魏志王粲傳：『自潁川邯鄲淳、繁欽、陳留路粹、沛國丁儀、丁廙、弘農楊修、河内荀緯等，亦有文采，而不在七人之列。』裴注引典略曰：『粹字文蔚，與陳琳、阮瑀等典記室，承指數致孔融罪；融誅之後，人覩粹所作，無不嘉其才而畏其筆也。至十九年，從大軍至漢中，坐違禁賤請驢，伏法。』魚豢曰：『文蔚性頗忿鷙。』」

〔三四〕陳琳實號麤踈，詳見下條。

〔三五〕趙曦明曰：「魏志裴注：『繁音婆。典略曰：「欽字休伯，以文才機辯，少得名於汝、潁，其所與太子書，記喉轉意，率皆巧麗。爲丞相主簿，卒。」韋仲將曰：「陳琳實自麤疏，休伯都無檢格。」』」器案：檢格，猶言法式。北史儒林傳：「徐遵明遊燕、趙，師事張吾貴，伏膺數月，乃私謂友人曰：『張生名高，而義無檢格，請更從師。』」

〔三六〕趙曦明曰：「王粲傳：『東平劉楨字公幹，太祖辟爲丞相掾屬，以不敬被刑，刑竟署吏。』裴注引典略曰：『太子嘗請諸文學，酒酣坐歡，命夫人甄氏出拜，坐中衆人咸伏，而楨獨平視。太祖聞之，乃收楨，減死輸作。』」器案：世説言語篇注引文士傳：「楨性辨捷，所問應聲而答，坐平視甄夫人，配輸作部，使磨石。武帝至尚方觀作者，見楨匡坐正色磨石，武帝問曰：『石何如？』楨因得喻己自理，跪而對曰：『石出荆山懸巖之巔，外有五色之章，内含卞氏之珍，磨之不加瑩，雕之不增文，稟氣堅貞，受之自然；顧其理枉屈紆繞，而不得申。』帝顧左右大笑，即日赦之。」又見水經穀水注及太平御覽四六四引。

〔三七〕趙曦明曰：「魏志王粲傳：『王粲字仲宣，山陽高平人。以西京擾亂，乃之荆州，依劉表。表以粲貌寢，而體弱通侻，不甚重也。太祖辟爲丞相掾，魏國建，拜侍中。』裴注引韋仲將曰：『仲宣傷於肥戇。』」器案：三國志魏書杜襲傳：「王粲性躁競。」文心雕龍程器篇：「仲宣輕脆以躁競。」此皆六朝人謂王粲爲率躁之證。

〔三八〕趙曦明曰：「後漢書孔融傳：『融見操雄詐漸著，數不能堪，故發辭偏宕，多致乖忤。』文苑傳：『禰衡，字正平，平原般人。少有才辯，而氣尚剛傲，好矯時慢物，惟善孔融，融亦深愛其才。衡始弱冠，而融年四十，遂與爲交友，稱於曹操。而衡素輕操，操不能容，送與劉表。後復慢於表，表恥不能容，以送江夏太守黄祖，祖性急，故送衡與之。祖大會賓客，而衡言不遜。祖大怒，欲加捶，而衡方大罵祖，遂令殺之。』」器案：藝文類聚四〇引袁淑弔古文：「文舉疏誕以殃速。」又抱朴子有彈禰篇，詳正平誕傲致殞之故。

〔三九〕趙曦明曰：「魏志陳思王植傳：『植既以才見異，而丁儀、丁廙、楊修爲之羽翼，幾爲太子者數矣。文帝御之以術，故遂定爲嗣。太祖既慮終始之變，以修頗有才策，於是以罪誅修。文帝即位，誅丁儀、丁廙，並其男口。』裴注：『丁儀，字正禮，沛郡人。丁廙，字敬禮，儀之弟。』」盧文弨曰：「廙音異。」器案：陳思王植傳注引文士傳：「廙嘗從容謂太祖曰：『臨淄侯天性仁孝，發於自然，而聰明智達，其殆庶幾。至於博學淵識，文章絶倫，當今天下之賢才君子，不問少長，皆願從其游而爲之死，實天之所以鍾福於大魏，而永受無窮之祚也。』欲以勸動太祖，太祖答曰：『植吾愛之，安能若卿言？吾欲立之爲嗣何如？』廙曰：『此國家之所以興衰，天下之所以存亡，非愚劣瑣賤者所敢與及。廙聞知臣莫若於君，知子莫若於父。至於君不論明闇，父不問賢愚，而能常知其臣子者何？蓋猶相知非一事一物，相盡非一旦一夕。況名公加之以聖哲，習之以人子，今發明達之命，吐永安之言，可謂上應天命，下合人心，得之於須臾，垂之於萬世者也。廙不避斧鉞之誅，敢不盡心。』太祖深納之。」

〔四〇〕趙曦明曰：「晉書阮籍傳：『籍母終，正與人圍棊，對者求止，籍留與決賭。既而飲酒二斗，舉聲一號，吐血數升。裴楷往弔之，籍散髮箕踞，醉而直視。』劉孝標注世説引晉陽秋曰：『何曾於太祖座謂阮籍曰：「卿任性放蕩，傷禮敗俗，若不變革，王憲豈能相容？」謂太祖：「宜投之四裔，以潔王道。」太祖曰：「此賢羸病，君爲我恕之。」』」

淵雅之致。」

〔四一〕趙曦明曰：「已見三卷。」案：詩品中：「晉中散嵇康詩，頗似魏文，過爲峻切，訐直露才，傷

〔四二〕趙曦明曰：「晉書傅玄傳：『玄字休奕，北地泥陽人。武帝受禪，廣納直言，玄及散騎常侍皇甫陶共掌諫職，俄遷侍中。初玄進陶，及陶入而抵玄以事，玄與陶争言諠譁，爲有司所奏，二人竟坐免官。』」

〔四三〕趙曦明曰：「晉書孫楚傳：『楚字子荆，太原中都人。才藻卓絶，爽邁不羣，多所陵傲，缺鄉曲之譽。年四十餘，始參鎮東軍事，後遷佐著作郎，復參石苞驃騎將軍事。楚既負其才氣，頗侮易於苞，至則長揖曰：「天子命我參卿軍事。」因此而嫌隙遂構。』」案：「矜誇」，省事篇作「矜夸」，同。

〔四四〕藝苑卮言八「履」作「陵」。趙曦明曰：「晉書陸機傳：『趙王倫輔政，引爲相國參軍。倫將篡位，以爲中書郎。倫之誅也，齊王冏疑九錫文及禪詔，機必與焉，收機等九人付廷尉。成都王穎、吴王晏並救理之，得減死徙邊，遇赦而止。時成都王穎推功不居，勞謙下士，機遂委身焉。太安初，穎與河間王顒起兵討長沙王乂，假機後將軍河北大都督，戰於鹿苑，機軍大敗。宦人孟玖，譖其有異志；穎大怒，使牽秀密收機，遂遇害於軍中。』」器案：弘明集四顔延之又釋何衡陽達性論：「至人尚矣，何爲犯順而居逆哉？」

〔四五〕趙曦明曰：「晉書潘岳傳：『岳字安仁，滎陽中牟人。性輕躁，趨世利。其母數誚之曰：「爾

當知足，而乾没不已乎！」岳終不能改。初，父爲琅邪内史，孫秀爲小史給岳，岳惡其爲人，數撻辱之。趙王倫輔政，秀爲中書令，遂誣岳及石崇等謀奉淮南王允、齊王冏爲亂，誅之，夷三族，無長幼一時被害。』」案：通雅五：「乾没，猶言白没之也。張湯傳：『始爲小吏乾没。』如淳曰：『豫居物以待之，得利爲乾，失利爲没。』此解非也。蘇鶚謂乾没如陸沉。隋書王劭贊：『乾没營利。』宋子京撰劉待制墓銘：『吏得傍緣乾没。』乾猶言乾得之也，没猶言没爲己有也，今人動言落錢，落即没字意。」日知録三二曰：「史記酷吏傳：『張湯始爲小吏乾没。』徐廣曰：『乾没，隨勢沈浮也。』服虔曰：『乾没，射成敗也。』如淳曰：『豫居物以待之，得利爲乾，失利爲没。』三國志傅嘏傳：『豈敢寄命洪流，以徼乾没？』裴松之注：『有所徼射，不計乾燥之與沈没而爲之也。』晉書潘岳傳：『其母數誚之曰：「爾當知足，而乾没不已乎！」』張駿傳：『從事劉慶諫曰：「霸王不以喜怒興師，不以乾没取勝。」』盧循傳：『姊夫徐道覆素有膽決，知劉裕已還，欲乾没一戰。』魏書宋維傳：『維見乂寵勢日隆，便至乾没。』北史王劭傳論：『爲河朔清流，而乾没榮利。』梁書止足傳序：『其進也光寵夷易，故愚夫之所乾没。』晉鼙鼓歌明君篇：『昧死射乾没，覺露則滅族。』抱朴子：『忘髮膚之明戒，尋乾没於難冀。』乾没大抵是徼倖取利之意。史記春申君傳：『没利於前而易患於後也。』即此意。」黄汝成集釋引楊氏曰：「愚謂乾没者，乾而亦没，知進不知退，知得不知喪之義。」黄生義府下：「漢書注：『得利爲乾，失利爲没。』非也。言以公家財物入己，如水之淹物，沈没無迹也。不水而没，故曰乾，與陸沈意同。」

〔四六〕趙曦明曰：「南史顔延之傳：『延之字延年，琅邪臨沂人。讀書無所不覽，文章冠絶當時，疎誕不能取容。劉湛等恨之，言於義康，出爲永嘉太守。延年怨憤，作五君詠，湛以其詞旨不遜，欲黜爲遠郡，文帝詔曰：「宜令思愆里閭，縱復不悛，當驅往東土，乃至難恕，自可隨事録之。」於是屏居，不與人間事者七年。』」案：五代史周太祖紀：「爲人負氣好使酒。」

〔四七〕趙曦明曰：「南史謝靈運傳：『少好學，文章之美，與顔延之爲江左第一。襲封康樂公。性豪侈，衣服多改舊形制，世共宗之，咸稱謝康樂也。宋受命，降爵爲侯，又爲太子左衛率，多愆禮度，朝廷唯以文義處之，自謂不見知，常懷憤惋。出爲永嘉太守，肆意遊遨，動踰旬朔，理人聽訟，不以關懷，稱疾去職。文帝徵爲秘書監，遷侍中。自以名輩，應參時政，多稱疾不朝，出郭遊行，經旬不歸。上不欲傷大臣，諷旨令自解。東歸，因祖父之資，生業甚厚，鑿山浚湖，功役無已。嘗自始寧南山伐木開徑，直至臨海，太守王琇驚駭，謂爲山賊。文帝不欲復使東歸，以爲臨川内史。在郡遊放，不異永嘉，爲有司所糾，司徒遣使收之。靈運興兵叛逸，遂有逆志，追討禽之，廷尉論斬，降死，徙廣州。令人買弓刀等物，要合鄉里，有司奏收之，文帝詔於廣州棄市。』」錢大昕曰：「案：『靈運空疏，延之隘薄』二語，見宋書廬陵王義真傳。」

〔四八〕趙曦明曰：「南史王弘傳：『曾孫融，字元長，文詞捷速，竟陵王子良特相友好。武帝疾篤暫絶，融戎服絳衫，於中書省閤口斷東宮仗不得進，欲矯詔立子良。上重蘇，朝事委西昌侯鸞，俄而帝崩。融乃處分，以子良兵禁諸門。西昌侯聞，急馳到雲龍門，不得進，乃排而入，奉太孫登殿，扶出子良。鬱林深怨融，即位十餘日，收下廷尉獄，賜死。』」詩小雅小明：「心之憂矣，自詒伊戚。」王叔岷曰：「詩邶風雄雉：『自詒伊阻。』毛傳：『詒，遺。』釋文本『詒』作『貽』。『自詒伊戚』，又見左宣二年傳。」

〔四九〕侮，鮑本、奇賞作「悔」，不可據。趙曦明曰：「南史謝裕傳：『裕弟述，述孫朓，字玄暉，好學，有美名，文章清麗，啓王敬則反謀，遷尚書吏部郎。東昏失德，江祏欲立江夏王寶玄，末更回惑，欲立始安王遥光，遥光又遣親人劉渢致意於朓，朓自以受恩明帝，不肯答。少日，遥光以朓兼知衛尉事，朓懼見引，即以祏等謀告左興盛，又語劉暄。暄陽驚，馳告始安王及江祏。始安王欲出朓爲東陽郡，祏固執不與。先是，朓嘗輕祏爲人，至是，構而害之，收朓下獄，死。』」器案：南史本傳：「先是，朓嘗輕祏爲人。祏嘗詣朓，朓因言有一詩，呼左右取，既而便停。祏問其故，云：『定復不急。』祏以爲輕己。後祏及弟祀、劉渢、劉晏俱候朓，朓謂祏曰：『可謂帶二江之雙流。』以嘲弄之，祏轉不堪。至是，構而害之。」

〔五〇〕盧文弨曰：「翹，高貌；翹秀，謂其出拔尤異者。」器案：抱朴子勗學篇：「陶冶庶類，匠成翹秀。」宋史熊克傳：「克幼而翹秀。」

〔五一〕大較，猶言大略。史記貨殖傳：「此其大較也。」

〔五二〕趙曦明曰：「漢承秦敝，禮文多闕。孝武即位，罷黜百家，表章六經，興學校，修郊祀，改正朔，定律曆，號令文章，焕然可觀；而窮兵黷武，致巫蠱之禍。魏之三祖，咸蓄盛藻，終難免於漢賊之譏。文則薄於兄弟，明則侈於土木。孝武於簡文之崩，時年十歲，至晡不臨，左右進諫，答曰：『哀至則哭，何常之有！』謝安歎其名理不減先帝。既威權已出，雅有人君之量，已而溺於酒色，爲長夜之飲，見弑寵妃。所謂皆負世議者也。」錢馥曰：「本文是宋孝武帝，注所云乃晉武帝，蓋誤也。擬改云：『孝武爲人，機警勇決，學問博洽，文章華敏，省讀書奏，七行俱下，又善騎射，而奢欲無度，大修宮室，土木被錦繡，嬖妾幸臣，賞賜傾府藏，末年尤貪財利，終日酣飲，少有醒時，所謂皆負世議者也。』或恐趙所據本作『晉孝武帝』，然檢諸刻，並是『宋孝武帝』。又案晉紀：『孝武帝或宴集酣樂之後，好爲手詔詩章，以賜近臣。或文詞率爾，所言蕪雜，中書舍人徐邈應時收斂，還省刊削，皆使可觀，經帝重覽，然後出之，時議以此多邈。』據此，則必非晉孝武也，趙翁誤耳。」李慈銘曰：「案：顏氏正文明作『宋孝武帝』，此謂宋世祖孝武帝駿，雅好文藻，而即位後，荒淫酒色，納其叔父義宣女爲殷貴妃，故云負世議也。注以晉武帝當之，誤。」劉盼遂曰：「按鮑氏知不足齋本家訓亦作『宋孝武帝』，趙注誤也。考晉、宋二書，於兩孝武帝，皆不言有文學，惟隋書經籍志集部：『宋孝武帝集二十五卷。』元注：『梁三十一卷，有録一卷。』文心雕龍時序篇：『自宋武愛文，文帝彬雅，孝武多才，英采雲構。』是宋之孝武，其沈思翰藻，有過越人者，而晉帝無聞焉，趙氏必欲以晉易宋，蓋其失也。」王叔岷曰：「漢書武帝紀：『士或有負俗之累。』注引晉灼注：『負俗，謂被世譏論也。』詩大雅烝民：『民之秉彝，好是懿德。』毛傳：『懿，美也。』」

〔五三〕論語先進篇：「文學：子游，子夏。」子游姓言名偃，子夏姓卜名商，俱孔子弟子，詳史記仲尼弟子列傳。

〔五四〕趙曦明曰：「漢書藝文志：『孫卿子三十三篇。名況，趙人，爲齊稷下祭酒。』師古注：『本曰荀卿，避宣帝諱，故曰孫。』案今書三十二篇。」器案：荀卿，史記有傳。漢志云「三十三篇」者，蓋並録一卷計之也。謝墉荀子箋釋序：「荀卿又稱孫卿。自司馬貞、顔師古以來，相承以爲避漢宣帝諱，故改荀爲孫。考漢宣名詢，漢時尚不諱嫌名；且如後漢李恂與荀淑、荀爽、荀悦、荀彧，俱書本字，詎反於周時人名見諸載籍者而改稱之。若然，則左傳自荀息至荀瑶多矣，何不改耶？且即任敖、公孫敖俱不避元帝之名驁也。蓋荀音同孫，語遂移易，如荆軻在衛，衛人謂之慶卿；而之燕，燕人謂之荆卿；又如張良爲韓信都，潛夫論云：『信都者，司徒也，俗音不正曰信都，或曰申徒，或勝屠。然其本一司徒耳。』然則荀之爲孫，正如此比。以爲避宣帝諱，當不其然。」案謝説是。

〔五五〕史記孟子列傳：「孟軻，騶人也。受業子思之門人。……退而與萬章之徒，序詩、書，述仲尼之意，作孟子七篇。」

〔五六〕趙曦明曰：「漢書枚乘傳：『乘字叔，淮陰人。爲吳王濞郎中，王謀逆，諫不用，去遊梁。梁客皆善屬辭賦，乘尤高。孝王薨，歸淮陰。武帝自爲太子時，聞乘名，及即位，乘年老，以安車徵，道死。』」

〔五七〕趙曦明曰：「漢書賈誼傳：『誼，雒陽人。以能誦詩書屬文，稱於郡中。文帝召以爲博士，超遷，歲中至太中大夫，後爲長沙王、梁懷王太傅，死，年三十三。』藝文志儒家：『賈誼五十八篇，又賦七篇。』」

〔五八〕趙曦明曰：「漢書蘇建傳：『建中子武，字子卿。以栘中監使匈奴，單于欲降之，武不從，留十九歲始歸。』文選載武五言詩四篇。」

〔五九〕趙曦明曰：「後漢書張衡傳：『衡字平子，南陽西鄂人。作二京賦。』」

〔六〇〕趙曦明曰：「晉書文苑傳：『左思，字太沖，齊國臨淄人。造齊都賦，一年乃成。復欲賦「三都」，積思十年，門庭藩溷，皆著筆紙，遇得一句，即便疏之。』」器案：王得臣麈史中：「顏氏家訓亦足爲良，至論文章，以游、夏、孟、荀、枚乘、張衡、左思爲狂（王正德餘師録三引作「枉」），而又詆忤子雲（楊本云：「而文崇尚釋氏。」），吾不取焉。」即指此文。移孟於荀之上，此則爲尊孟而改易古文也。

〔六一〕黄叔琳曰：「文章與學問各別，深於學問，則無此病矣。」

〔六二〕淮南子要略篇：「標舉終始之壇。」許慎注：「標，末也。」世說賞譽篇：「王恭始與王建武甚有情，後遇袁悅間之，遂致疑隟。然每至興會，故有相思時。」文選謝靈運傳論：「靈運之興會標舉。」李善注：「興會，情興所會也。鄭玄注周禮曰：『興者，託事於物也。』」

〔六三〕淮南子氾論訓：「無擅恣之志，無伐矜之色。」御覽六二一引作「矜伐」。史記淮陰侯傳論：「不伐己功，不矜其能。」三國志魏書鄧艾傳：「深自矜伐。」

〔六四〕盧文弨曰：「莊子齊物論：『罔兩問景曰：「曩子行，今子止，曩子坐，今子起，何其無持操與？」』『持』一作『特』。」

〔六五〕論語子路篇：「狂者進取。」邢昺疏：「狂者進取於善道，知進而不知退。」

〔六六〕彌切：更爲深切。

〔六七〕文體明辨文章綱領引「事」作「字」。少儀外傳下「愜」引作「偶」，不可從，下文亦有「文章地理，必須愜當」之語，文選文賦：「愜心者貴當。」李善注：「欲快心者，爲文貴當。愜猶快也。」北史高構傳：「我讀卿判數徧，詞理愜當，意所不能及也。」

〔六八〕清巧，謂清新奇巧，爲六朝詩一種特徵，下文亦言：「何遜詩實爲清巧。」又云：「子朗信饒清巧。」詩品下：「鮑令暉歌詩，往往斷絶清巧。」

〔六九〕文選嵇叔夜贈秀才入軍詩：「凌厲中原。」李善注：「廣雅曰：『凌，馳也。厲，上也。』」案：廣雅見釋詁。

〔七〇〕晉書王猛傳：「捫蝨而談，旁若無人。」文賦有言：「豈懷盈而自足。」此之謂也。

〔七一〕李詳曰：「荀子榮辱篇：『傷人之言，深於矛戟。』」

〔七二〕少儀外傳下引「塵」作「霆」，義較勝，淮南子兵略訓：「卒如雷霆，疾如風雨。」

〔七三〕易坤：「黄裳元吉。」文選東京賦：「祚靈主以元吉。」薛綜注：「元，大也；吉，福也。」

學問有利鈍，文章有巧拙。鈍學累功，不妨精熟；拙文研思，終歸蚩鄙〔一〕。但成學士，自足爲人。必乏天才，勿強操筆〔二〕。吾見世人，至無才思〔三〕，自謂清華〔四〕，流布醜拙，亦以衆矣〔五〕，江南號爲詅癡符〔六〕。近在并州，有一士族，好爲可笑詩賦，誂擎〔七〕邢、魏諸公〔八〕，衆共嘲弄，虚相讚説〔九〕，便擊牛釃酒〔一〇〕，招延聲譽。其妻，明鑒婦人也〔一一〕，泣而諫之。此人歎曰：「才華不爲妻子所容〔一二〕，何況行路〔一三〕！」至死不覺。自見之謂明〔一四〕，此誠難也。

〔一〕陳琳答東阿王牋：「然後東野、巴人，蚩鄙益著。」

〔二〕宋本「筆」下有「也」字，餘師録引有，少儀外傳下引無。梁書文學庾肩吾傳載梁簡文帝蕭綱與湘東王書：「操筆寫志，更摹酒誥之文。」黄叔琳曰：「至論。」案：鍾嶸詩品中：「雖謝天才，且表學問。」與此意相會，俱謂學者與文人有别耳。

〔三〕羅本、傅本、顔本、程本、胡本、何本、朱本、文津本「至」下有「於」字，宋本無，今從宋本，少儀外傳下、攻媿集五二詅癡符序、説郛本緗古叢編、餘師録引俱無「於」字。

〔四〕晉書左貴嬪傳：「言及文義，辭對清華。」北史辛德源傳：「文章綺豔，體調清華。」

〔五〕攻媿集、餘師録引「以」作「已」，古通。

〔六〕宋本原注：「詅，力正反。」趙曦明曰：「案：玉篇云：『力丁切。』廣雅：『衒也。』類篇：『鬻也。』」郝懿行曰：「案：博雅：『詅，賣也。』」器案：詅癡符，猶後人之言賣癡騃。攻媿集詅癡符序：「海邦貨魚於市者，夸詡其美，謂之詅魚，雖微物亦然。字書以爲『詅，衒賣也』。顔黄門之推作家訓云云。」苕溪漁隱叢話後集三九：「宋子京云：『江左有文拙而好刻石者，謂之詅嗤符。』」説郛三六緗古叢編曰：「胡氏漁隱叢話作『詅嗤符』，宋景文書作『嗤詅符』，要以顔氏『詅癡』爲正，大抵論其文藻猷骳，矜伐自鬻，質之集韻：『詅，力正反。』注：『賣也。』豈非癡自衒鬻之意！」稗史彙編一一三：「予案：宋景文題三泉龍洞詩，刊落因（三字有誤）漕爲刻石，以石本寄公，公答書有云：『江左有文拙而好刊石，謂詅嗤符，非此乎？』予窮其原，乃出於顔之推家訓云云。」楊升庵文集七一：「和凝爲文，以多爲富，有集百卷，自鏤版以行，識者多非之曰：『此顔之推所謂詅癡符也。』」宋長白柳亭詩話卷二十一：「景文公題三泉龍洞詩，西洛田漕刻諸石，搨以遺公，公答書曰：『江左有文拙而好刻石，人謂之詅嗤符，非此類乎？』按顔之推家訓有曰：『吾見世人至無才思，自謂清華，流布醜拙，亦已衆矣，江南號爲詅癡符。』嗤與癡疑有悮。公所云江左者，指和凝事也。而顔係北齊人，則所云江南，當別有指。宋御史李庚自名其集曰詅癡符，凡二十卷。」

〔七〕誂撆，宋本原注：「上音窕，相呼誘也。下音瞥。」説文手部：「撆，別也；一曰擊也。」胡文英吴下方言考三：「誂撆，音調皮。顔氏家訓：『誂撆邢、魏諸公。』案：誂撆，戲言也，吴中謂以言戲人曰誂撆。」太平廣記一五八引作「輕蔑」，臆改。

〔八〕趙曦明曰：「北齊邢邵傳：『邵字子才，河間鄭人。讀書五行俱下，一覽便記，文章典麗，既贍且速，每一文出，京師爲之紙貴。與濟陰温子昇爲文士之冠，世論謂之温、邢。鉅鹿魏收，雖天才豔發，而年事在二人之後，故子昇死後，方稱邢、魏焉。有集三十卷。』魏收傳：『收字伯起，小字佛助，鉅鹿下曲陽人。以文華顯，辭藻富逸，撰魏書一百三十卷，有集七十卷。』」

〔九〕餘師録「虚」作「戲」，太平廣記「讚説」作「稱讚」。器案：魏書成淹傳：「子霄，字景鸞，亦學涉，好爲文詠，但詞彩不倫，率多鄙俗。與河東姜質等朋遊相好，詩賦間起，知音之士，所共嗤笑，閭巷淺識，頌諷成羣，乃至大行於世。」疑姜質其人，即顔氏所謂并州士族，洛陽伽藍記卷二正始寺所載庭山賦，即其左證也。

〔一〇〕擊牛釃酒，太平廣記作「必擊牛釃酒延之」。史記李牧傳：「日擊數牛饗士。」詩小雅伐木：「釃酒有藇。」釋文引葛洪云：「釃謂以筐漉酒。」器案：後人作篩酒，一音之轉也。

〔一一〕太平廣記無「婦」字。

〔一二〕太平廣記「容」下有「與」字。

〔一三〕文選蘇子卿詩：「四海皆兄弟，誰爲行路人。」李善注：「家語曰：『子游見行路之人，云：魯司鐸火也。』」呂延濟注：「天下四海，道合即親，誰爲行路之人相疎者也。」又王仲寶褚淵碑文：「有識留感，行路傷情。」李善注：「論衡曰：『行路之人，皆能識之。』（下引家語文，與前同，今略）」

〔一四〕趙曦明曰：「老子道經：『自知者明。』」盧文弨曰：「韓非喻老：『知之難，不在見人，在自見。故曰：自見之謂明。』」王叔岷曰：「唐趙蕤長短經是非篇引老子：『内視之謂明。』史記商君列傳：『趙良曰：内視之謂明。』」

學爲文章，先謀親友，得其評裁，知可施行〔一〕，然後出手〔二〕；慎勿師心自任〔三〕，取笑旁人也〔四〕。自古執筆爲文者〔五〕，何可勝言。然至於宏麗精華，不過數十篇耳〔六〕。但使不失體裁〔七〕，辭意可觀〔八〕，便稱才士〔九〕；要須〔一〇〕動俗〔一一〕蓋世〔一二〕，亦俟河之清乎〔一三〕！

〔一〕得其評裁，宋本原注：「一本無此四字。」案：羅本、傅本、顔本、程本、胡本、何本、朱本、黄本、文津本、類説作「得其評裁者」，餘師録引同宋本，並有原注。今從宋本。

〔二〕陳書徐陵傳：「每一文出手，好事者已傳寫成誦。」

〔三〕關尹子五鑑篇：「善心者師心不師聖。」又曰：「如捕蛇，師心不怖蛇。」書斷二王獻之：「爾後改變制度，別創其法，率爾師心，冥合天矩。」

〔四〕劉盼遂曰：「案下文云：『江南文制，欲人彈射，知有病累，隨即改之。陳王得之於丁廙也。』即發明此文之義。又唐白樂天云：『凡人爲文，私於自是，不忍割截，或失於繁多，其間妍媸，益又自惑。必待交友有公鑒、無姑息者，討論而削奪之，然後繁簡當否，得其中矣。』最足發明顔氏此意。」

〔五〕餘師録「者」作「章」。

〔六〕黄叔琳曰：「眼大如箕。」紀昀曰：「正眼小如豆耳。以宏麗精華論文，是賣木蘭之櫝，貴文衣之媵也。」

〔七〕文選謝靈運傳論：「延年之體裁明密。」李善注：「體裁，制也。」

〔八〕宋本「意」作「義」。

〔九〕羅本、傅本、顔本、程本、胡本、何本、朱本、黄本、文津本「便」作「遂」，宋本及餘師録作「便」，今從宋本。

〔一〇〕宋本、餘師録無「須」字。

〔一一〕文選任彦昇天監三年策秀才文：「惟此虚寡，弗能動俗。」李善注：「蔡邕姜肱碑：『至德動俗，邑中化之。』」張銑注：「而我好學虚寡，弗能得動於時俗。惟此，帝自謂也。」

〔一二〕史記項羽本紀：「自爲詩曰：『力拔山兮氣蓋世。』」文選夏侯孝若東方朔畫贊：「高氣蓋世。」李周翰注：「過人蓋世，謂最高也。」

〔一三〕趙曦明曰：「左氏襄八年傳：『周詩有之曰：「俟河之清，人壽幾何？」』」器案：後漢書趙壹傳：「河清不可俟，人命不可延。」亦本左傳。

不屈二姓，夷、齊之節也〔一〕；何事非君，伊、箕之義也〔二〕。自春秋已來，家有奔亡，國有吞滅，君臣固無常分矣〔三〕；然而君子之交絶無惡聲〔四〕，一旦屈膝而事人，豈以存亡而改慮？陳孔璋居袁裁書，則呼操爲豺狼〔五〕；在魏製檄，則目紹爲蛇虺〔六〕。在時君所命〔七〕，不得自專，然亦文人之巨患也，當務從容消息之〔八〕。

〔一〕史記伯夷列傳：「伯夷、叔齊，孤竹君之二子也。……武王已平殷亂，天下宗周，而伯夷、叔齊恥之，義不食周粟，隱於首陽山。」

〔二〕傳本「非君」作「我爲」。趙曦明曰：「史記宋世家：『紂爲淫佚，箕子諫，不聽，或曰：「可以去矣。」箕子曰：「爲人臣諫不聽而去，是彰君之惡而自悦於民，吾不忍爲也。」乃披髮佯狂而爲奴。』」器案：孟子公孫丑上：「何事非君，何使非民，治亦進，亂亦進，伊尹也。」趙岐注：「伊尹曰：『事非其君，何傷也，使非其民，何傷也，要欲爲天理物，冀得行道而已矣。』」又萬章下：「伊尹曰：『何事非君，何使非民，治亦進，亂亦進。』」

〔三〕盧文弨曰：「左氏昭三十二年傳：『史墨曰：「社稷無常奉，君臣無常位，自古以然。」』」王叔岷曰：「案莊子秋水篇：『分無常。』」器案：此顏氏自解之辭也。

〔四〕趙曦明曰：「戰國燕策：『樂毅報燕惠王書曰：「臣聞古之君子，交絶不出惡聲；忠臣去國，不潔其名。」』」

〔五〕趙曦明曰：「魏志袁紹傳注引魏氏春秋：『陳琳爲袁紹檄州郡文云：「操豺狼野心，潛包禍謀，乃欲撓折棟梁，孤弱漢室。」』」

〔六〕趙曦明曰：「琳集不傳，此無攷。」

〔七〕黄本「在」作「任」。

〔八〕消息，注詳風操篇。

或問揚雄曰：「吾子少而好賦？」雄曰：「然。童子雕蟲篆刻，壯夫不爲也〔一〕。」余竊非之曰：虞舜歌南風之詩〔二〕，周公作鴟鴞之詠〔三〕，吉甫、史克雅、頌之美者〔四〕，未聞皆在幼年累德也。孔子曰：「不學詩，無以言〔五〕。」「自衞返魯，樂正，雅、頌各得其所〔六〕。」大明孝道，引詩證之〔七〕。揚雄安敢忽之也？若論「詩人之賦麗以則，辭人之賦麗以淫」〔八〕，但知變之而已，又未知雄自爲壯夫何如也？著劇秦美新〔九〕，妄投於閣〔一〇〕，周章〔一一〕怖慴，不達天命，童子之爲耳。桓譚以勝老子〔一二〕，葛洪以方仲尼〔一三〕，使人歎息。此人直以曉算術〔一四〕，解陰陽〔一五〕，故著太玄經〔一六〕，數子爲所惑耳〔一七〕；其遺言餘行，孫卿、屈原之不及，安敢望大聖之清塵〔一八〕？且太玄今竟何用乎？不啻覆醬瓿而已〔一九〕。

〔一〕羅本、顔本、程本、何本、朱本「雕」作「彫」。「雕」，後起字。宋本「壯夫」作「壯士」，餘本及餘師録作「壯夫」。趙曦明曰：「宋本『壯夫』作『壯士』，非。案：見法言吾子篇。」汪榮寳法言義疏三曰：「『童子彫蟲篆刻』者，説文：『彫，琢文也。』『篆，引書也。』蟲者，蟲書；刻者，刻符。説文序云：『秦書有八體：一曰大篆，二曰小篆，三曰刻符，四曰蟲書，五曰摹印，六曰署書，七曰殳書，八曰隸書。漢興有草書。尉律：「學僮十七以上始試，諷籀書九千，乃得爲史，又以八體試之。郡移大史，並課最者以爲尚書史。」』繫傳云：『案漢書注，蟲書即鳥書，以書幡信，首象鳥形，即下云鳥蟲也。』又案：『蕭子良以刻符摹印，合爲一體。臣以爲符者内外之信，若晉鄙奪魏王兵符，又云借符以罵宋；然則符者，竹而中剖之，字形半分，理應别爲一體。』是蟲書刻符，尤八書中纖巧難工之體，以皆學僮所有事，故曰『童子彫蟲篆刻』。言文章之有賦，猶書體之有蟲書刻符，爲之者勞力甚多，而施於實用者甚寡，可以爲小技，不可以爲大道也。壯夫不爲者，曲禮云：『三十曰壯。』自序云：『雄以爲賦者，又頗似俳優淳于髡、優孟之徒，非法度所存，賢人君子詩賦之正也，於是輟不復爲賦。』」器案：齊書陸厥傳載沈約答陸厥書：「宫商之聲有五，文字之别累萬，以累萬之繁，配五聲之約，高下低昂，非思力所學，又非止若斯而已也。十字之文，顛倒相配，字不過十，巧曆已不能盡，何況復過於此者乎？靈均已來，未經用之於懷抱，固無從得其髣髴矣。若斯之妙，而聖人不尚，何邪？此蓋曲折聲韻之巧，無當於訓義，非聖哲立言之所急也。是以子雲譬之雕蟲篆刻，云：『壯夫不爲。』」

〔二〕趙曦明曰：「禮記樂記：『昔者，舜作五弦之琴，以歌南風。』家語辯樂解：『昔者，舜彈五弦之琴，造南風之詩，其詩曰：「南風之薰兮，可以解吾民之愠兮；南風之時兮，可以阜吾民之財兮。」』」器案：樂記鄭注：「歌詞未聞。」孔疏：「尸子亦載此歌。尸子雜書，家語非鄭所見，故云未詳。」

〔三〕趙曦明曰：「詩序：『鴟鴞，周公救亂也。成王未知周公之志，公乃爲詩以遺王。』」

〔四〕趙曦明曰：「詩序：『大雅嵩高、蒸民、韓奕，皆尹吉甫美宣王之詩。駉，頌僖公也。僖公能遵伯禽之法，魯人尊之，於是季孫行父請命于周，而史克作是頌。』」郝懿行曰：「楊德祖答陳思王書已嘗非之，顔氏即本其意爲説爾。」案：文選楊德祖答臨淄侯牋：「脩家子雲，老不曉事，強著一書，悔其少作。若此，仲山、周旦之儔，爲皆有諐邪？」李善注：「毛詩序曰：『七月，周公遭變，陳王業之艱難。』然詩無仲山甫作者，而吉甫美仲山甫之德，未詳德祖何以言之？」

〔五〕見論語季氏篇。漢書藝文志詩賦略：「古者，諸侯卿大夫交接鄰國，以微言相感，當揖讓之時，必稱詩以喻其志，蓋以別賢不肖而觀盛衰焉，故孔子曰：『不學詩無以言也。』」器案：詩鄘風定之方中傳敘九能之士，中有「登高能賦」一項，即言會同之時，壇坫之上，能賦詩見意也，事見左傳、國語者，多不勝舉也。

〔六〕論語子罕篇：「子曰：『吾自衛返魯，然後樂正，雅、頌各得其所。』」史記孔子世家：「古者，詩三千餘篇，及至孔子，去其重，取可施於禮義，上采契、后稷，中述殷、周之盛，至幽、厲之缺，始於衽席，故曰：『關雎之亂，以爲風始，鹿鳴爲小雅始，文王爲大雅始，清廟爲頌始。』三百五篇，孔子皆弦歌之，以求合韶、武、雅、頌之音，禮樂自此可得而述。」

〔七〕趙曦明曰：「謂孝經。」器案：孔子爲曾子陳孝道，撰述孝經，每章之末，俱引詩以明之。

〔八〕趙曦明曰：「二語亦見吾子篇。」汪榮寶義疏曰：「詩人之賦，謂六義之一之賦，即詩也。周禮太師：『教六詩：曰風，曰賦，曰比，曰興，曰雅，曰頌。』班孟堅兩都賦序云：『賦者，古詩之流也。』李注云：『毛詩序曰：「詩有六義焉，二曰賦。」故賦爲古詩之流也。』爾雅釋詁云：『則，法也。』詩人之賦麗以則者，謂古詩之作，以發情止義爲美，即自序所謂『法度所存，賢人君子，詩賦之正也』，故其麗以則。藝文志顏注云：『辭人，謂後代之爲文辭。』辭人之賦麗以淫者，謂今賦之作，以形容過度爲美，即自序云『必推類而言，閎侈鉅衍，使人不能加也』，故其麗以淫。藝文類聚五十六引摯虞文章流別論云：『古之作詩者，發乎情，止乎禮義。情之發，因辭以形之，禮義之指，須事以明之，故有賦焉，所以假象盡辭，敷陳其志。古詩之賦，以情義爲主，以事類爲佐；今之賦，以事形爲本，以義正爲助。情義爲主，則言省而文有例矣；事形爲本，則言富而辭無常矣。文之煩省，辭之險易，蓋由於此。夫假象過大，則與類相遠；逸辭過壯，則與事相違；辨言過理，則與義相失；麗靡過美，則與情相悖：此四過者，所以背大體而害政教，是以司馬遷割相如之浮説，楊雄疾辭人之賦麗以淫。』案：過即淫也。仲洽此論，推闡楊旨，可爲此文之義疏。」

〔九〕趙曦明曰：「文見文選。」案：李善注曰：「李充翰林論曰：『揚子論秦之劇，稱新之美，此乃計其勝負，比其優劣之義。』漢書：『王莽下書曰：「定有天下之號曰新。」』」

〔一〇〕趙曦明曰：「漢書楊雄傳：『王莽時，劉歆、甄豐皆爲上公。莽既以符命自立，欲絶其原，豐子尋、歆子棻復獻之。誅豐父子，投棻四裔。辭所連及，便收不請。時雄校書天禄閣上，治獄事使者來，欲收雄，雄恐不免，迺從閣上自投下，幾死。莽聞之曰：「雄素不與事，何故在此間？」問其故，迺棻嘗從雄學作奇字，雄不知情，有詔勿問。然京師爲之語曰：「惟寂寞，自投閣；爰清静，作符命。」』」器案：雄解嘲云：「惟寂惟寞，守德之宅；爰清爰静，遊神之庭。」京師語據此以諷雄。

〔一一〕周章，注詳風操篇。

〔一二〕宋本「桓譚」作「袁亮」，餘師録同，並有注云：「案『袁亮』今本作『桓譚』。」趙曦明曰：「漢書楊雄傳：『大司空王邑納言嚴尤問桓譚曰：「子嘗稱雄書，豈能傳於後世乎？」譚曰：「必傳。顧君與譚不及見也。凡人賤近而貴遠，親見子雲禄位容貌，不能動人，故輕其書。老聃著虚無之言兩篇，薄仁義，非禮樂，然後世好之者，以爲過於五經，自漢文、景之君及司馬遷皆有是言。今楊子之書，文義至深，而論不詭於聖人，若使遭遇時君，更閱賢知，爲所稱善，則必度越諸子矣。」』宋本『桓譚』作『袁亮』，未詳，當由避『桓』字，並下字亦訛。」劉盼遂引吴承仕曰：「楊雄本傳：『昔老聃著虚無之言兩篇，後世好之者，以爲過於五經。今楊子之書，文義至深，而論不詭於聖人，若使遭遇時君，更閱賢智，爲所稱善，則必度越諸子矣。』桓譚新論稱：『玄經數百年，其書必傳，世咸尊古卑今，故輕易之；若遇上好事，必以太玄次五經也。』又云：『老子其心玄遠，而與道合。』此太玄勝老子之説，班書蓋本於桓譚也。家訓應作『桓譚』，事在不疑。本作『袁亮』者，『老子與道合』一語，引見袁彦伯三國名臣贊李善注，後世校書者，因相涉而致誤歟？」

〔一三〕趙曦明曰：「晉書葛洪傳：『洪字稚川，丹陽句容人。自號抱朴子，因以名書。』其尚博篇云：『世俗率神貴古昔，而黷賤同時，雖有益世之書，猶謂之不及前代之遺文也。是以仲尼不見重於當時，太玄見蚩薄於比肩也。』」器案：文選劇秦美新李善注：「王莽潛移龜鼎，子雲進不能辟戟丹墀，亢辭鯁議，退不能草玄虚室，頤性全真，而反露才以耽寵，詭情以懷禄，素餐所刺，何以加焉。抱朴方之仲尼，斯爲過矣。」抱朴子吴失篇：「孔、墨之道，昔曾不行；孟軻、楊雄，亦居困否，有德無時，有自來耳。」此亦抱朴以子雲方仲尼之證。

〔一四〕漢書藝文志數術略有許商算術二十六卷、杜忠算術十六卷。今有九章算術傳於世。直，特也。

〔一五〕漢書藝文志諸子略：「陰陽家者流，蓋出於羲和之官。敬順昊天，歷象日月星辰，敬授民時，此其所長也。及拘者爲之，則牽於禁忌，泥於小數，舍人事而任鬼。」

〔一六〕趙曦明曰：「雄傳：『以爲經莫大於易，故作太玄。』」盧文弨曰：「王涯説玄：『合而連之者易也，分而著之者玄也。四位之次：曰方，曰州，曰部，曰家。最上爲方，順而數之，至於家。家一一而轉，而有八十一家。部三三而轉，故有二十七部。州九九而轉，故有九州。一方，二十七首而轉，故三方而有八十一首。一首九贊，故有七百二十九贊。其外踦贏二贊，以備一儀之月。』」

〔一七〕此句原作「爲數子所惑耳」，向宗魯先生曰：「當作『數子爲所惑耳』。」今據改。

〔一八〕後漢書趙咨傳：「復拜東海相，之官，道經滎陽，令敦煌曹嵩，咨之故孝廉也，迎路謁候，咨不爲留；嵩送至亭次，望塵不及。」文選盧子諒贈劉琨詩並書：「自奉清塵。」李善注：「楚辭曰：『聞赤松之清塵。』然行必塵起，不敢指斥尊者，故假塵以言之。言清，尊之也。」王叔岷曰：「案文選司馬相如上書諫獵一首：『犯屬車之清塵。』李注：『車塵言清，尊之意也。』」

〔一九〕不啻，餘師録作「不翅」，古通。趙曦明曰：「雄傳：『劉歆謂雄曰：「空自苦。今學者有禄利，然尚不能明易，又如玄何？吾恐後人用覆醬瓿也。」雄笑而不答。』師古注：『瓿，音蔀，小甖也。』」盧文弨曰：「案侯芭而後，若虞翻、宋衷、陸績、范望、王涯、吴祕、司馬光諸人，咸重太玄，惜顏氏不及見耳。」案：盧氏此言失之，虞、宋、陸、范之徒，顏氏何嘗不及見乎？

齊世有席毗〔一〕者，清幹〔二〕之士，官至行臺尚書〔三〕，嗤鄙文學，嘲劉逖云〔四〕：「君輩〔五〕辭藻，譬若榮華〔六〕，須臾之翫，非宏才也〔七〕；豈比吾徒千丈松樹〔八〕，常有風霜，不可凋悴矣！」劉應之曰：「既有寒木，又發春華，何如也？」席笑曰：「可哉〔九〕！」

〔一〕「席毗」，宋本如此作，餘本及別解、餘師録俱作「辛毗」，下並同。趙曦明曰：「俗本誤作『辛毗』，乃曹魏時人，今從宋本。」陳直曰：「北史序傳叙李彧之子李禮成事云：『伐齊之役，從帝圍晉陽，齊將席毗羅精兵拒帝，禮成力戰退之。』當即此人。席毗又附見北史尉遲迥傳及隋書于仲文傳。」器案：御覽九五三、事類賦二四引亦作「席毗」，御覽五九九引三國典略載此事，正作「席毗」，今從之。

〔二〕齊書王晏傳：「晏啓曰：『鸞清幹有餘，然不諳百氏，恐不可以居此職。』」南史阮孝緒傳：「孝緒父彦之，宋太尉從事中郎，以清幹流譽。」清幹，謂清明能幹。

〔三〕趙曦明曰：「隋書百官志：『後齊制，官行臺在令無文，其官置令、僕射，其尚書丞、郎，皆隨權制而置員焉。其文未詳。』」

〔四〕趙曦明曰：「北齊書文苑傳：『劉逖，字子長，彭城叢亭里人。魏末，詣霸府，倦於覊旅，發憤讀書，在遊宴之中，卷不離手。亦留心文藻，頗工詩詠。』」陳直曰：「北齊書文苑傳稱『劉逖留心文藻，頗工詩詠』。馮氏詩紀輯有對雨、秋朝野望等五言四首。」器案：御覽五九九引三國典略：「劉逖字子長，少好弋獵騎射，後發憤讀書，頗工詩詠。行臺尚書席毗嘗嘲之曰：『君輩辭藻，譬若春榮，須臾之翫，非宏材也；豈比吾徒千丈松樹，常有風霜，不可雕悴。』逖報之曰：『既有寒木，又發春榮，何如也？』毗笑曰：『可矣！』」三國典略之文，當即本此。

〔五〕輩，鮑本誤「輦」。

〔六〕榮華，宋本作「朝菌」，御覽、事類賦、餘師録、月令廣義二俱作「朝菌」。器案：文選郭景純遊仙詩：「蕣榮不終朝。」李善注：「潘岳朝菌賦序：『朝菌者，時人以爲蕣華，莊生以爲朝菌，其物向晨而結，絶日而殞。』」莊子逍遥遊：「朝菌不知晦朔。」釋文：「朝菌，支遁云：『一名舜英。』」則榮華、朝菌，一物而異名。

〔七〕才，御覽九五三作「材」，三國典略亦作「材」。

〔八〕千丈，羅本、傅本、顔本、程本、胡本、何本、朱本、文津本、奇賞、别解及餘師録俱作「十丈」，今從宋本。御覽、事類賦、月令廣義作「千丈」，三國典略亦作「千丈」。盧文弨曰：「世説賞譽上篇：『庾子嵩目和嶠森森如千丈松，雖磊砢有節目，施之大廈，有棟梁之用。』」器案：王隱晉書云：「庾敳見和嶠曰：『森森如千丈松，雖磥砢多節目，施之大廈，梁棟之用。』」見御覽九五三引。

〔九〕可哉，羅本、傅本、顔本、程本、胡本、朱本、文津本、奇賞、别解及月令廣義作「可矣」，三國典略亦作「可矣」，事類賦作「可也」，今從宋本。御覽、餘師録亦作「可哉」。傳本、鮑本不分段。

凡爲文章，猶人乘騏驥〔一〕，雖有逸氣〔二〕，當以銜勒制之〔三〕，勿使流亂軌躅〔四〕，放意〔五〕填坑岸〔六〕也。

〔一〕宋本無「人」字，餘師録亦無；餘本有「人」字，類説、文體明辨文章綱領亦有，今從之。案：文選魏文帝典論論文：「咸以自騁驥騄於千里，仰齊足而並馳。」鍾嶸詩品卷中：「征虜卓卓，殆欲度驊騮前。」亦以乘駿馬喻爲文章。

〔二〕文選魏文帝與吴質書：「公幹有逸氣，但未遒耳。」三國志魏書王粲傳注引典論論文：「徐幹時有逸氣，然非粲匹也。」文心雕龍風骨篇論劉楨亦云：「有逸氣。」逸氣，謂俊逸之氣。

〔三〕銜勒，宋本及餘師録作「銜策」，餘本作「銜勒」，類説同，今從之。趙曦明曰：「宋本『銜勒』作『銜策』，非。説文：『銜，馬勒口中銜行馬者也。』『勒，馬頭絡銜也。』家語執轡篇：『夫德法者，御民之具，猶御馬之有銜勒也。』此言文貴有節制，自當用銜勒；若策者，所以鞭馬而使之疾行，非本意矣。」

〔四〕軌躅，猶言軌迹。漢書叙傳上：「伏周、孔之軌躅。」注：「鄭氏曰：『躅，迹也。』三輔謂牛蹄處爲躅。」」文選魏都賦：「不覩皇輿之軌躅。」

〔五〕放意，猶言肆意、縱意。列子楊朱篇：「衛端木叔者，子貢之世也。籍其先資，家累萬金，不治世故，放意所好，其生民之所欲爲、人意之所欲玩者，無不爲也，無不玩也。」陶潛詠二疏：「放意樂餘年，遑恤身後慮。」

〔六〕盧文弨曰：「坑岸，猶言坑塹。」案：後漢書朱穆傳：「顛隊阬岸。」

文章當以理致爲心腎〔一〕，氣調〔二〕爲筋骨，事義爲皮膚，華麗爲冠冕〔三〕。今世相承，趨末棄本，率多浮豔〔四〕。辭與理競，辭勝而理伏；事與才争，事繁而才損〔五〕。放逸者流宕而忘歸〔六〕，穿鑿者補綴而不足〔七〕。時俗如此，安能獨違？但務去泰去甚耳〔八〕。必有盛才〔九〕重譽〔一〇〕、改革體裁者，實吾所希〔一一〕。

〔一〕理致，義理情致。南史劉之遴傳：「説義屬詩，皆有理致。」傳本、文體明辨文章綱領引「心腎」作「心胸」，未可從。

〔二〕氣調，氣韻才調。隋書豆盧勣傳：「勣器識優長，氣調英遠。」

〔三〕之推所持文學理論，以思想性爲第一，藝術性爲第二。文心雕龍附會篇云：「夫才量學文，宜正體製，必以情志爲神明，事義爲骨髓，辭采爲肌膚，宫商爲聲色，然後品藻玄黄，摛振金玉，獻可替否，以裁厥中，斯綴思之恒數也。」所論與顏氏相合，可以互參。蕭統文選序曰：「事出於沈思，義歸於翰藻。」蕭統之所謂事，即劉、顏之所謂事義；其所謂義，則劉、顏之所謂辭藻也。

〔四〕浮豔，輕浮華豔。陳書江總傳：「總好學，能屬文，於五言、七言尤善，然傷於浮豔。」案：抱朴子外篇辭義：「妍而無據，證援不給，皮膚鮮澤，而骾迴弱。」斯浮艷之謂也。

〔五〕黄叔琳曰：「南北朝文章之弊，兩言道盡。」

〔六〕藝文類聚二五引梁簡文帝誡當陽公大心書：「立身先須謹重，文章且須放蕩。」與之推之説相合，足覘當時風尚。王叔岷曰：「案後漢書方術傳序：『甚有雖流宕過誕，亦失也。』」

〔七〕補綴，補葺聯綴。類説作「補衲」。

〔八〕去泰去甚，餘師録作「去太甚」。紀昀曰：「老世故語，隔紙捫之，亦知爲顔黄門語。」

〔九〕晉書王衍傳：「衍既有盛才美貌，明悟若神，常自比子貢。」南史柳惔傳：「賢子俱有盛才。」盛才，猶言大才。

〔一〇〕重譽，謂隆重之聲譽，與下文重名意同。

〔一一〕盧文弨曰：「希，望也，本當作『晞』。」案：傳本、鮑本不分段。

古人之文〔一〕，宏材〔二〕逸氣，體度〔三〕風格〔四〕，去今實遠；但緝綴疎朴〔五〕，未爲密緻耳。今世音律諧靡〔六〕，章句偶對〔七〕，諱避精詳〔八〕，賢於往昔多矣〔九〕。宜以古之製裁爲本〔一〇〕，今之辭調爲末，並須兩存，不可偏棄也。

〔一〕廣川書跋五引無「人」字。

〔二〕廣川書跋、餘師録「材」作「才」。

〔三〕體度，體態風度。左傳文公十八年正義：「和者，體度寬簡，物無乖争也。」

〔四〕風格，風標格範。晉書和嶠傳：「少有風格。」文心雕龍議對篇：「亦各有美，風格存焉。」

〔五〕緝綴：緝，編緝；綴即綴文之綴，綴屬也。廣川書跋「踈」作「疏」，古通。

〔六〕諧靡，和諧靡麗。

〔七〕偶對，偶配對稱。

〔八〕諱避，廣川書跋作「避諱」。

〔九〕南史陸厥傳：「時盛爲文章，吴興沈約、陳郡謝朓、琅邪王融，以氣類相推轂；汝南周顒，善識聲韻。約等文皆用宫商，將平上去入四聲，以此制韻，有平頭、上尾、蜂腰、鶴膝，五字之中，輕重悉異，兩句之内，角徵不同，不可增減，世呼爲永明體。」

〔一〇〕抱經堂本脱「之」字，各本俱有，今據補。

吾家世文章〔一〕，甚爲典正，不從流俗〔二〕，梁孝元在蕃邸時〔三〕，撰西府新文，訖無一篇見録者〔四〕，亦以不偶於世，無鄭、衛之音〔五〕故也。有詩賦銘誄書表啓疏二十卷，吾兄弟始在草土〔六〕，並未得編次，便遭火盪盡，竟不傳於世。銜酷茹恨〔七〕，徹於心髓！操行見於梁史文士傳〔八〕及孝元懷舊志〔九〕。

〔一〕急就篇：「顔文章。」顔師古注：「顔氏本出顓頊之後，顓頊生老童，老童生吴回，爲高辛火正，是謂祝融，祝融生陸終，陸終生六子，其五曰安，是爲曹姓，周武王封其苗裔於邾，爲魯附庸，在魯國鄒縣，其後邾武公名夷父、字曰顔，故春秋公羊傳謂之顔公，其後遂稱顔氏，齊、魯之間，皆爲盛族。孔氏弟子達者七十二人，顔氏有八人焉，四科之首，回也標爲德行。（王應麟補曰：「顔回。又顔無繇、顔幸、顔高、顔祖、顔之僕、顔噲、顔何。」）韓子稱：『儒分爲八。』而顔氏處其一焉。（補曰：「齊有顔庚，衛有顔讎由，戰國有顔率、顔斶，魯有顔園、顔丁。」）漢有顔駟、顔安樂，以春秋名家。文章，言其文章也。（一作「言有文章之材也」。）」

〔二〕禮記射義：「不從流俗。」鄭玄注：「流俗，失俗也。」孔穎達正義：「不從流移之俗。」孟子盡心下：「同乎流俗。」朱熹集注：「流俗者，風俗頽靡，如水之下流，衆莫不然也。」

〔三〕蕃邸，指湘東王。

〔四〕訖，宋本作「紀」，餘本作「記」，今從傅本；惟傅本「文」下誤衍「史」字。盧文弨曰：「隋書經籍志：『西府新文十一卷，並録，梁蕭淑撰。』案：金樓子著書篇所載諸書，有自撰者，有使顔協、劉緩、蕭賁諸人撰者，此書當亦元帝所使爲之。」器案：唐書藝文志又著録有蕭淑新文要集十卷。淑，蘭陵人，見齊書蕭介傳。西府，指江陵，時荆州居分陝之要，故稱江陵爲西府，猶東晉以歷陽爲西府也。西府新文，蓋梁孝元使蕭淑輯録諸臣寮之文，時之推父協正爲鎮西府諮議參軍，未見收録，故之推引以爲恨耳。

〔五〕鄭、衛之音，指當時浮豔之文。南史蕭惠基傳：「宋大明以來，聲伎所尚多鄭、衛，而雅樂正聲，鮮有好者。」

〔六〕盧文弨曰：「草土，謂在苫凷之中也。」案：梁書袁昂傳：「草土殘息，復罹今酷。」資治通鑑唐紀：「昭宗天復二年，時韋貽範在草土。」胡三省注：「居喪者寢苫枕塊，故曰草土。」

〔七〕詩經大雅烝民：「柔則茹之，剛則吐之。」釋文：「茹，廣雅云：『食也。』」孔穎達正義：「茹者，噉食之名，故取菜之入口名爲茹。禮稱『茹毛』，亦其事也。」案：世言茹苦銜辛，亦其義也。

〔八〕趙曦明曰：「梁書文學傳：『顔協，字子和。七代祖含，晉侍中國子監祭酒西平靖侯。父見遠，博學有志行，齊治書侍御史兼中丞，高祖受禪，不食卒。協幼孤，養於舅氏，博涉羣書，工草隸。釋褐，湘東王國常侍兼記室，世祖鎮荆州，轉正記室。時吴郡顧協，亦在蕃邸，才學相亞，府中稱爲二協。舅謝暕卒，協居喪，如伯叔之禮，議者重焉。又感家門事義，不求顯達，恒辭徵辟。大同五年卒。所撰晉仙傳五篇、日月災異圖兩卷，遇火湮滅。二子：之儀，之推。』」劉盼遂曰：「按：此云梁史，蓋謂陳領軍大著作郎許亨所著之梁史五十三卷（見隋書經籍志），顔不見姚思廉梁史也。此處殊宜分辨。」

〔九〕趙曦明曰：「隋書經籍志：『懷舊志九卷，梁元帝撰。』」劉盼遂曰：「孝元懷舊志一秩一卷，見金樓子著書篇。又案：北周書顔之儀傳：『父協，以見遠蹈義忤時，遂不仕進，湘東王引爲府記室參軍，協不得已乃應命。梁元帝後著懷舊志及詩，並稱贊其美。』恐即本家訓之說。」陳直曰：「顏真卿家廟碑云：『協字子和，感家門事業，不求聞達。元帝著懷舊詩以傷之。』據此，梁元帝除列顏協於懷舊志外，並有懷舊詩也。」器案：金樓子著書篇懷舊序曰：「吾自北守琅臺，東探禹穴，觀濤廣陵，面金湯之設險，方舟宛委，眺玉笥之干霄，臨水登山，命儔嘯侶。中年承乏，攝牧神州，戚里英賢，南冠髦俊，蔭真長之弱柳，觀茂宏之舞鶴，清酒繼進，甘果徐行，長安郡公爲延譽，扶風長者刷其羽毛。於是駐伏熊，迴驅□，命鄒湛，召王祥，余顧而言曰：『斯樂難常，誠有之矣！日月不居，零露相半，素車白馬，往矣不追，春華秋實，懷哉何已！獨軫魂交，情深宿草，故備書爵里，陳懷舊焉。』」

沈隱侯曰〔一〕：「文章當從三易〔二〕：易見事，一也；易識字，二也；易讀誦，三也〔三〕。」邢子才〔四〕常曰：「沈侯文章，用事不使人覺，若胸臆語也〔五〕。」深以此服之。祖孝徵〔六〕亦嘗謂吾曰：「沈詩云：『崖傾護石髓〔七〕。』此豈似用事邪〔八〕？」

〔一〕趙曦明曰：「梁書沈約傳：『約字休文，吳興武康人。高祖受禪，封建昌縣侯，卒謚隱。』」

〔二〕清波雜志十用此文，「文章當從三易」作「古儒士爲文，當從三易」，蓋以臆自爲添設。

〔三〕黄叔琳曰：「古今文章，不出難易兩途，終以易者爲得，與『辭達而已矣』之旨差近也。」徐時棟曰：「吾生平最服此語，以爲此自是文章家正法眼藏，故每作文，偶以比事，須用僻典，亦必使之明白暢曉，令讀者雖不知本事，亦可會意，至於難字拗句，則一切禁絶之。世之專以怪澀自矜奥博者，真不知其何心也。」

〔四〕盧文弨曰：「子才，邢邵字。」

〔五〕文選文賦：「思風發於胸臆。」

〔六〕盧文弨曰：「孝徵，祖珽字。」

〔七〕趙曦明曰：「晉書嵇康傳：『康遇王烈，共入山，嘗得石髓如飴，即自服半，餘半與康，皆凝而爲石。』」器案：此詩今不見沈集，沈遊沈道士館詩有云：「朋來握石髓。」見文選，李善注云：「袁彦伯竹林名士傳曰：『王烈服食養性，嵇康甚敬之，隨入山。烈嘗得石髓，柔滑如飴，即自服半，餘半取以與康，皆凝而爲石。』」不知爲此詩異文，抑别是一詩。

〔八〕傳本不分段。

邢子才、魏收俱有重名〔一〕，時俗準的〔二〕，以爲師匠〔三〕。邢賞服〔四〕沈約而輕任昉〔五〕，魏〔六〕愛慕任昉而毁沈約，每於談讌，辭色以之〔七〕。鄴下紛紜，各有朋黨〔八〕。祖孝徵嘗謂吾曰：「任、沈之是非，乃邢、魏之優劣也〔九〕。」

〔一〕重名，猶言盛名、大名，與前文言「重譽」義同。後漢書孔融傳：「孔文舉有重名。」魏書文苑傳：「楊遵彦作文德論，以爲古今辭人，皆負才遺行，澆薄險忌，惟邢子才、王元景、温子昇彬彬有德素。」

〔二〕後漢書靈帝紀：「其僚輩皆瞻望於憲，以爲準的。」淮南原道篇高誘注：「質的，射者之準埶也。」案：準的，猶今言標準目的。

〔三〕師匠，即宗師大匠。范寧春秋穀梁序：「膚淺末學，不經師匠。」廣弘明集二八上王筠與雲僧正書：「一代師匠，四海推崇。」

〔四〕賞服，顔本、朱本作「常服」。

〔五〕趙曦明曰：「梁書任昉傳：『昉字彦昇，樂安博昌人。雅善屬文，尤長載筆，才思無窮，起草不加點竄。沈約一代詞宗，深所推挹。』」

〔六〕抱經堂校定本「魏」下有「收」字，各本及類説俱無，今據删。

〔七〕辭色以之，猶今言争得面紅耳熱。晉書祖逖傳：「辭色壯烈，衆皆慨歎。」

〔八〕宋本及餘師録「有」作「爲」。

〔九〕北齊書魏收傳：「始收與温子昇、邢邵稱爲後進。邢既被疎出，子昇以罪死，收遂大被任用，獨步一時，議論更相訾毁，各有朋黨。收每議，鄙邢文。邢又云：『江南任昉，文體本疎，魏收非直模擬，亦大偷竊。』收聞，乃曰：『伊常於沈約集中作賊，何意道我偷任昉！』任、沈俱有重名，邢、魏各有所好。武平中，黄門顔之推以二公意問僕射祖珽。珽答曰：『見邢、魏之臧否，即是任、沈之優劣。』」又見北史魏收傳及御覽五九九引三國典略。器案：六朝時品題人物或文章，往往以所批評之對象的優劣來定批評者之優劣，曹魏時亦有與此類似之事。三國志陳思王植傳注引荀綽冀州記：「劉準子：嶠字國彦，髦字士彦，並爲後出之俊。準與裴頠、樂廣善，遣往見之。頠性弘方，愛嶠之有高韻，謂準曰：『嶠當及卿，然髦少減也。』廣性清淳，愛髦之有神檢，謂準曰：『嶠自及卿，然髦尤精出。』準歎曰：『我二兒之優劣，乃裴、樂之優劣也。』」（又見御覽四〇九、四四四引郭子。）王叔岷曰：「案史通雜説中篇：『觀休文宋典，誠曰不工；必比伯起魏書，更爲良史。而收每云：我視沈約，正如奴耳。』（原注：『出關東風俗傳。』）」

吴均集〔一〕有破鏡賦〔二〕。昔者，邑號朝歌，顔淵不舍〔三〕；里名勝母，曾子斂襟〔四〕：蓋忌夫惡名之傷實也。破鏡乃凶逆之獸，事見漢書〔五〕，爲文幸避此名也。比世〔六〕往往見有和人詩者，題云敬同〔七〕，孝經云〔八〕：「資於事父以事君而敬同〔九〕。」不可輕言也。梁世費旭詩云：「不知是耶非〔一〇〕。」殷澐詩云：「飄颻雲母舟〔一一〕。」簡文曰：「旭既不識其父〔一二〕，澐又飄颻其母。」此雖悉古事，不可用也。世人或有文章引詩「伐鼓淵淵」者〔一三〕，宋書已有屢遊之誚〔一四〕。如此流比〔一五〕，幸須避之。北面事親，別舅摛渭陽之詠〔一六〕；堂上養老，送兄賦桓山之悲〔一七〕，皆大失也。舉此一隅〔一八〕，觸塗〔一九〕宜慎。

〔一〕趙曦明曰：「梁書文學傳：『吴均，字叔庠，吴興故鄣人。文體清拔，有古氣，好事者或斆之，謂爲吴均體。』隋書經籍志：『梁奉朝請吴均集二十卷。』本傳同。」

〔二〕破鏡賦，趙曦明曰：「今不傳。」

〔三〕趙曦明曰：「漢書鄒陽傳：『里名勝母，曾子不入；邑號朝歌，墨子回車。』案：此文不同，蓋有所本。」郝懿行曰：「諸書多稱『邑號朝歌，墨子不入』。」洪亮吉曉讀書齋二録曰：「顔淵事，不知所出，或係曾參之誤。」陳漢章曰：「案下句即稱曾子，何得上句更是曾子？淮南説山訓曰：『曾子立孝，不過勝母之閭；墨子非樂，不入朝歌之邑。』崔駰達旨又云：『顔回明仁於度轂。』」龔道耕先生曰：「水經淇水注引論語撰考讖云：『邑名朝歌，顔淵不舍，七十弟子掩目，宰予獨顧，由蹶墮車。』」器案：劉晝新論鄙名章：「水名盜泉，尼父不漱；邑名朝歌，顔淵不舍；里名勝母，曾子還軔；亭名柏人，漢君夜遁。何者？以其名害義也。」亦以回車朝歌爲顔淵事，與本書同。

〔四〕鄭珍曰：「水經淇水注引論語撰考讖云：『邑名朝歌，顔淵不舍。』淮南子、鹽鐵論（案見晁錯篇）並云：『里名勝母，曾子不入。』」器案：御覽一五七引論語撰考讖：「里名勝母，曾子斂襟。」説苑談叢篇、論衡問孔篇、新論鄙名章亦以不入勝母爲曾子，與本書同；史記鄒陽傳索隱引尸子，則又以爲孔子。

〔五〕趙曦明曰：「漢書郊祀志：『有言古天子嘗以春解祠，祠黄帝用一梟破鏡。』注：『孟康曰：梟，鳥名，食母。破鏡，獸名，食父。黄帝欲絶其類，故使百吏祠皆用之。』」

〔六〕比世，猶言比來、今世也。蕭綸見姬人詩：「比來妝點異，今世撥鬟斜。」比來與今世對文，則比世猶今世、近世也。文選鍾士季檄蜀文：「比年已來。」張銑注：「比，近也。」

〔七〕盧文弨曰：「以同爲和，初唐人如駱賓王、陳子昂諸人集中猶然，别有作奉和同云云者，和字乃後人所增入。」陳直曰：「六朝人和詩題，大致稱同、和、奉和、仰和四名詞，稱敬同者尚少見。或作者寫詩給友朋時，有此謙稱，至編集時又削去敬字歟。」器案：葉夢得玉澗新書云：「類文有梁武帝同王筠和太子懺悔詩云：『仍取筠韻。』」此當時和詩言同之證。白居易和答詩十首序云：「其間所見，同者固不能自異，異者亦不能強同，同者謂之和，異者謂之答。」

〔八〕見士章。

〔九〕唐明皇注云：「資，取也，言敬父與敬君同。」

〔一〇〕趙曦明曰：「漢武帝李夫人歌：『是耶非耶？立而望之。』」盧文弨曰：「費旭，江夏人。」劉盼遂曰：「案『旭』皆『甝』之誤字也，隋書經籍志：『尚書義疏，梁國子助教費甝作。』陸氏經典釋文叙録同。三國、六朝，費氏望出江夏鄳縣。」陳直曰：「『不知是耶非』一句，現全詩已佚。但昶有巫山高樂府云：『彼美巖之曲，寧知心是非。』與本句相類似，或昶『不知是耶非』

詩句當時流傳，已爲簡文所嗤點，故昶自改作『寧知心是非』，亦未可知。又昶詩雖本於漢武帝李夫人歌，但六朝人耶爲爺字省文，東魏源磨耶壙志，即源磨爺也。故簡文以不識其父譏之。」器案：「費旭」當作「費昶」，南史何思澄傳：「王子雲，太原人，及江夏費昶，並爲閭里才子。昶善爲樂府，又作鼓吹曲，武帝重之。」隋書經籍志集部有梁新田令費昶集三卷。玉臺新詠亦頗選入費昶詩。（陳直説略同）樂府詩集卷十七載梁費昶巫山高云：「彼美巖之曲，寧知心是非。」下句當即顔氏所引異文，抑或因顔氏彈射而改之也。劉盼遂以爲當作「費彪」，非是。

〔二一〕抱經堂本「飃」作「飄」，下同。趙曦明曰：「晉宫閣記：『舍利池有雲母舟。』見初學記。」盧文弨曰：「『殷澐』疑是『殷芸』，梁書有傳：『芸字灌蔬，陳郡長平人。勵精勤學，博洽羣書，爲昭明太子侍讀。』宜與簡文相接也。又有湘東王記室參軍褚澐，河南陽澤人，有詩。二者姓名，必有一訛。」

〔二二〕盧文弨曰：「以耶爲父，蓋俗稱也。古木蘭詩：『卷卷有耶名。』」劉盼遂曰：「按南朝通俗稱父爲耶。南史王彧傳：『長子絢，年五六歲，讀論語至「周監於二代」，外祖何尚之戲之曰：「可改『耶耶乎文哉』。」絢即答曰：「尊者之名安可戲？寧可道『草翁之風必舅』？」』緣論語此句爲『彧彧乎文哉』，彧是絢之父之名，故何戲改爲耶，知南朝通稱父爲耶矣。」器案：文心雕龍指瑕篇：「至於比語求蚩，反音取瑕，雖不屑於古，而有擇於今焉。」「是耶」之耶爲父，

「雲母」之母爲母，即比語求蚩之證；下文「伐鼓」，又反音取瑕之證也，此皆所謂「諱避精詳」者也。

〔一三〕宋本及餘師録無「文章」二字。「伐鼓淵淵」，詩小雅采芑文。

〔一四〕李慈銘曰：「案金樓子（雜記上）云：『宋玉戲太宰屢遊之談，流連反語，遂有鮑照伐鼓、孝綽布武、韋粲浮柱之作。』此處『宋書』，本亦作『宋玉』。」劉盼遂曰：「案梁元帝金樓子雜記篇……據孝元之言，是引詩『伐鼓淵淵』者爲鮑照，然而沈約宋書明遠附見南平王鑠傳中，不見『伐鼓』之文，亦無『屢遊』之誚。隋書經籍志正史類有徐爰宋書六十五卷，孫嚴宋書六十五卷，宋大明中撰宋書六十一卷，則明遠『伐鼓』『屢遊』故實，當在此三史中矣。」器案：俞正燮癸巳類稿卷七反切證義已舉金樓子及顏氏家訓此文爲言。文鏡祕府論西册論病文二十八種病第二十：「翻語病者，正言是佳詞，反語則深累是也。如鮑明遠詩云：『雞鳴關吏起，伐鼓早通晨。』伐鼓，正言是佳詞，反語則不祥，是其病也。崔氏云：『伐鼓，反語腐骨，是其病。』」是伐鼓反語爲腐骨。屢遊反語未詳。此文心雕龍指瑕篇所謂「比語求蚩，反音取瑕」是也。鮑明遠詩，見文選行藥至城東橋一首。又案：陸機贈顧交趾公貞詩：「伐鼓五嶺表，揚旌萬里外。」謝惠連猛虎行：「伐鼓功未著，振旅何時從？」梁武帝藉田詩：「啓行天猶暗，伐鼓地未悄。」均引詩「伐鼓淵淵」，不獨明遠一人而已。詩中密旨六病例反語病六亦云：「篇中正言是佳詞，反語則理累。鮑明遠詩：『伐鼓早通晨。』伐鼓則正字，反語則反字。」器又案：六朝人所用伐鼓有二義：一爲出師，即本詩經；一爲戒晨，水經濛水注云：「後置大鼓于其上（平城白樓），晨昏伐以千椎，爲城里諸門啓閉之候，謂之戒晨鼓也。」即其義也。若鮑詩所用，則後一義也，此應分别。又案：三國六朝人喜言反語，三國志吴書諸葛恪傳載童謡曰：「……於何相求成子閣。」成子閣者，反語石子岡也。又見晉書五行志中，「成子閣」作「常子閣」；又見宋書五行志二，「成子閣」作「楊子閣」。宋書又載時人曰：「清暑者，反言楚聲也。」清暑反語亦見晉書孝武帝紀。南齊書五行志載舊宫反窮廐，陶郎來反唐來勞，東田反癲童。南史梁本紀中載大通反同泰。又陳本紀載叔寶反少福，又袁粲傳載袁愍反殞門，又梁武帝諸子傳載鹿子開反來子哭。隋書五行志上載楊英反嬴殃。舊唐書高宗紀下載通乾反天窮。水經注四河水四載索郎反桑落。太平廣記卷一百三十六魏叔麟條叔麟反身戮，武三思條德靖反鼎賊，又卷二百四十九邢子才條蓬萊反裴聾，又卷二百五十鄧玄挺條木桶反幪秃，又卷二百五十五安陵佐史條奔墨反北門，契綟秃條天州反偷氈，毛賊反墨槽，曲録鐵反曲綟秃，又卷二百五十八郝象賢條寵之反痴種，又卷二百七十八張鎰條任調反饒甜，又卷二百七十九李伯憐條洗白馬反瀉白米，又卷三百一十六盧充條温休反幽婚，又卷三百二十二張君林條高褐反葛號。説略本俞正燮、劉盼遂。

〔一五〕流比，流輩比類。三國志魏書夏侯太初傳：「擬其倫比，勿使偏頗。」沈約奏彈王源：「玷辱流輩。」義同。

〔一六〕趙曦明曰：「詩小序：『渭陽，秦康公念母也。康公之母，晉獻公之女。文公遭麗姬之難未反，而秦姬卒；穆公納文公，康公時爲太子，贈送文公于渭之陽，念母之不見也，我見舅氏，如母存焉。』」器案：此言母在北堂，而別舅摛渭陽之詠，是爲大失也。太平廣記二六二引笑林：「甲父母在，出學三年而歸，舅氏問其學何得，並序別父久。乃答曰：『渭陽之思，過於秦康。』既而父數之：『爾學奚益？』答曰：『少失過庭之訓，故學無益。』」資暇集上：「徵舅氏事，必用渭陽，前輩名公，往往亦然，兹失於識，豈可輕相承耶？審詩文當悟，皆不可徵用矣。是以齊楊愔幼時，其舅源子恭問讀詩至渭陽未，愔便號泣，子恭亦對之歔欷。」

〔一七〕沈揆曰：「家語：『顏回聞哭聲，非但爲死者而已，又有生離別者也。聞桓山之鳥，生四子焉，羽翼既成，將分於四海，其母悲鳴而送之，聲有似於此，謂其往而不返也。孔子使人問哭者，果曰：「父死家貧，賣子以葬，與之長決。」子曰：「回也善於識音矣。」』一本作『恒山』者，非。」趙曦明曰：「案：沈氏所引家語，見顏回篇，説苑辨物篇亦載之，『桓山』作『完山』。」器案：桓山之悲，取喻父死而賣子；今父尚健在，而送兄引用桓山之事，是爲大失也。又案：初學記十八、御覽四八九引家語作「恒山」，與沈氏所見一本合；抱朴子辨問篇作「完山」，與説苑合。又羅本、傅本、顏本、程本、胡本、何本及餘師録引「桓山」作「栢山」，係避宋諱缺末筆而誤；朱本作「北山」，又緣「栢山」音近而誤也。

〔一八〕一隅，注詳勉學篇「校定書籍」條。

〔一九〕觸塗之觸，與「觸類旁通」之觸義同，唐書崔融傳：「量物而税，觸塗淹久。」

江南文制〔一〕，欲人彈射〔二〕，知有病累〔三〕，隨即改之，陳王得之於丁廙也〔四〕。山東風俗，不通擊難〔五〕。吾初入鄴，遂嘗以此忤人〔六〕，至今爲悔。汝曹必無輕議也。

〔一〕趙曦明曰：「文制，猶言製文。」器案：徐陵答李顒之書：「忽辱來告，文製兼美。」製、制古通。

〔二〕彈射，猶言指摘、批評。李詳曰：「張衡西京賦：『彈射臧否。』」器案：晉書五行志：「吴之風俗，相驅以急，言論彈射，以刻薄相尚。」

〔三〕詩品上：「張協文體華净，少病累。」所謂病累，主要指聲病而言。通鑑一二二胡注：「聲病，謂以平上去入四聲，緝而成文，音從文順謂之聲，反是則謂之病。」文鏡祕府論西册：「家製格式，人談疾累。」疾累即病累也，其書列有文二十八種病。

〔四〕趙曦明曰：「文選曹子建與楊德祖書：『僕嘗好人譏彈其文，有不善者，應時改定。昔丁敬禮常作小文，使僕潤飾之。僕自以才不能過若人，辭不爲也。敬禮謂僕：「卿何所疑難，文之佳惡，吾自得之，後世誰相知定吾文者邪？」吾嘗歎此達言，以爲美談。』」

〔五〕盧文弨曰：「難，乃旦切。」案：擊難，攻擊責難也。世説新語文學篇：「桓南郡與殷荆州共談，每相攻難。」攻難即此擊難也。

〔六〕宋本無「此」字。

凡代人爲文，皆作彼語，理宜然矣。至於哀傷凶禍之辭，不可輒代〔一〕。蔡邕爲胡金盈作母靈表頌曰：「悲母氏之不永，然委我而夙喪〔二〕。」又爲胡顥作其父銘曰：「葬我考議郎君〔三〕。」袁三公頌曰：「猗歟我祖，出自有嬀〔四〕。」王粲爲潘文則思親詩云：「躬此勞悴〔五〕，鞠予小人〔六〕；庶我顯妣，克保遐年。」而並載乎邕、粲之集〔七〕，此例甚衆。古人之所行，今世以爲諱〔八〕。陳思王武帝誄，遂深永蟄之思〔九〕；潘岳悼亡賦，乃愴手澤之遺〔一〇〕：是方父於蟲〔一一〕、匹婦於考也〔一二〕。蔡邕楊秉碑云：「統大麓之重〔一三〕。」潘尼贈盧景宣詩云：「九五思飛龍〔一四〕。」孫楚王驃騎誄云：「奄忽登遐〔一五〕。」陸機父誄〔一六〕云：「億兆宅心，敦敍百揆〔一七〕。」姊誄云：「俔天之和〔一八〕。」今爲此言，則朝廷之罪人也〔一九〕。王粲贈楊德祖詩云：「我君餞之，其樂洩洩〔二〇〕。」不可妄施人子，況儲君乎〔二一〕？

〔一〕郝懿行曰：「此論亦未盡然，如詩之小弁，宜臼之傅所作，即是哀傷凶禍之辭，可得代爲也。」

〔二〕餘師録「然」作「倏」，義較佳。盧文弨曰：「此文今蔡集有之。胡金盈，胡廣之女。此句作『胡委我以夙喪』。」劉寶楠漢石例一稱靈表例舉此及司徒袁公夫人馬氏靈表，云：「靈之爲善，常訓也，大戴禮曾子篇：『神靈者，品物之本也，陽之精氣曰神，陰之精氣曰靈。』詩靈臺傳：『神之精明者稱靈。』故漢書禮樂志安世房中歌，靈凡再見，郊祀歌練時日，靈凡八見，天地一見，赤蛟五見，皆謂神靈也。説文云：『靈，靈巫以玉事神，从玉霝聲。』又云：『靈或从巫。』案：靈本事神之玉，因以名神；其事神之巫，亦因以名靈。然則靈表者，以兆域爲神所依，故表其神靈，王稚子闕稱先靈是也。」

〔三〕盧文弨曰：「胡顥，廣之孫，議郎，名寧。今蔡集無此篇，與下袁三公頌同逸。」

〔四〕左傳昭公八年杜注：「胡公滿，遂之後也，事周武王，賜姓曰嬀，封之陳。」廣韻二十一欣：「袁姓出陳郡、汝南、彭城三望，本自胡公之後。」詩周頌潛：「猗與漆、沮。」鄭箋：「猗與，歎美之言也。」

〔五〕羅本、傅本、顏本、程本、胡本、何本、朱本、文津本及餘師録「悴」作「瘁」，字通。詩小雅蓼莪：「哀哀父母，生我勞瘁。」鄭箋：「瘁，病也。」

〔六〕蓼莪：「母兮鞠我。」毛傳：「鞠，養。」

〔七〕趙曦明曰：「思親詩，今見粲集中。」

〔八〕宋本及餘師録引句末有「也」字。

〔九〕郝懿行曰：「文心雕龍指瑕篇云：『永蟄頗疑於昆蟲。』」李詳曰：「案藝文類聚十四曹植武帝誄：『潛闥一扃，尊靈永蟄。』」

〔一〇〕趙曦明曰：『岳集中載悼亡賦，無此句。』郝懿行曰：「潘岳悲内兄則云『感口澤』，及此云悼亡賦『愴手澤』，今檢潘集，都未見此二語，何也？」

〔一一〕趙曦明曰：「禮記月令：『季秋之月，蟄蟲咸俯。』」

〔一二〕宋本及餘師録作「譬婦爲考也」。何焯曰：「白詩中『譬』字多作『匹』。」趙曦明曰：「禮記玉藻：『父没而不能讀父之書，手澤存焉爾。』」陳直曰：「金樓子立言篇云：『陳思之文，羣才之雋也。武帝誄云：尊靈永蟄。明帝頌云：聖體浮輕。浮輕有似於蝴蝶，永蟄可擬於昆蟲，施之尊極，不其嗤乎。』之推之言，蓋與梁元帝相似。」

〔一三〕趙曦明曰：「案今蔡集所載秉碑一篇，無此語。書舜典：『納于大麓，烈風雷雨弗迷。』」盧文弨曰：「鄭康成注尚書大傳云：『山足曰麓，麓者，録也。古者，天子命大事，命諸侯，則爲壇國之外。堯聚諸侯，命舜陟位居攝，致天下之事，使大録之。』」案：漢書王莽傳中：「予前在大麓，至於攝假。」用法與此同。陳粲曰：「漢書于定國傳：『永光元年，春霜夏寒，日青無光，元帝以詔條責定國。定國惶恐，上書自劾，歸侯印，乞骸骨。元帝報曰：君相朕躬，不敢怠息。萬方之事，大録于君。能毋過者，其爲聖人。』此詔正用堯典『納于大麓』事，則訓麓爲録，不始于康成之注尚書大傳矣。」

〔一四〕趙曦明曰：「今集中有送盧景宣詩一首，無此句。易乾卦：『九五，飛龍在天，利見大人。』案：九五，君位，飛龍，是聖人起而爲天子，故不可泛用。」

〔一五〕趙曦明曰：「此篇今已亡。禮記曲禮下：『告喪曰天王登假。』假讀爲遐。」器案：孫楚，晉書本傳云：「字子荆，太原中都人也。」隋書經籍志：「晉馮翊太守孫楚集六卷，梁十二卷，録一卷。」本書終制篇：「儻然奄忽。」文選馬融長笛賦：「奄忽滅没。」注：「方言：『奄，遽也。』」三國志蜀書先主傳：「亮上言於後主曰：『伏惟大行皇帝……奄忽升遐。』」文鏡祕府論地册十四例輕重錯謬之例：「陳王之誄武帝，遂稱『尊靈永蟄』；孫楚之哀人臣，乃云『奄忽登遐』。」原注：「子荆王驃騎誄，此錯謬一例也。見顔氏傳。」即據本文爲説。王楙野客叢書卷二十八曰：「登遐二字，晉人臣下亦多稱之，如夏侯湛曰：『我王母登遐。』孫楚除娣服詩曰：『神爽登遐忽一周。』又誄王驃騎曰：『奄忽登遐。』自此稱登遐者不少，亦當時未避忌爾，然不可謂臣下亦可稱也。」嚴可均輯孫楚文失收此句。王叔岷曰：「案墨子節喪篇：『秦之西有儀渠之國者，其親戚死，聚柴而焚之，燻上，謂之登遐。』（又見列子湯問篇、博物志異俗篇、劉子風俗篇。）列子黄帝篇：『而帝登假。』張湛注：『假當爲遐。』周穆王篇：『世以爲登假焉。』注：『假字當作遐。』」

〔一六〕陸機父抗，吴大司馬。類聚四七引機吴大司馬陸抗誄，無此二語，嚴可均輯全晉文失收，當據補。

〔一七〕趙曦明曰：「此語未見。左氏閔元年傳：『天子曰兆民。』書泰誓中：『紂有億兆夷人。』又康誥：『汝丕遠惟商耇成人，宅心知訓。』文選劉越石勸進表：『純化既敷，則率土宅心。』書益稷：『惇叙九族。』舜典：『納于百揆，百揆時叙。』」

〔一八〕顏本、朱本及餘師録「和」作「妹」。今機集無此文。趙曦明曰：「詩大雅大明：『大邦有子，俔天之妹。』傳：『俔，磬也。』説文：『俔，譬也。』謂譬喻也。牽遍切。」

〔一九〕器案：金樓子立言篇下：「古來文士，異世争驅，而慮動難固（周），鮮無瑕病。陳思之文，羣才之儁也，武帝誄云：『尊靈永蟄。』明帝頌云：『聖體浮輕。』『浮輕』有似於蝴蝶，『永蟄』可擬於昆蟲，施之尊極，不其嗤乎！」文心雕龍指瑕篇：「古來文才，異世争驅，或逸才以爽迅，或精思以纖密；而慮動難圓，鮮無瑕病。陳思之文，羣才之俊也，而武帝誄云：『尊靈永蟄。』明帝頌云：『聖體浮輕。』浮輕有似於胡蝶，永蟄頗疑於昆蟲，施之尊極，豈其當乎！左思七諷，説孝而不從，反道若斯，餘不足觀矣。潘岳爲才，善於哀文，然悲内兄則云『感口澤』，傷弱子則云『心如疑』。禮文在尊極，而施之下流，辭雖足哀，義斯替矣。」金樓、文心所言，足與顏氏之説互證。

〔二〇〕趙曦明曰：「此篇已亡。楊脩，字德祖，太尉彪之子。左氏隱元年傳：『公入而賦：「大隧之中，其樂也融融。」姜出而賦：「大隧之外，其樂也洩洩。」』」案：杜注：「洩洩，舒散也。」

〔二一〕後漢書安紀贊：「降奪儲嫡。」李賢注：「儲嫡，謂太子也。」董逌廣川書跋五：「秦、漢以後，禁忌稍嚴，文氣日益凋喪，然未若後世之纖密周細，求人功皋於此也。昔左氏書子皮即位，叔向言罕樂得其國；葉公作顧命，楚、漢之際爲世本者用之；潘岳奉其母，稱萬壽以獻觴；

張永謂其父柩，大行屆道；孫盛謂其父登遐；蕭惠開對劉成，甚如慈旨；竟陵謂顧憲之曰：『非君無以聞此德音。』鮑照於始興王則謂：『不足宣贊聖旨。』晉武詔山濤曰：『若居諒闇，情在難奪。』夫顧命、大行、諒闇、德音，後世人臣，不得用之。其以朕自況，與稱臣對客，自漢已絶於此，況後世多忌，而得用耶？顔之推曰：『古之文，宏才逸氣，體度風格，去今人實遠；但綴緝疏朴，未爲密緻耳。今世音律諧靡，章句對偶，避諱精詳，賢於往昔。』之推當北齊時，已避忌如此，其謂『綴緝疏朴』，此正古人奇處，方且以避諱精詳爲工，音律對偶爲麗，不知文章至此，衰敝已劇，尚將倀倀求名人之遺蹟邪？吾知溺於世俗之好者，此皆沈約徒隸之習也。」案：董氏之説，足與顔氏之説相輔相成，因此而附及之。又案：傅本、鮑本不分段。

挽歌辭者，或云古者虞殯之歌〔一〕，或云出自田横之客〔二〕，皆爲生者悼往告哀之意〔三〕。陸平原〔四〕多爲死人自歎之言〔五〕，詩格〔六〕既無此例，又乖製作本意〔七〕。

〔一〕此句及下句「云」字，抱經堂校定本俱作「曰」，宋本及各本俱作「云」，今據改。趙曦明曰：「左氏哀十一年傳：『公孫夏命其徒歌虞殯。』注：『虞殯，送葬歌曲。』」

〔二〕趙曦明曰：「崔豹古今注：『薤露、蒿里，並喪歌也。田横自殺，門人傷之，爲作悲歌，言人命如薤上之露，易晞滅也；亦謂人死魂魄歸乎蒿里，故有二章。至李延年乃分爲二曲，薤露送王公貴人，蒿里送士大夫庶人，使挽柩者歌之，世呼爲挽歌。』」案：田横，齊王田榮弟，史記有傳。

〔三〕皆爲生者悼往告哀之意。傳本、胡本「告」作「苦」，不可從。

〔四〕趙曦明曰：「陸機爲平原内史。」

〔五〕趙曦明曰：「陸機挽歌詩三首，不全爲死人自歎之言，唯中一首云：『廣宵何寥廓，大暮安可晨？人往有反歲，我行無歸年！』乃自歎之辭。」器案：挽歌詩見文選卷二十八。繆襲挽歌云「造化雖神明，安能復存我」云云。陶潛挽歌辭云「嬌兒索父啼，良友撫我哭」云云。又云「肴案盈我前，親舊哭我傍」云云。又云「嚴霜九月中，送我出遠郊」云云。並爲死人自歎之言，固不止一陸平原也。

〔六〕案：唐書藝文志丁部著録詩格、詩式，自元兢以下凡七家。據此，則詩格、詩式，雖自唐人始撰輯成書，而其説則六朝固已發之矣。

〔七〕宋本及餘師録「本意」作「大意」。郝懿行曰：「陶淵明自作挽歌，乃愈見其曠達，然故是變格爾。」

凡詩人之作，刺箴美頌，各有源流，未嘗混雜，善惡同篇也。陸機爲齊謳篇〔一〕，前叙山川物産風教之盛，後章忽鄙山川之情〔二〕，殊〔三〕失厥體。其爲吴趨行〔四〕，何不陳子光、夫差乎〔五〕？京洛行〔六〕，胡不述赧王、靈帝乎〔七〕？

〔一〕沈揆曰：「樂府（卷六十四）：『陸機齊謳行備言齊地之美，亦欲使人推分直進，不可妄有所營也。』」器案：文選齊謳行張銑注：「此爲齊人謳歌國風也，其終篇亦欲使人推分直進，不可苟有所營。」

〔二〕趙曦明曰：「非也。案本詩『惟師』以下，刺景公據形勝之地，不能修尚父、桓公之業，而但知戀牛山之樂，思及古而無死也。」器案：齊謳行云：「鄙哉牛山歎，未及至人情。」此鄙景公耳，非鄙山川也。齊景公登牛山，悲去其國而死，見韓詩外傳卷十、晏子春秋内篇諫上及外篇、列子力命篇及御覽四二八引新序。

〔三〕「殊」原作「疎」，傅本、朱本及餘師録作「殊」，義較勝，今據改正。

〔四〕沈揆曰：「樂府云：『崔豹古今注曰：「吴趨行，吴人以歌其地。」陸機吴趨行曰：「聽我歌吴趨。」趨，步也。』一本作『吴越行』者，非。」器案：文選吴趨行劉良注：「此曲，吴人歌其土風也。」

〔五〕趙曦明曰：「非也。吴趨乃平原桑梓之邦，以釋回增美爲體，何爲而陳子光、夫差乎？」

〔六〕案：樂府詩集卷三十九煌煌京洛行録魏文帝以下四首，無陸機之作，蓋在宋時已亡之矣。

〔七〕羅本、傅本、顔本、何本、朱本及餘師録「胡」作「何」，程本及胡本誤作「祠」。趙曦明曰：「非也。京洛爲天子之居，當以可法可戒爲體，何爲而述赧王、靈帝乎？」

自古宏才博學，用事誤者有矣；百家雜說，或有不同〔一〕，書儻湮滅，後人不見，故未敢輕議之。今指知決紕繆者〔二〕，略舉一兩端以爲誡〔三〕。詩云：「有鷕雉鳴〔四〕。」又曰〔五〕：「雉鳴求其牡。」毛傳亦曰：「鷕，雌雉聲。」又云：「雉之朝雊，尚求其雌〔六〕。」鄭玄注月令亦云：「雊，雄雉鳴〔七〕。」潘岳賦〔八〕曰：「雉鷕鷕以朝雊〔九〕。」是則混雜其雄雌矣〔一〇〕。詩云：「孔懷兄弟〔一一〕。」孔，甚也；懷，思也，言甚可思也。陸機與長沙顧母書〔一二〕，述從祖弟士璜死〔一三〕，乃言：「痛心拔腦〔一四〕，有如孔懷。」心既痛矣，即爲甚思，何故方言有如也〔一五〕？觀其此意，當謂親兄弟爲孔懷〔一六〕。詩云：「父母孔邇〔一七〕。」而呼二親爲孔邇，於義通乎？異物志〔一八〕云：「擁劍狀如蟹〔一九〕，但一螯偏大爾〔二〇〕。」何遜〔二一〕詩云：「躍魚如擁劍〔二二〕。」是不分魚蟹也。漢書：「御史府中列柏樹，常有野鳥數千，棲宿其上，晨去暮來，號朝夕鳥〔二三〕。」而文士往往誤作烏鳶用之〔二四〕。抱朴子說項曼都詐稱得仙〔二五〕，自云：「仙人以流霞一杯與我飲之，輒不飢渴〔二六〕。」而簡文詩云：「霞流抱朴椀〔二七〕。」亦猶郭象以惠施之辨爲莊周言也〔二八〕。後漢書：「囚司徒崔烈以鋃鐺鏁〔二九〕。」鋃鐺，大鏁也；世間多誤作金銀字〔三〇〕。武烈太子〔三一〕亦是數千卷學士〔三二〕，嘗作詩云：「銀鏁三公脚，刀撞僕射頭〔三三〕。」爲俗所誤〔三四〕。

〔一〕荀子解蔽篇：「今諸侯異政，百家異説，則必或是或非，或治或亂。」史記太史公自序：「整齊百家雜語。」正義：「整齊諸子百家雜説之語。」

〔二〕盧文弨曰：「禮記大傳：『五者，一物紕繆。』注：『紕，猶錯也。』釋文：『紕，匹彌切。繆，本或作謬。』」

〔三〕宋本、鮑本及餘師録引句末有「云」字。

〔四〕此及下句引詩，見邶風匏有苦葉。盧文弨曰：「鷕，説文以水切，今讀户小切。」

〔五〕又曰，抱經堂本作「又云」，宋本及各本都作「又曰」，今從之。

〔六〕見詩小雅小弁。

〔七〕見禮記月令季冬之月。郝懿行曰：「鄭注月令，今本無『雄』字，而云：『雊，雉鳴也。』説文亦云：『雊，雄雉鳴。』疑顔氏所見古本有『雄』字，而今本脱之歟？」

〔八〕趙曦明曰：「岳有射雉賦。」

〔九〕朱本注云：「雊，音垢，雌雄鳴也。」此朱軾臆説，不可從。

〔一〇〕趙曦明曰：「徐爰注此賦云：『延年以潘爲誤用。案：詩「有鷕雉鳴」，則云「求牡」，及其「朝雊」，則云「求雌」，今云「鷕鷕朝雊」者，互文以舉，雄雌皆鳴也。』案：徐説甚是，古人行文，多有似此者。」段玉裁曰：「徐子玉與延年皆宋人也，黄門年代在後，其所作家訓，當是襲延年説耳。」案：段玉裁説文解字注四上雊篆：「雊，雄雉鳴也。言雄雉鳴者，别於鷕之爲雌雉鳴也。小雅：『雉之朝雊，尚求其雌。』邶風：『有鷕雉鳴。』下云：『雉鳴求其牡。』按：鄭注月令云：『雊，雉鳴也。』是雊不必系雄鳴，則毛公系諸雌，亦望文立訓耳。若潘安仁賦：『雉鷕鷕而朝雊。』此則所謂渾言不別也。顏延年、顏之推皆云潘誤用，未孰於訓詁之理。」

〔一一〕趙曦明曰：「詩小雅常棣作『兄弟孔懷』。」

〔一二〕趙曦明曰：「通典：『秦長沙郡，漢爲國，後漢復爲郡，晉因之。』」

〔一三〕器案：御覽六九五引陸機與長沙夫人書：「士璜亡，恨一襦少，便以機新襦衣與之。」即此一書也。

〔一四〕宋本、羅本、顏本、程本、胡本、何本、朱本「腦」作「惱」，傅本、抱經堂本及餘師録作「腦」，今從之。

〔一五〕「方」字，各本俱脱，宋本、鮑本及餘師録有，今據補正。

〔一六〕器案：魏志管輅傳：「辰叙曰：『辰不以闇淺，得因孔懷之親，數與輅有所諮論。』」通鑑一三六：「魏主乃下詔，稱『二王所犯難恕，而太皇太后追惟高宗孔懷之思』云云。」胡注：「二王於文成帝爲兄弟，詩曰：『兄弟孔懷。』」文館詞林六九一隋文帝答蜀王勅書：「嫉妒於弟，無惡不爲，滅孔懷之情也。」則以兄弟爲孔懷，自三國迄北隋，猶然相同也。孫能傳剡溪漫筆一曰：「詩文用歇後語，亦是一疵，東京、魏、晉以來多有之。崔駰云：『非不欲室也，惡登牆而摟處。』崔琰云：『哲人君子，俄有色斯之志。』傅亮云：『照鄰殆庶。』王融云：『風舞之情咸蕩。』皆載在文選，不以爲嫌，絶不可以爲法。陶淵明詩：『再喜見友于。』梁武帝戲劉溉：『文章假手。』孫蓋曰：『得無貽厥之力乎？』後學相承，遂謂兄弟爲友于，子孫爲貽厥，少陵詩：『山鳥幽花皆友于。』昌黎詩：『豈謂貽厥無基址。』顔魯公郭汾陽家廟碑：『友于著睦，貽厥有光。』皆未免俗。若爾，則率土之濱莫非王，何以云倒綳孩兒也。」案：孫氏言歇後語之疵，獨未及孔懷，此亦其鄰類也。王叔岷曰：「弘明集十一劉君白答僧巖法師書：『對孔懷之好，敦九族之美。』亦以兄弟爲『孔懷』。」

〔一七〕見詩周南汝墳。

〔一八〕趙曦明曰：「隋書經籍志：『異物志一卷，漢議郎楊孚撰。』」

〔一九〕古今注中魚蟲第五：「蟚蜞，小蟹也，生海邊，食土，一名長卿。其有一螯偏大，謂之擁劍，亦名執火，以其螯赤，故謂執火也。」

〔二〇〕北户録一崔龜圖注引「⿱敖月」作「螯」。朱本注云：「⿱敖月，音敖，蟹大足，螯同。」

〔二一〕趙曦明曰：「梁書文學傳：『何遜，字仲言，東海郯人。八歲能賦詩文章，與劉孝綽並見重當世。』」

〔二二〕案：何遜連圻二首作「魚遊若擁劍，猿掛似懸瓜」。

〔二三〕見漢書朱博傳。

〔二四〕宋祁曰：「浙本亦作『鳥』。余謂『鳥』字當作『烏』字。」緗素雜記八：「余案：白氏六帖與李濟翁資暇集，其餘簡編所載，及人所引用，皆以爲烏鳶，而獨家訓以爲不然，何哉？余所未諭。」（永樂大典二二三四五用此文，失記出處。）方以智通雅二四曰：「今稱御史爲烏臺，以朱博傳『御史府中列柏木，常有野烏數千』也。于文定泥顏氏家訓，以爲『烏』誤作『鳥』。智案：唐、宋來皆用烏府，考漢書原作『烏』字，或顏氏別見一本耶？」盧文弨曰：「此見朱博傳，本皆作『烏』，宋祁因顏此言，謂當作『鳥』。」周壽昌曰：「顏氏當日所見漢書，或傳鈔偶誤，宋氏取此孤證，欲改古書，未可信也。考御史府稱烏署，見唐制書；烏府、烏臺，見白六帖；唐張良器有烏臺賦云：『門凌晨而豸出，樹夕陽而烏來。』正用此事。是唐以來，漢書皆作『烏』，益可證。」陳直曰：「漢書刊本，烏鳥二字往往易混。例如張掖郡鸞鳥縣，宋嘉祐本即作鸞烏。蘇詩云：『烏府先生鐵作肝。』是宋人所見朱博傳即作野烏。顏氏所見本作野鳥，或字之異同，未可即定烏爲正確字。」

〔二五〕劉盼遂曰：「案：葛説又本王充論衡道虛篇。」

〔二六〕盧文弨曰：「見祛惑篇。」

〔二七〕今本簡文集無此詩。劉盼遂曰：「案抱朴子祛惑篇之説，又本之王充論衡道虛篇。道虛篇云：『河東蒲坂項曼都好道，學仙，委家亡去，三年而返家。問其狀，曰：「去時不能自知，忽見若卧形，有仙人數人將我上天，離月數里而止。見月上下幽冥，幽冥不知東西。居月之旁，其寒悽愴，口飢欲食，仙人輒飲我以流霞一杯。每飲一杯，數月不飢。不知去幾何年月，不知以何爲過，忽然若卧，復下至此。」河東號之曰斥仙。』此正爲抱朴子所本。簡文詩云：『霞流抱朴椀。』亦可云『霞流王充椀』乎？宜其爲顏氏之所譏也。」

〔二八〕趙曦明曰：「案：莊子天下篇，自『惠施多方』而下，因述施之言而辨正之。郭象注云：『昔吾未覽莊子，嘗聞論者爭夫尺捶、連環之意，而皆云莊生之言。案：此篇較評諸子，至於此章，則曰其道舛駁，其言不中，乃知道聽塗説之傷實也。』則郭注本分明，顏氏譏之，誤也。」按：此指郭象未見莊子以前耳，非誤。

〔二九〕鋃鐺，宋本原注：「上音狼，下音當。」趙曦明曰：「後漢書崔駰傳：『孫寔，從弟烈，因傅母入錢五百萬，得爲司徒。獻帝時，子鈞與袁紹俱起兵山東，董卓以是收烈付郿獄，錮之鋃鐺鐵鏁。卓既誅，拜城門校尉。』」能改齋漫録七：「韓子蒼夏夜廣壽寺偶書云：『城郭初鳴定夜鐘，苾芻過盡法堂空。移牀獨向西南角，卧看琅璫動晚風。』案：顏氏家訓云云，顏所引鋃鐺字皆從金，子蒼所用字皆從玉，仍以鋃鐺爲鈴鐸，而非鏁也。子蒼博極羣書，恐當別有所本，洪龜父亦云：『琅璫鳴佛屋。』」器案：漢書王莽傳下：「以鐵鎖琅當其頸。」師古曰：「琅當，長鏁也。」字正從玉。至謂鈴鐸爲琅璫，當由「三郎郎當」而來耳。

〔三〇〕困學紀聞八引董彦遠除正字啓：「鎖定鋃鐺之名，車改金根之目。」上句即此文所申斥之流比。何焯曰：「金銀借對，謂定銀爲鋃也。」

〔三一〕盧文弨曰：「南史忠壯世子方等傳：『字實相，元帝長子。少聰敏，有俊才，南討軍敗溺死，謚忠壯，元帝即位，改謚武烈世子。』」

〔三二〕器案：數千卷學士，謂讀數千卷書之學士。本書名實篇：「有一士族，讀書不過二三百卷。」又勉學篇：「若能常保數百卷書。」類説「保」作「飽」。俱謂讀若干卷書也。北史崔儦傳：「少以讀書爲務，負恃才地，大署其户曰：『不讀五千卷書者，無得入室。』」杜甫贈韋左丞詩：「讀書破萬卷。」

〔三三〕蕭方等無集傳世。案：北齊書王紘傳：「帝使燕子獻反縛紘，長廣王捉頭，帝手刃將下，紘曰：『楊遵彦、崔季舒，逃走避難，位至僕射尚書；冒死效命之士，反見屠戮，曠古未有此事。』帝投刃於地，曰：『王師羅不得殺。』遂捨之。」豈方等亦用近事耶？疑不能明也。

〔三四〕能改齋漫録此句作「蓋誤也」。

文章地理〔一〕，必須愜當。梁簡文〔二〕雁門太守行〔三〕乃云：「鵞軍攻日逐〔四〕，燕騎蕩康居〔五〕，大宛歸善馬〔六〕，小月送降書〔七〕。」蕭子暉〔八〕隴頭水〔九〕云：「天寒隴水急，散漫俱分瀉，北注徂黄龍〔一〇〕，東流會白馬〔一一〕。」此亦明珠之纇〔一二〕、美玉之瑕，宜慎之。〔一三〕

〔一〕案：本書勉學篇：「夫學貴能博聞也。郡國山川……皆欲根尋，得其原本。」尋詩經鄘風定之方中毛傳：「故建邦能命龜，田能施命，作器能銘，使能造命，升高能賦，師旅能誓，山川能說，喪紀能誄，祭祀能語：君子能此九者，可謂有德音，可以爲大夫。」釋文：「能說，如字。鄭志：『問曰：山川能說，何謂也？答曰：兩讀。或言說，說者說其形勢也；或曰述，述其故事也。』」孔穎達疏：「山川能說者，謂行過山川，能說其形勢而陳述其狀也。鄭志：『張逸問：傳曰山川能說，何謂？答曰：兩讀。或云說者說其形勢；或云述者，述其古事。』則鄭爲兩讀，以義俱通故也。」器案：後世地志、圖經之作，蓋權輿於此，漢書地理志所謂「采獲舊聞，考迹詩書，推表山川，以綴禹貢、周官、春秋，下及戰國、秦、漢焉」是也。

〔二〕趙曦明曰：「梁書簡文帝紀：『諱綱，字世纘，小字六通，高祖第三子。大寶二年，侯景使王偉等弒之。帝雅好題詩，其序云：「余七歲有詩癖，長而不倦；然傷於輕豔，當時號曰宮體。」』」案：隋書經籍志：「梁簡文帝集八十五卷，陸罩撰並録。」周書蕭大圜傳：「簡文集九十卷。」又案：簡文前已數見，不應在此始出注，茲仍沿趙、盧之失，率爾識之。

〔三〕趙曦明曰：「漢書匈奴傳：『趙武靈王自代並陰山下至高闕爲塞，置雲中、雁門、代郡。』漢書地理志：『雁門郡，秦置，屬并州。』」

〔四〕趙曦明曰：「左氏昭二十一年傳：『宋公子城與華氏戰于赭丘，鄭翩願爲鸛，其御願爲鵞。』漢書匈奴傳：『狐鹿孤單于立，以左大將爲左賢王，數年病死。其子先賢撣不得代，更以爲日逐王。日逐王者，賤於左賢王。』」案：左傳杜注：「鸛、鵞，皆陣名。」

〔五〕趙曦明曰：「戰國燕策：『蘇秦說燕文侯曰：「燕軍七百乘，騎六千匹。」』漢書西域傳：『康居國與大月氏同俗，東羈事匈奴。』」

〔六〕趙曦明曰：「漢書西域傳：『大宛國治貴城山，多善馬，馬汗血。武帝遣使者持千金及金馬以請宛善馬，不肯與，漢使妄言，宛遂攻殺漢使。於是天子遣貳師將軍伐宛，宛人斬其王毋寡首，獻馬三千匹。宛王蟬封與漢約，歲獻天馬二匹。』」

〔七〕趙曦明曰：「漢書西域傳：『大月氏爲單于攻破，乃遠去。不能去者，保南山羌，號小月氏。共稟漢使者有五翖侯，皆屬大月氏。』」盧文弨曰：「氏音支。翖與翕同。此殆言燕、宋之軍，其與此諸國皆不相及也。」陳直曰：「樂府詩集有簡文雁門太守行二首，獨無此四句，蓋當日所作，不止此數。而此四句反見褚翔雁門太守行篇中，（見馮氏詩紀。）之推爲當時人，屬於簡文所作，當然可信。又簡文此作係依題詠事，若漢樂府亦有此題，則專爲歌頌洛陽令王稚子而作也。」器案：此乃梁褚翔詩，非簡文詩也。梁簡文從軍行云：「先平小月陣，却滅大宛城，善馬還長樂，黃金付水衡。」見樂府詩集卷三十二，此蓋相涉而誤。又樂府詩集卷三十九載褚翔雁門太守行云：「戎車攻日逐，燕騎蕩康居，大宛歸善馬，小月送降書。」

〔八〕趙曦明曰：「梁書蕭子恪傳：『弟子暉，字景光。少涉書史，亦有文才。』」案隋書經籍志：「梁蕭子暉集九卷。」

〔九〕趙曦明曰：「後漢郡國志：『漢陽郡隴縣，州刺史治，有大坂，名隴坻。』注：『三秦記：「其坂九迴，不知高幾許，欲上者七日乃越。高處可容百餘家，清水四注下。」郭仲產秦州記曰：

「隴山東西百八十里，登山嶺東望秦川四五百里，極目泯然。山東人行役升此而顧瞻者，莫不悲思，故歌曰：隴頭流水，分離四下。念我行役，飄然曠野。登高遠望，涕零雙墮。」』」陳直曰：「馮氏詩紀蕭子暉詩，存春宵等三首，隴頭水樂府已佚。」

〔一〇〕趙曦明曰：「宋書朱脩之傳：『鮮卑馮宏稱燕王，治黄龍城。』」

〔一一〕趙曦明曰：「漢書西南夷傳：『自冉駹以東北，君長以十數，白馬最大，皆氐類也。』」盧文弨曰：「案：隴在西北，黄龍在北，白馬在西南，地皆隔遠，水焉得相及。」器案：此及雁門太守行所侈陳之地理，皆以夸張手法出之，顏氏以爲文章瑕纇，未當。又案：史記荆燕世家：「漢四年，使劉賈將二萬人、騎數百，渡白馬津，入楚地。」正義：「括地志云：『黎陽，一名白馬津，在滑州白馬縣北三十里。』」則此處白馬，正當以白馬津釋之，始與「東流」義會，不必遠摭西南之白馬氐以實之，且白馬氐何得言「東流會」也。

〔一二〕趙曦明曰：「淮南子氾論訓：『夏后氏之璜，不能無考；明月之珠，不能無纇。』」盧文弨曰：「考，瑕釁也。纇，若絲之結纇也，盧對切。」王叔岷曰：「淮南子説林篇：『若珠之有纇，玉之有瑕。』」

〔一三〕宋長白柳亭詩話卷二十六：「旨哉斯言，可爲輕於涉筆者戒。」

王籍〔一〕入若耶溪詩云：「蟬噪林逾静，鳥鳴山更幽。」江南以爲文外斷絶〔二〕，物無異議。簡文吟詠，不能忘之，孝元諷味〔三〕，以爲不可復得，至懷舊志載於籍傳。范陽盧詢祖〔四〕，鄴下才俊，乃言：「此不成語，何事於能〔五〕？」魏收亦然其論〔六〕。詩云〔七〕：「蕭蕭馬鳴，悠悠旆旌。」毛傳曰：「言不諠譁也。」吾每歎此解有情致〔八〕，籍詩生於此耳〔九〕。

〔一〕趙曦明曰：「梁書文學傳下：『王籍，字文海，琅邪臨沂人。七歲能屬文。及長，好學博涉，有才氣。除輕車、湘東王諮議參軍，隨府會稽，郡境有雲門天柱山，籍嘗遊之，累月不反，至若邪溪，賦詩云云，當時以爲文外獨絶。』案：此書作『斷絶』，疑誤。」

〔二〕御覽五八六引「文外」作「文章」。陳直曰：「南史王籍傳載若耶溪詩兩句，與之推所引相同。全詩共四韻，見馮氏詩紀。」器案：南史王籍傳：「至若邪溪賦詩云：『蟬噪林逾静，鳥鳴山更幽。』劉孺見之，擊節不能已。」劉孺字季幼，南史卷三十九有傳，梁武帝所稱爲「劉孺洛陽才」者也。

〔三〕案下文亦有「動静輒諷味」語。文心雕龍辨騷篇：「揚雄諷味，亦言體同詩雅。」

〔四〕「祖」字各本俱脱，今據宋本補。盧文弨曰：「魏書盧觀傳：『觀從子文偉，文偉孫詢祖，襲祖爵大夏男。有術學，文辭華美，爲後生之俊，舉秀才，至鄴。』」

〔五〕器案：論語雍也篇：「何事于仁，必也聖乎？」之推造句本此。苕溪漁隱叢話前一引蔡居厚寬夫詩話：「晉、宋間詩人，造語雖秀拔，然大抵上下句多出一意，如『魚戲新荷動，鳥散餘花落』、『蟬噪林逾静，鳥鳴山更幽』之類，非不工矣，終不免此病。」此亦言籍此詩之病累者。

〔六〕黄叔琳曰：「人世好尚不一，焉能強齊？菖葅膾炙，各從所嗜耳。」

〔七〕見小雅車攻。

〔八〕宋景文筆記中：「詩曰『蕭蕭馬鳴，悠悠旆旌』，見整而静也，顔之推愛之。『楊柳依依，雨雪霏霏』，寫物態，慰人情也，謝玄愛之。『遠猷辰告』，謝安以爲佳話。」陸象山語録：「『蕭蕭馬鳴』，静中有動。『悠悠旆旌』，動中有静。」王士禛古夫于亭雜録一曰：「愚案：玄與之推所云是矣，太傅所謂『雅人深致』，終不能喻其指。」

〔九〕古夫于亭雜録六：「顔之推標舉王籍『蟬噪林逾静，鳥鳴山更幽』，以爲自小雅『蕭蕭馬鳴，悠悠旆旌』得來，此神契語也。學古人勿襲形模，正當尋其文外獨絶處。」

蘭陵〔一〕蕭慤〔二〕，梁室上黄侯之子，工於篇什〔三〕。嘗有秋詩〔四〕云：「芙蓉露下落，楊柳月中疎。」時人未之賞也。吾愛其蕭散〔五〕，宛然在目〔六〕。潁川荀仲舉〔七〕、琅邪諸葛漢〔八〕，亦以爲爾。而盧思道〔九〕之徒，雅所不愜〔一〇〕。

〔一〕蘭陵，故址在今山東嶧縣東五十里。

〔二〕趙曦明曰：「北齊書文苑傳：『蕭慤，字仁祖，梁上黄侯曄之子。天保中入國，武平中太子洗馬，曾秋夜賦詩云云，爲知音所賞。』」

〔三〕隋書經籍志：「記室參軍蕭慤集九卷。」邢邵蕭仁祖集序：「蕭仁祖之文，可謂雕章間出。昔潘、陸齊軌，不襲建安之風；顔、謝同聲，遂革太原之氣。自漢逮晉，情賞猶自不諧；江北、江南，意製本應相詭。」

〔四〕陳直曰：「蕭慤原詩現存，題爲秋思，本文『秋』下當脱『思』字。慤詩多見於文苑英華、樂府詩集。馮氏詩紀輯有十七首。」器案：蕭慤秋思詩云：「清波收潦日，華林鳴籟初。芙蓉露下落，楊柳月中疎。燕幃緗綺被，趙帶流黄裾。相思阻音息，（詩紀云：『玉臺作『信』。』）結夢感離居。」

〔五〕文選謝玄暉始出尚書省：「乘此終蕭散，垂竿深澗底。」李周翰注：「蕭散，逸志也。」又江文通雜體詩三十首：「直置忘所宰，蕭散得遺慮。」李延濟注：「蕭散，空遠也。」

〔六〕苕溪漁隱叢話後九：「皮日休云：『北齊美蕭慤「芙蓉露下落，楊柳月中疎」；孟先生（浩然）有「微雲淡河漢，疎雨滴梧桐」……此與古人争勝於毫釐也。』」案：皮日休語見孟亭記，尤袤全唐詩話一亦載其説。許顗許彦周詩話云：「六朝詩人之詩，不可不熟讀，如『芙蓉露下落，楊柳月中疎』，鍛鍊至此，自唐以來，無人能及也。退之云：『齊、梁及陳、隋，衆作等蟬噪。』此語，吾不敢議，亦不敢從。」朱子語類一四〇：「或問：『李白「清水出芙蓉，天然去雕飾」，前輩多稱此語，如何？』曰：『自然之好。又如「芙蓉露下落，楊柳月中疎」，則尤佳。』」李東陽麓堂詩話：「『芙蓉露下落，楊柳月中疎』，有何深意，却自是詩家語。」

〔七〕趙曦明曰：「北齊書文苑傳：『荀仲舉，字士高，潁川人。仕梁爲南沙令，從蕭明於寒山被執，長樂王尉粲甚禮之，與粲劇飲，嚙粲指至骨。顯祖知之，杖仲舉一百。或問其故，答云：「我那知許，當時正疑是麈尾耳。」』」

〔八〕北史文苑傳下：「諸葛潁，字漢，丹楊建康人也。有集二十卷。」隋書亦有傳。此云琅邪，蓋舉郡望。陳直說略同。

〔九〕趙曦明曰：「北史盧子真傳：『玄孫思道，字子行。才學兼著，然不持細行，好輕侮人物。文宣帝崩，當朝人士各作挽歌十首，擇其善者而用之。魏收等不過得一二首，惟思道獨有八篇，故時人稱爲八米盧郎。』」案：隋書亦有傳。

〔一〇〕御覽五八六引三國典略：「齊蕭慤，字仁祖，爲太子洗馬，嘗於秋夜賦詩，其兩句云：『芙蓉露下落，楊柳月中疎。』曰：『蕭仁祖之斯文，可謂雕章間出。昔潘、陸齊軌，不襲建安之風；顔、謝同聲，遂革太乙之氣。自漢逮晉，情賞猶自不諧；河北、江南，意製本應相詭。』（案：「曰」上當脱「邢邵」二字。）顔黄門云：『吾愛其蕭散，宛然在目。而盧思道之徒，雅所不愜。』箕、畢殊好，理宜固然。」「大乙」，全北齊文作「太原」。

何遜詩〔一〕實爲清巧〔二〕，多形似之言〔三〕；揚都〔四〕論者，恨其每病苦辛〔五〕，饒貧寒氣〔六〕，不及劉孝綽〔七〕之雍容也〔八〕。雖然，劉甚忌之，平生誦何詩，常〔九〕云：「『蘧車響北闕』，懂懂不道車〔一〇〕。」又撰詩苑〔一一〕，止取何兩篇，時人譏其不廣〔一二〕。劉孝綽當時既有重名，無所與讓；唯服謝朓〔一三〕，常以謝詩置几案間，動静輒諷味〔一四〕。簡文愛陶淵明〔一五〕文，亦復如此。江南語曰：「梁有三何，子朗最多〔一六〕。」三何者，遜及思澄、子朗也。子朗信饒清巧。思澄遊廬山，每有佳篇，亦爲冠絶〔一七〕。

〔一〕梁書文學何遜傳：「東海王僧孺集其文爲八卷。初遜文章，與劉孝綽並見重於世，世謂之何劉。世祖著論論之云：『詩多而能者沈約，少而能者謝朓、何遜。』」

〔二〕東觀餘論跋何水曹集後云：「古人論詩，但愛遜『露滋寒塘草，月映清淮流』，及『夜雨滴空階，曉燈暗離室』爲佳，殊不知遜秀句若此者殊多，如九日侍宴云：『疎樹翻高葉，寒流聚細紋。日斜迢遞宇，風起嵯峨雲。』答高博士云：『幽居多卉木，飛蜨弄晚花，清池映疎竹。』還渡五洲云：『蕭散烟霧晚，淒清江漢秋。』答庾郎云：『蛺蝶縈空戲。』日暮望江云：『水影漾長橋。』贈崔録事云：『河流繞岸清，川平看鳥遠。』送行云：『江暗雨欲來，浪白風初起。』庾子山輩有所不逮。其他警句尚多，如早梅云：『枝横却月觀，花繞凌風臺。』銅爵妓云：『曲終相顧起，日暮松柏聲。』句殊雄古。而顔黄門謂其『每病苦辛，饒貧寒氣』，無乃太貶乎？」案詩品：「令暉歌詩，往往斷絶清巧。」

〔三〕器案：文選沈約宋書謝靈運傳論：「相如工爲形似之言，二班長於情理之説。」詩品上：「張協巧構形似之言。」形似，猶今言形象也。苕溪漁隱叢話三八載石林詩話云：「古人論詩多矣，吾獨愛湯惠休稱謝靈運如初日芙蕖，沈約稱王筠爲彈丸脱手，兩語最當人意。初日芙蕖，非人力所能爲，而精彩華麗之意，自然見於造化之外，然靈運諸詩，可以當此者無幾。彈丸脱手，雖是輸寫便利，動無違礙，然其精圓快速，發之在手，筠亦未能盡也。然作詩審到此地，豈復有餘事？韓退之贈張籍云：『君詩多態度，靄靄空春雲。』司空圖記戴叔倫語云：『詩人之辭，如藍田日暖，良玉生煙。』亦是形似之微妙者，但學者不能味其言耳。」王叔岷曰：「案宋胡仔苕溪漁隱叢話前集八：『詩眼云：形似之意，蓋出於詩人之賦，蕭蕭馬鳴、悠悠旆旌是也。古人形似之語，如鏡取形、燈取影也。』」沈約宋書謝靈運傳：「相如巧爲形似之言。」鍾嶸詩品上評張協詩：「巧構形似之言。」詩品序：「豈不以指事造形，窮情寫物，最爲詳切者邪？」所謂「指事造形，窮情寫物」，即「形似之言」也；中品評鮑照詩：「善製形狀寫物之詞。」猶言「善爲形似之言」耳。

〔四〕劉昐遂曰：「按：揚都指建業而言，本書終制篇云：『先君先夫人皆未還建業舊山，旅葬江陵東郭。承聖末，已啓求揚都，欲營遷厝，蒙詔賜銀百兩，已於揚州小郊北地燒塼，便值本朝淪没，流離如此，數十年間，絶於還望。……且揚都污毁，無復孑遺；還彼下濕，未爲得計。』此處以建業與揚都並言，明揚都即建業矣。又北齊書之推本傳觀我生賦自注：『靖侯以下七世，墳塋皆在白下。』亦即終制篇所云之『建業舊山』也，此亦揚都表建業之證。揚都之名，惟顔君用之，他人文中不多覯也。」器案：曹毗、庾闡並有揚都賦，唐、宋人類書多引之，則稱建業爲揚都尚矣，不得謂「他人文中多不覩」也，又世説新語文學篇兩言庾闡作揚都賦事，庾亮且「大爲其名價，云『可三二京、四三都』」矣。

〔五〕類説引「苦辛」作「苦卒」，東觀餘論卷下、苕溪漁隱叢話後二引作「辛苦」。弘法大師文鏡祕府論南卷論文意：「凡爲文章皆不難，又不辛苦。」昌齡詩格：「詩有六式，三曰不辛苦。」續金針詩格：「有自然句，有神助句，有容易句，有辛苦句。容易句，率意遂成。辛苦句，深思而得。」見類説卷五十一。

〔六〕下文「子朗信饒清巧」，饒字義同。通鑑九七胡注：「寒者，衰冷無氣燄也。」焦竑焦氏筆乘三：「古人論詩，但愛遜『露滋寒塘草，月映清淮流』、『夜雨滴空階，曉燈暗離室』爲佳。然遜句如此者甚多，如『天暮遠山清，潮去遥沙出』；『疏樹翻高葉，寒流聚細文』；『室墮傾城佩，門交接幰車』；『蕭散烟霞晚，淒涼江漢秋』；『薄雲巖際出，初月波中上』；『江暗雨欲來，浪白風初起』；『枝横却月觀，花遶凌風臺』；又『水影漾長橋，蛺蝶縈空戰』；『川平看鳥遠』，皆秀拔可喜。顔黄門乃謂其『每病苦辛，饒貧寒氣』，不幾於失實乎哉！」

〔七〕趙曦明曰：「梁書劉孝綽傳：『孝綽，字孝綽，彭城人。七歲能屬文。舅齊中書郎王融深賞異之，每言曰：「天下文章，若無我，當屬阿士。」阿士，孝綽小字也。』」

〔八〕史記司馬相如傳：「雍容閑雅甚都。」文選聖主得賢臣頌：「雍容垂拱。」吕延濟注曰：「雍容，閑和貌。」

〔九〕各本無「常」字，宋本有，今據補。

〔一〇〕「蘧車」，原作「蘧居」，今據孫志祖説校改，孫氏讀書脞録七曰：「案：『蘧居』，『居』字誤，當作『車』，蓋用蘧伯玉事。何遜早朝詩云：『蘧車響北闕，鄭履入南宮。』見藝文類聚朝會類、文苑英華，彭叔夏辨證云：『集本題作早朝車中聽望，是也。』『懎懎不道車』，是譏何詩語，然不得其解，豈以『蘧車』二字音韻不諧亮耶？」案：宋本原注：「懎，呼麥反。」盧文弨曰：「玉篇：『乖戾也。』」陳直曰：「按：何遜集早朝車中聽望詩云：『詰旦鐘聲罷，隱隱禁門通，蘧車響北闕，鄭履入南宮。』蘧車用蘧瑗事，鄭履用鄭崇事。本詩蘧車兩字甚爲分明，而劉孝綽謂作蘧居，因指摘何遜詩句未切合車字，或孝綽當日所看傳本作蘧居耳。懎字見玉篇，訓爲乖戾也。」器案：孫云「用蘧伯玉事」者，見列女傳仁智篇。廣韻二十一麥引李槩音譜：「懎懎，辯快。」此以重文見義，不當引玉篇之單字。

〔一一〕案：詩苑未見著録，隋書經籍志：「文苑一百卷，孔逭撰。」據玉海藝文志載中興書目：「逭集漢以後諸儒文章：賦，頌，騷，銘，評，弔，典，書，表，論，凡十，屬目録。」孝綽所撰詩苑，當是集漢以來諸家之詩，總此二書，則蔚爲文筆之大觀矣。范德機木天禁語謂：「唐人李淑有詩苑一書，今世罕傳。」蓋在唐代，孝綽之書已亡，而李淑續作之，然至元時，則李淑之書，一如孝綽之書，俱皆失傳矣。

〔一二〕趙曦明曰：「梁書何遜傳：『范雲見其對策，大相稱賞，因結忘年交好。自是一文一詠，雲輒嗟賞。沈約亦愛其文。』餘已見上注。」

〔一三〕齊書謝朓傳：「朓善草隸，長五言詩，沈約常云：『二百年來無此詩也。』」梁書庾肩吾傳：「梁簡文與湘東王書：『至如近世謝朓、沈約之詩，任昉、陸倕之筆，斯實文章之冠冕、述作之楷模。』」

〔一四〕動静輒諷味，御覽五九九引作「動輒諷吟味其文」。

〔一五〕趙曦明曰：「陶潛，字淵明，一字元亮。晉、宋、南史並有傳。」器案：昭明太子陶淵明集序：「余素愛其文，不能釋手。」則簡文弟兄俱愛陶文也。

〔一六〕趙曦明曰：「梁書文苑傳：『何思澄，字元静，東海郯人。少勤學，工文辭。起家爲南康王侍郎，累遷平南安成王行參軍兼記室，隨府江州，爲遊廬山詩，沈約見之，自以爲弗逮。除廷尉正，天監十五年，敕太子詹事。徐勉舉學士，入華林，撰徧略，勉舉思澄等五人應選，遷治書侍御史。出爲秣陵令。入兼東宫通事舍人，除安西湘東王録事參軍，舍人如故。時徐勉、周捨以才具當朝，並好思澄學，常遞日招致之。卒，有文集十五卷。初，思澄與宗人遜及子朗俱擅文名，時人語曰：「東海三何，子朗最多。」思澄聞之曰：「此言誤耳。如其不然，故當歸遜。」意謂宜在己也。子朗字世明，早有才思，工清言。周捨每與共談，服其精理。世人語曰：「人中爽爽何子朗。」爲固山令，卒，年二十四，文集行於世。』」

〔一七〕冠絶，爲時冠首，斷絶流輩。晉書劉琨傳：「冠絶時輩。」宋書顔延之傳：「文章之美，冠絶當時。」

名實第十

名之與實，猶形之與影也。德藝周厚〔一〕，則名必善焉；容色姝麗，則影必美焉。今不脩身〔二〕而求令名於世者〔三〕，猶貌甚惡而責妍影於鏡也。上士忘名，中士立名，下士竊名〔四〕。忘名者，體道合德，享鬼神之福祐，非所以求名也；立名者，脩身慎行，懼榮觀之不顯〔五〕，非所以讓名也；竊名者，厚貌深姦〔六〕，干浮華之虛稱，非所以得名也。

〔一〕德藝周厚，謂德行文藝周洽篤厚也。

〔二〕禮記大學：「古之欲明明德於天下者，先治其國；欲治其國者，先齊其家；欲齊其家者，先脩其身；欲脩其身者，先正其心；欲正其心者，先誠其意；欲誠其意者，先致其知；致知在格物。物格而後知致，知致而後意誠，意誠而後心正，心正而後身脩，身脩而後家齊，家齊而後國治，國治而後天下平。自天子以至於庶人，壹是皆以脩身爲本。」脩身者，朱熹大學章句以爲大學八條目之一。其説八條目曰：「於國家化民成俗之意，學者修己治人之方，則未必無小補。」荀子、楊子法言俱有修身篇也。

〔三〕盧文弨曰：「左氏襄二十四年傳：『夫令名，德之輿也；恕思以明德，則令名載而行之。』」

〔四〕盧文弨曰：「莊子逍遥遊：『聖人無名。』又天運篇：『老子曰：「名，公器也，不可多取。」』後漢書逸民傳：『法真逃名而名我隨，避名而名我追。』離騷：『老冉冉其將至兮，懼脩名之不立。』逸周書官人解：『規諫而不類，道行而不平，曰竊名者也。』」

〔五〕盧文弨曰：「老子道經：『雖有榮觀，宴處超然。』」器案：老子想爾注：「天子王公也，雖有榮觀，爲人所尊，務當重清静，奉行道誡也。」

〔六〕王叔岷曰：「案莊子列禦寇篇：『人者厚貌深情。』（又見劉子心隱篇。）意林引魯連子：『人皆深情厚貌以相欺。』」

人足所履，不過數寸，然而咫尺之途，必顛蹷於崖岸，拱把之梁〔一〕，每沈溺於川谷者，何哉？爲其旁無餘地故也〔二〕。君子之立己，抑亦如之。至誠之言，人未能信，至潔之行，物或致疑，皆由言行聲名，無餘地也。吾每爲人所毁，常以此自責。若能開方軌之路〔三〕，廣造舟之航〔四〕，則仲由之言信〔五〕，重於登壇之盟〔六〕，趙熹之降城〔七〕，賢於折衝之將矣〔八〕。

〔一〕把，各本皆作「抱」，今從宋本。孟子告子上：「拱把之桐梓。」即以「拱把」連文。何焯曰：「此謂獨木橋爾。」盧文弨曰：「梁，橋也。」器案：兩手所圍曰拱，隻手所握曰把。淮南子繆稱篇：「故若行獨梁，不爲無人競其容。」高誘注：「獨梁，一木之水橋也。」王叔岷曰：「莊子人間世篇：『其拱把而上者，求狙猴之杙者斬之。』」

〔二〕劉盼遂曰：「案：莊子外物篇：『夫地非不廣且大也，人之所用，容足耳。然則廁足而墊之致黃泉，人尚有用乎？然則無用之爲用也亦明矣。』顏氏此文，正取莊意。」

〔三〕趙曦明曰：「戰國齊策：『蘇秦說齊宣王曰：「秦攻齊，徑亢父之險，車不得方軌，馬不得並行，百人守險，千人不能過也。」』」盧文弨曰：「亢父，音剛甫。」王叔岷曰：「案史記淮陰侯列傳：『車不得方軌。』又見漢書韓信傳，顏注：『方軌，併行也。』」

〔四〕趙曦明曰：「詩大雅大明：『造舟爲梁。』傳：『天子造舟，諸侯維舟，大夫方舟，士特舟。』正義：『皆釋水文。李巡曰：「比其舟而渡曰造舟。」然則造舟者，比船於水，加板於上，如今之浮橋，杜預云：「則河橋之謂也。」』方言九：『舟自關而東，或謂之航。』」

〔五〕宋本「言信」作「證鼎」，原注：「一本作『言信』。」郝懿行曰：「案證鼎謂證魯之贋鼎也，韓非子以爲展禽事。」盧文弨曰：「案證鼎非子路事，韓非子說林下：『齊伐魯，索讒鼎，魯以其鴈往，齊人曰：「鴈也。」魯人曰：「真也。」齊人曰：「使樂正子春來，吾將聽子。」魯君請樂正子春。樂正子春曰：「胡不以其真往也？」君曰：「我愛之。」答曰：「臣亦愛臣之信。」』『鴈』與『贋』同，疑顏氏本誤用，而後人改之。」器案：證鴈鼎事，呂氏春秋審己篇以爲柳下季，郝氏以爲韓非子作展禽，非是。

〔六〕趙曦明曰：「左哀公十四年傳：『小邾射以句繹來奔，曰：「使季路要我，吾無盟矣。」使子路，子路辭。季康子使冉有謂之曰：「千乘之國，不信其盟，而信子之言，子何辱焉？」對曰：「魯有事於小邾，不敢問故，死其城下可也。彼不臣而濟其言，是義之也，由弗能。」』」器案：公羊傳莊公十三年何休注：「土基三尺、土階三等曰壇。會必有壇者，爲升降揖讓，稱先君以相接，所以長其敬。」

〔七〕羅本、傅本、顔本、程本、胡本、何本、文津本、别解「熹」作「喜」。沈揆曰：「後漢趙熹傳：『舞陰大姓李氏擁城不下，更始遣柱天將軍李寶降之，不肯，云：「聞宛之趙氏有孤孫熹，信義著名，願得降之。」使詣舞陰，而李氏遂降。』諸本誤作『趙喜』。」陳直曰：「趙注以各本皆誤作『趙喜』，非也，漢代熹喜二字通用，聞喜，韓仁銘碑額作聞熹是其證。」

〔八〕盧文弨曰：「衝，衝車也。晏子雜上：『仲尼曰：「不出於尊俎之間，而知千里之外，其晏子之謂也。可謂折衝矣。」』」

吾見世人，清名登而金貝〔一〕入，信譽顯而然諾〔二〕虧，不知後之矛戟，毁前之干櫓也〔三〕。虙子賤〔四〕云：「誠於此者形於彼〔五〕。」人之虚實真僞在乎心，無不見乎迹，但察之未熟耳。一爲察之所鑒，巧僞不如拙誠〔六〕，承之以羞大矣〔七〕。伯石讓卿〔八〕，王莽辭政〔九〕，當於爾時，自以巧密；後人書之，留傳萬代，可爲骨寒毛豎也〔一〇〕。近有大貴，以孝著聲〔一一〕，前後居喪，哀毀踰制，亦足以高於人矣。而嘗於苫塊之中〔一二〕，以巴豆〔一三〕塗臉，遂使成瘡，表哭泣之過〔一四〕。左右童豎〔一五〕，不能掩之，益使外人謂其居處飲食，皆爲不信。以一僞喪百誠者〔一六〕，乃貪名不已故也〔一七〕。

〔一〕盧文弨曰：「漢書食貨志：『金刀龜貝，所以通有無也。』説文：『貝，海介蟲也。象形。古者，貨貝而寶龜，周而有泉，至秦，廢貝行錢。』」器案：高僧傳釋道遠傳：「遠周貧濟乏，身無留財，有元紹比丘，每給以金貝，遠讓而弗受。」盧思道勞生論：「段珪、張讓，金貝是視。」亦以金貝連文。

〔二〕史記陳餘傳：「此固趙國立名義，不侵，爲然諾者也。」

〔三〕朱亦棟曰：「案韓非子難勢篇：『客曰：「人有鬻矛與楯者，譽其楯之堅，物莫能陷也。俄又譽其矛曰：『吾矛之利，物無不陷也。』人有應之曰：『以子之矛，陷子之楯，何如？』其人弗能應也。以爲不可陷之楯，與無不陷之矛，爲名不可兩立也。」』之推之語本此，趙氏失注。說文解字：『櫓，大盾也。』」鄭珍説同。器案：禮記儒行：「禮義以爲干櫓。」鄭玄注：「干櫓，小楯大楯也。」王叔岷曰：「案哀二年穀梁傳疏引莊子：『楚人有賣矛及楯者，見人來買矛，即謂之曰：此矛無何不徹。見人來買楯，則又謂之曰：此楯無何能徹者。買人曰：還將爾矛刺爾楯，若何？』」

〔四〕羅本、傅本、顔本、程本、胡本、何本、黄本、文津本、朱本、通録二「虙」作「宓」，宋本作「虙」。

趙曦明曰：「案顔氏有辨，在書證篇。宋本作『虙』，信顔氏元本，今從之。」

〔五〕盧文弨曰：「家語屈節解：『巫馬期入單父界，見夜漁者，得魚輒舍之，巫馬期問焉。漁者曰：「魚之大者，吾大夫愛之，其小者，吾大夫欲長之，是以得二者輒舍之。」巫馬期返以告孔子，曰：「宓子之德至矣，使民闇行，若有嚴刑於旁。敢問宓子何行而得於是？」孔子曰：「吾嘗與之言曰：『誠於此者刑於彼。』宓子行此術於單父也。」』案：刑、形古通。據家語乃孔子告子賤之言。」王叔岷曰：「呂氏春秋具備篇：『巫馬期短褐弊裘而往觀化於亶父，見夜漁者，得則舍之。巫馬期問焉，曰：漁爲得也，今子得而舍之，何也？對曰：宓子不欲人之取小魚也，今所舍者小魚也。巫馬期歸告孔子：宓子之德至矣！使小民闇行，若有嚴刑於旁。敢問宓子何以至於此？孔子曰：丘嘗與之言曰：誠乎此者刑乎彼。宓子必行此術於亶父也。』（又見淮南子道應篇。顔氏以『誠於此者形於彼』爲虙子賤之言，是也。盧文弨補注引家語屈節篇，不明句讀，以爲孔子告子賤之言，大謬！）史記仲尼弟子列傳：『宓不齊，字子賤。』家語弟子解：『宓不齊，魯人，字子賤。』」

〔六〕黄叔琳曰：「六字洵爲格言，當書紳佩之。」趙曦明曰：「韓非子説林上：『故曰巧詐不如拙誠。樂羊以有功見疑，秦西巴以有罪益信。』」器案：三國志劉曄傳注引傅子引諺，與韓非子同。

〔七〕趙曦明曰：「易恒：『九三，不恒其德，或承之羞。』」案：王弼注云：「德行無恒，自相違錯，不可致詰，故或承之羞也。」

〔八〕趙曦明曰：「左氏襄三十年傳：『伯有既死，使太史命伯石爲卿，辭。太史退，則請命焉。復命之，又辭。如是三，乃受策入拜。子産是以惡其爲人也，使次己位。』」

〔九〕趙曦明曰：「漢書本傳：『大司馬王根，薦莽自代，上遂擢莽爲大司馬。哀帝即位，莽上疏乞骸骨。哀帝曰：「先帝委政於君而棄羣臣，朕得奉宗廟，嘉與君同心合意。今君移病求退，朕甚傷焉。已詔尚書待君奏事。」又遣丞相孔光等白太后：「大司馬即不起，皇帝不敢聽政。」太后復令莽視事。已因傅太后怒，復乞骸骨。』」器案：白居易放言詩：「周公恐懼流言日，王莽謙恭未篡時；若使當時身便死，一生真僞有誰知。」意與顔氏相同。

〔一〇〕盧文弨曰：「豎，臣庾切，說文：『立也。』下亦音同。」

〔一一〕以孝著聲，各本及類說作「孝悌著聲」，今從宋本。

〔一二〕傅本、程本、胡本「於」作「以」。盧文弨曰：「禮記問喪：『寢苫枕塊，哀親之在土也。』」

〔一三〕盧文弨曰：「本草：『巴豆，出巴郡，有大毒。』」

〔一四〕郝懿行曰：「朱子有言：『割股廬墓，亦是爲人。』正謂此也。韓非子內儲說云：『宋崇門之巷人，服喪而毁甚瘠，上以爲慈愛於親，舉以爲官師。明年，人之所以毁死者歲十餘人。』余每讀而歎曰：甚哉，世人之愛名，一至此乎！且親死之謂何？又因以爲名，於汝心安乎？吁，亦異矣！」

〔一五〕盧文弨曰：「豎，小使之未冠者。」

〔一六〕文選答賓戲：「功不可以虚成，名不可以僞立。」

〔一七〕盧文弨曰：「案：下當分段。」今從之。

有一士族，讀書不過二三百卷，天才鈍拙，而家世殷厚，雅自矜持，多以酒犢珍玩〔一〕交諸名士，甘其餌者〔二〕，遞共吹噓〔三〕。朝廷以爲文華〔四〕，亦嘗〔五〕出境聘。東萊王韓晉明〔六〕篤好文學，疑彼製作，多非機杼〔七〕，遂設讌言〔八〕，面相討試〔九〕。竟日歡諧，辭人滿席，屬音賦韻，命筆爲詩，彼造次〔一〇〕即成，了非向韻〔一一〕。衆客各自沈吟，遂無覺者。韓退歎曰：「果如所量！」韓又嘗問曰：「玉珽杼上終葵首，當作何形？」乃答云：「珽頭曲圜，勢如葵葉耳〔一二〕。」韓既有學，忍笑爲吾説之。

〔一〕器案：酒犢，謂牛酒也。漢書公孫弘傳：「因賜告牛酒雜帛。」

〔二〕器案：餌謂以利誘人也。後漢書劉瑜傳：「姦情賕賂，皆爲吏餌。」

〔三〕共，各本作「相」，今從宋本。盧文弨曰：「後漢書鄭泰傳：『孔公緒清談高論，噓枯吹生。』盧思道孤鴻賦序：『翦拂吹噓，長其光價。』」器案：魏書郭祚傳：「主上直信季沖吹噓之説耳。」南齊書柳世隆傳：「愛之若子，羽翼吹噓，得升官次。」梁書劉遵傳：「皇太子與遵從兄陽羨令孝儀令：『吾之劣薄，其生也不能揄揚吹噓，使得騁其才用。』」文選劉孝標廣絶交論李善注引張升反論：「噓枯則冬榮，吹生則夏落。」又引劉孝標（當作綽）與諸弟書：「任（昉）既假以吹噓，各登清貫。」方言十二：「吹，扇，助也。」郭注：「吹噓，扇拂，相佐助也。」

〔四〕器案：後漢書班彪傳：「敷文華以緯國典。」北史李諤傳：「競騁文華，遂成風俗，江左、齊、梁，其弊彌甚。」文華，猶言文采也。

〔五〕宋本「嘗」作「常」。

〔六〕劉盼遂曰：「北齊書韓軌傳：『子晉明嗣爵，天統中，改封爲東萊王。諸勳貴子孫中，晉明最留心學問。』家訓所説，正其人也。」

〔七〕盧文弨曰：「此以織喻也，魏書祖瑩傳：『常語人云：「文章須自出機杼，成一家風骨，何能共人同生活也？」』」器案：省事篇：「機杼既薄，無以測量。」亦以織喻也。文選陸士衡文賦：「雖杼柚於余懷。」注：「杼柚，以織喻也。」機杼、杼柚同義。

〔八〕讌言，謂讌飲言説也。

〔九〕宋本「試」下有「爾」字。

〔一〇〕論語里仁篇：「造次必於是。」集解：「馬融曰：『造次，急遽。』」

〔一一〕盧文弨曰：「了非向韻，言絶非向來之體韻也。韻之爲言，始自晉、宋以來，有神韻、風韻、遠韻、雅韻之語。」器案：向，謂向來也，即以前之意。本書兄弟篇：「向來未著衣帽故也。」世說新語文學篇：「東亭即於閣下更作，無復向一字。」

〔二〕沈揆曰：「禮記玉藻注：『終葵首者，於杼上又廣其首，方如椎頭。』故以此答爲非。」盧文弨曰：「杼上終葵首，本周禮攷工記玉人文，杼者，殺也，於三尺圭上除六寸之下，兩畔殺去之，使已上爲椎頭。言六寸，據上不殺者而言。謂椎爲終葵，齊人語也。珽，他頂切。杼，直呂切。椎，直追切，今之槌也。殺，色界切。」郝懿行曰：「攷工記鄭注云：『齊人謂椎曰終葵。』馬融廣成頌云：『翬終葵。』是古以終葵爲椎之證也。然爾雅釋草復有『終葵繁露』之語，是終葵又爲草名，其葉圓葉，有似椎頭。然則顏氏所譏勢如葵葉之解，若證以爾雅，抑亦未爲全非也。」案：日知録卷三十二終葵條說略同。

治點子弟文章〔一〕，以爲聲價〔二〕，大弊事也〔三〕。一則不可常繼，終露其情；二則學者有憑，益不精勵〔四〕。

〔一〕少儀外傳下引「治」作「裝」。盧文弨曰：「治，直之切，理其亂也。點謂點竄潤飾之也。」器案：本書書證篇：「至晉世葛洪字苑，傍始加彡，音於景反。而世間輒改治尚書、周禮、莊、孟從葛洪字，甚爲失矣。」治字用法，與此文同。爾雅釋器：「滅謂之點。」注：「以筆滅字爲點。」說文：「點，小黑也。」蓋謂以筆加小黑以竄滅其字也。隋書李德林傳：「軍書羽檄，朝夕填委，一日之中，動逾百數，口授數人，文意百端，不加治點。」資治通鑑陳紀注：「治，修改也。點，塗點也。不加治點，不加塗改也。」則治點爲當時習用語。世說新語文學篇注引文章傳：「機善屬文，司空張華見其文章，篇篇稱善，猶譏其作文大治，謂曰：『人之作文，患於不才；至子爲文，乃患太多也。』」又文學篇：「籍時在袁孝尼家，宿醉，扶起書札爲之，無所點定，乃寫付使，時人以爲神筆。」與此文治點意同。外傳作「裝點」，非是。

〔二〕盧文弨曰：「聲，謂名聲著聞；價，如市馬者，得伯樂一顧而遂倍於常價也。聲價見後漢書姜肱傳。」器案：世說新語文學篇：「庾仲初作揚都賦成，以呈庾亮；亮以親族之懷，大爲其名價，云：『可三二京、四三都。』」爲名價，猶此言爲聲價也。

〔三〕傳本、顏本、胡本、何本「大」作「太」。

〔四〕精勵，謂精進勵奮也。少儀外傳「勵」作「厲」。後漢書朱浮傳：「學者精勵，遠近同慕。」趙曦明曰：「案：下當分段。」今從之。

鄴下有一少年，出爲襄國令〔一〕，頗自勉篤。公事經懷，每加撫卹，以求聲譽。凡遣兵役，握手送離，或齎梨棗〔二〕餅餌，人人贈別，云：「上命相煩，情所不忍；道路飢渴，以此見思。」民庶稱之，不容於口。及遷爲泗州別駕〔三〕，此費日廣，不可常周，一有僞情，觸塗〔四〕難繼，功績遂損敗矣〔五〕。

〔一〕趙曦明曰：「魏書地形志：『北廣平郡襄國，秦爲信都，項羽更名。二漢屬趙國，晉屬廣平郡。』」

〔二〕梨棗，程本、胡本作「黎棗」，今從宋本。

〔三〕趙曦明曰：「隋書地理志：『下邳郡，後魏置南徐州，後周改爲泗州。』通典職官十四：『州之佐史，漢有別駕、治中、主簿等官，別駕從刺史行部，別乘傳車，故謂之別駕。』注：『庾亮集答郭豫書：「別駕舊與刺史別乘，其任居刺史之半。」』」

〔四〕本書養生篇：「人生居世，觸塗牽縶。」觸塗，猶言觸處也。李衛公問對上：「四頭八尾，觸處爲首。」

〔五〕羅本、傅本、顏本、程本、胡本、何本、朱本「損敗」作「敗損」，今從宋本。本書治家篇、文章篇俱有「損敗」語。隋書食貨志：「每年收積，勿使損敗。」

或問曰：「夫神滅形消，遺聲餘價，亦猶蟬殼蛇皮〔一〕、獸迒鳥迹耳〔二〕，何預於死者，而聖人以爲名教乎〔三〕？」對曰：「勸也〔四〕，勸其立名，則獲其實。且勸一伯夷〔五〕，而千萬人立清風矣；勸一季札〔六〕，而千萬人立仁風矣；勸一柳下惠〔七〕，而千萬人立貞風矣；勸一史魚〔八〕，而千萬人立直風矣。故聖人欲其魚鱗鳳翼，雜沓參差〔九〕，不絶於世，豈不弘哉〔一〇〕？四海悠悠〔一一〕，皆慕名者，蓋因其情而致其善耳。抑又論之〔一二〕，祖考之嘉名美譽，亦子孫之冕服牆宇也，自古及今，獲其庇廕者亦衆矣〔一三〕。夫修善立名者，亦猶築室樹果，生則獲其利，死則遺其澤。世之汲汲者〔一四〕，不達此意，若其與魂爽〔一五〕俱昇、松柏偕茂者〔一六〕，惑矣哉！」

〔一〕淮南子精神篇：「抱素守精，蟬蜕蛇解。」蟬蜕蛇解，即謂蟬殼蛇皮也。李時珍本草綱目：「蟬蜕釋名：蟬殼。」

〔二〕宋本原注：「远音航。」沈揆曰：「远音航，又音岡，唐韻云：『獸迹。』諸本不考，以爲音闕。」盧文弨曰：「爾雅釋獸：『兔其跡远。』」器案：説文解字叙：「見鳥獸蹏远之跡。」文選西京賦劉良注：「远，獸徑也。」梁范縝神滅論：「神即形也，形即神也。是以形存則神存，形謝即神滅也。」王叔岷曰：「案莊子寓言篇：『予蜩甲也？蛇蜕也？』成玄英疏：『蜩甲，蟬殼也。蛇蜕，皮也。』孟子滕文公上篇：『獸蹄鳥迹之道，交於中國。』」

〔三〕羅本、傅本、顔本、程本、胡本、何本、朱本、文津本無「名」字，今從宋本。向宗魯先生曰：「當作『而聖人以名爲教乎』。」器案：晉書阮瞻傳：「戎問曰：『聖人貴名教，老、莊明自然。』」

〔四〕黄叔琳曰：「一勸字已見大意。」

〔五〕孟子萬章下：「孟子曰：『伯夷目不視惡色，耳不聽惡聲，非其君不事，非其民不使，治則進，亂則退，横政之所出，横民之所止，不忍居也。思與鄉人處，如以朝衣朝冠，坐於塗炭也。當紂之時，居北海之濱，以待天下之清也。故聞伯夷之風者，頑夫廉，懦夫有立志。』」

〔六〕季札，春秋時吳國公子，讓國不居，見史記吳太伯世家。

〔七〕孟子萬章下：「孟子曰：『柳下惠不羞汙君，不辭小官，進不隱賢，必以其道，遺佚而不怨，阨窮而不憫，與鄉人處，由由然不忍去也，爾爲爾，我爲我，雖袒裼裸裎於我側，爾焉能浼我哉？故聞柳下惠之風者，鄙夫寬，薄夫敦。』」

〔八〕論語衛靈公篇：「子曰：『直哉史魚，邦有道如矢，邦無道如矢。』」集解：「孔曰：『衛大夫史鰌，有道無道，行直如矢，言不曲。』」

〔九〕盧文弨曰：「『魚鱗』疑當作『龍鱗』。後漢書光武紀：『天下士大夫固望其攀龍鱗，附鳳翼，以成其所志耳。』」案：龍八十一鱗，具九九之數；鳳舉而百鳥隨之，皆言其多也。揚雄甘泉賦：『駢羅列布，鱗以雜沓兮，柴虒參差，魚頡而鳥昕。』參差，初登、初宜二切。『柴虒』，一本作『偨傂』，初綺、初擬二切。昕，胡剛切。蕭該音義：『諸詮傂音池，又音豸；蘇林音解豸冠之豸，韋昭音疏佳反。』」錢馥曰：「參在侵韻，不入登韻，初登當是初金之誤，宋刊本漢書楊雄傳注作初林反，林金一也。」器案：史記淮陰侯列傳：「天下之士，雲合霧集，魚鱗雜遝。」漢書蒯通傳：「天下之士雲合霧集，魚鱗雜襲。」師古曰：「雜襲，猶雜沓，言相雜而累積。」揚子雲解嘲：「天下之士，雷動風合，魚鱗雜襲，咸營於八區。」皆作「魚鱗」之證。盧氏以爲當作「龍鱗」，非是。

〔一〇〕黄叔琳曰：「名通之論。」

〔一一〕後漢書朱穆傳：「悠悠者皆是。」李賢注：「悠悠，多也。」

〔一二〕黄叔琳曰：「尤見遠計。」

〔一三〕各本無「亦」字，今從宋本。左傳文公六年：「昭公將去羣公子，樂豫曰：『不可。公族，公室之枝葉也，若去之，則本根無所庇蔭矣。葛藟猶能庇其本根，故君子以爲比，況國君乎？』」

〔一四〕世之，各本作「世人」，今從宋本。漢書揚雄傳：「不汲汲於富貴。」師古注：「汲汲，欲速之義，如井汲之爲也。」

〔一五〕魂爽，謂魂魄精爽也。左傳昭公二十五年：「心之精爽，是謂魂魄；魂魄去之，何以能久？」

〔一六〕各本無「者」字，今從宋本。羅本「偕」作「皆」。詩小雅天保：「如松柏之茂。」案二卷本於此分卷，以上爲卷上，以下爲卷下。

涉務〔一〕第十一

士君子之處世〔二〕，貴能有益於物耳，不徒高談虚論，左琴右書〔三〕，以費人君禄位也。國之用材，大較〔四〕不過六事：一則朝廷之臣，取其鑒達治體〔五〕，經綸〔六〕博雅〔七〕；二則文史之臣，取其著述憲章〔八〕，不忘前古；三則軍旅之臣，取其斷決有謀，強幹〔九〕習事；四則藩屏〔一〇〕之臣，取其明練〔一一〕風俗，清白〔一二〕愛民；五則使命之臣，取其識變從宜，不辱君命〔一三〕；六則興造〔一四〕之臣，取其程功〔一五〕節費，開略〔一六〕有術，此則皆勤學守行者所能辨也。人性有長短，豈責具美〔一七〕於六塗哉？但當皆曉指趣〔一八〕，能守一職〔一九〕，便無媿耳。

〔一〕涉務二字義同，謂專心致力也。勉學篇：「恥涉農商，羞務工技。」即以涉務對文成義。魏書成淹傳：「子胥……亦學涉，好爲文詠。」涉字用法與此同。

〔二〕士君子之處世，羅本、傅本、顔本、程本、胡本、文津本及戒子通録二、別解作「夫君子之處世」，何本、黄本作「夫士君子之處世」，今從宋本。

〔三〕器案：古人往往以琴書並言。本書雜藝篇：「父子並有琴書之藝。」文選何敬祖贈張華：「逍遥綜琴書。」又陶淵明始作鎮軍參軍經曲阿作：「委懷在琴書。」又歸去來：「樂琴書以消憂。」又石季倫思歸引序：「入則有琴書之娱。」李善注並引劉歆遂初賦：「玩琴書以滌暢。」又任彦升爲范始興作求立太宰碑表：「琴書藝業述作之茂。」六臣注本李善曰：「謝承後漢書曰：『鄭敬，字次都，琴書自樂。』」胡克家重雕宋淳熙本李善注誤作「漢書曰」云云，鄭敬見後漢書郅惲傳，云：「惲於是迺去，從敬止，漁釣自娱。」又云：「敬字次都，清志高世，光武連徵不到。」注引謝沈書，亦云：「琴書自娱。」蓋「清志高世」之士，逍遥物外，謂之「琴書自娱」也可，謂之「漁釣自娱」亦無不可也。「左琴右書」，猶唐書楊綰傳之言「左右圖史」也，不必定其當爲「琴書」或「漁釣」也。

〔四〕盧文弨曰：「較，古岳、古孝二切。」器案：文選景福殿賦：「此其大較也。」李善注：「大較，猶大略也。」

〔五〕任昉王文憲集序：「若乃明練庶務，鑒達治體。」

〔六〕易屯卦象：「雲雷屯，君子以經綸。」中庸：「惟天下至誠，爲能經綸天下之大經。」朱熹注：「經、綸，皆治絲之事。經者，理其緒而分之；綸者，比其類而合之也。」

〔七〕楚辭招隱士序：「昔淮南王安，博雅好士。」

〔八〕禮記中庸：「仲尼祖述堯、舜，憲章文、武。」正義：「祖，始也，言仲尼祖述，始行堯、舜之道也。……憲，法也；章，明也，言夫子法明文、武之德。」

〔九〕強幹，謂強力能幹也。北齊書唐邕傳：「唐邕強幹，一人當千。」

〔一〇〕詩大雅板：「价人維藩，大師維垣，大邦維屏，大宗維翰。」毛傳：「藩，屏也。」鄭箋：「价，甲也，被甲之人，謂卿士掌軍事者。」

〔一一〕勉學篇：「明練經文，粗通注義。」任昉王文憲集序：「明練庶務。」明練，謂明曉練習也。

〔一二〕後漢書楊震傳：「故舊長者，或欲令爲開產業，震不肯，曰：『使後世稱爲清白吏子孫，以此遺之，不亦厚乎？』」

〔一三〕論語子路篇：「使於四方，不辱君命。」

〔一四〕興造，指土木建築之事。文選陸佐公石闕銘：「興建庠序。」呂向注：「建，立也。」興造、興建義同。

〔一五〕禮記儒行：「程功積事。」孔穎達疏：「程功，程效其功。」文選張平子西京賦：「程巧致功。」薛綜注：「程擇好匠，令盡致其功夫。」張銑注：「擇巧匠以致其功。」

〔一六〕宋本「開略」作「開悟」。

〔一七〕傅本、何本「具美」作「其美」，宋本等作「具美」，今從之。

〔一八〕論衡案書篇：「雖不盡見，指趣可知。」晉書徐邈傳：「開釋文義，標明指趣。」指趣，猶言旨意也。文選嵇叔夜琴賦並序：「覽其旨趣。」李善注：「趣，意也。」

〔一九〕史記太史公自序：「今夫子上遇明天子，下得守職。」

吾見世中文學之士〔一〕，品藻〔二〕古今，若指諸掌〔三〕，及有試用，多無所堪。居承平之世〔四〕，不知有喪亂之禍；處廟堂之下〔五〕，不知有戰陳〔六〕之急；保俸禄之資，不知有耕稼之苦；肆〔七〕吏民之上，不知有勞役之勤，故難可以應世經務也〔八〕。晉朝南渡，優借〔九〕士族，故江南冠帶〔一〇〕，有才幹者，擢爲令僕〔一一〕已下尚書郎中書舍人已上〔一二〕，典掌機要。其餘文義之士，多迂誕浮華，不涉世務〔一三〕；纖微〔一四〕過失，又惜行捶楚〔一五〕，所以處於清高〔一六〕，蓋護其短也〔一七〕。至於臺閣令史〔一八〕，主書〔一九〕監帥，諸王籤省〔三〇〕，並曉習吏用，濟辦時須〔三一〕，縱有小人之態，皆可鞭杖肅督，故多見委使，蓋用其長也。人每不自量，舉世怨梁武帝父子愛小人而疏士大夫，此亦眼不能見其睫耳〔三二〕。

〔一〕案：自孔門以文學列於四科（論語先進），漢魏以來，郡國各有文學掾，漢書王莽傳有文學官，隸釋卷十四學師宋恩等題名碑有文學師，官師之設，所以培育文學之士也。漢書儒林傳所謂「能通一藝以上，補文學、掌故缺」是也。六朝文學之士亦其選也。

〔二〕漢書揚雄傳：「稱述品藻。」師古曰：「品藻者，定其差品及文質。」江淹雜體詩序：「雖不足品藻淵流，亦無乖商榷云爾。」世説新語有品藻篇。

〔三〕禮記仲尼燕居：「治國其如指諸掌而已乎。」注：「治國指諸掌，言易知也。」論語八佾篇：「子曰：『知其説者之於天下也，其如示諸斯乎！』指其掌。」集解：「包曰：『如指示掌中之物，言其易了。』」中庸：「治國其如示諸掌乎？」朱熹注：「示與視同，視諸掌，言易見也。」陳槃曰：「案中庸鄭注曰：『示讀如寘諸河干之寘。寘，置也。物而在掌中，易爲知力者也。』疏：『治理其國，其事爲易，猶如置物於掌中也。』俞樾曰：『按周易坎上六：寘于叢棘。釋文云：寘，劉作示。周禮朝士注：示于叢棘。釋文曰：示，本作寘。詩鹿鳴篇：示我周行。箋云：示當作寘。正義曰：示、寘聲相近，故誤爲示也。』（俞樓雜纂六）今案鄭讀示爲寘，俞氏證成之，審也。吴語：『伍子胥曰：大夫種勇而善謀，將還玩吾國於股掌之上。』孟子公孫丑章：『武丁朝諸侯有天下，猶運之掌也。』荀子儒效篇：『圖回天下於掌上而辨黑白。』説苑政理篇：『楊朱見梁王，言治天下如運諸掌然。』列子湯問篇：『詹何謂楚莊王曰：大王治國，誠能若此，則天下可運於一握，將亦奚事哉？』』是置天下國家于掌握，古人有此口語，故孔子亦以此爲喻矣。天下國家已可置諸掌握，則治理自易矣。綜而言之，『示諸掌』讀作『寘諸掌』，以喻『治理其國，其事易爲，猶如置物於掌中』者，此古義也；讀作『指諸掌』，以爲『指示掌中之物，言其易了』者，非其朔也。蓋八佾、中庸、仲尼燕居雖同引孔子之言，然或則出於孔子授業弟子，或則出於七十子後學之徒，故其間不免小有差誤，自當以八佾與中庸所傳爲正。而仲尼燕居所引，則所謂傳聞異辭者也。今顔黄門云『若指諸掌』，此用仲尼燕居篇文也。雖亦不無所本，然以古義繩之，則固有未合。」

〔四〕承平，言治平相承，謂太平之持久也。漢書食貨志：「王莽因漢承平之業。」

〔五〕宋本「廟堂」作「廊廟」。戒子通録二引「下」作「中」。

〔六〕各本「陳」作「陣」，今從宋本。

〔七〕廣雅釋詁三：「肆，踞也。」王念孫疏證：「肆者，説文：『肆，極陳也。』義與踞相近。法言五百篇云：『夷俟倨肆。』漢書叙傳云：『何有踞肆於朝？』」器案：此文正用爲踞肆義。

〔八〕公羊傳襄公二十九年：「閽者何？門人也，刑人也。」何休注引孔子曰：「三王肉刑揆漸加，應世黠巧姦僞多。」白虎通五刑篇：「傳曰：『三皇無文，五帝畫象，三王明刑，應世以五。』」

應世，謂適應其時世也，此用其義。十六國春秋北燕録：「武以平亂，文以經務。」經務本此文。

〔九〕優借，謂從優假借，猶今言優待也。後漢書劉愷傳：「肅宗美其義，特優假之。」注：「假，借也。」優假、優借義並同。傳本、黄本作「優惜」，未可從。

〔一〇〕文選西京賦薛綜注：「冠帶，猶搢紳，謂吏人也。」

〔一一〕令僕，謂尚書令與僕射也。晉書殷浩傳：「服闋，徵爲尚書僕射，不拜，復爲建武將軍揚州刺史，遂參綜朝權。……後廢爲庶人。……桓温謂郗超曰：『浩有德有言，使向作令僕，足以儀刑百揆，朝廷用違其才耳。』」齊書徐孝嗣傳：「徐郎是令僕人。」盧文弨曰：「晉書職官志：『尚書令秩千石，受拜則策命之，以在端右故也。僕射，服秩與令同。尚書本漢承秦置，晉渡江，有吏部、祠部、五兵、左民、度支五尚書。』」

〔一二〕盧文弨曰：「晉書職官志：『尚書郎主作文書起草，更直五日，於建禮門内；初從三省詣臺，試守尚書郎中，歲滿，稱尚書郎，三年稱侍郎，選有吏能者爲之。中書舍人，晉初置舍人、通事各十人，江左合舍人、通事，謂之通事舍人，掌呈奏案。』」

〔一三〕史記禮書：「御史大夫鼂錯明於世務刑名。」漢書主父偃傳：「是時，徐樂、嚴安亦俱上書言世務。」世務，猶言時務也。文選陸士衡擬古詩：「曷爲牽世務？」吕向注：「何爲牽於時事。」又鮑明遠擬古詩：「晚節從世務。」五臣本作「時務」，張銑注：「言末年從時事。」又任彦升王文憲集序：「世務簡隔。」張銑注：「時務簡略隔絕。」

〔一四〕韓詩外傳九：「禍起於纖微。」後漢書陳元傳：「遺脫纖微。」文選曹子建七啟：「剖纖析微。」

〔一五〕黄叔琳曰：「捶楚士大夫，豈是美政？」盧文弨曰：「捶，之累切，説文：『以杖擊也。』『楚，荆也。』亦用以扑撻者。」器案：南史蕭琛傳：「時齊明帝用法嚴峻，尚書郎坐杖罰者，皆即科行。琛乃密啓曰：『郎有杖，起自後漢，爾時，郎官位卑，親主文案，與令史不異，故郎三十五人，令史二十人，是以古人多恥爲此職。自魏、晉以來，郎官稍重。方今參用高華，吏部又近於通貴，不應官高昔品而罰遵曩科。所以從來彈舉，雖在空文，而許以推遷，或逢赦恩，或入春令，便得息停。宋元嘉、大明中，經有被罰者，別由犯忤主心，非關常準。自泰始建元以來，未經施行，事廢已久，人情未習。自奉敕之後，已行倉部郎江重欣杖督五十，皆無不人懷慙懼，兼有子弟成長，彌復難爲儀適。其應行罰，可特賜輸贖，使與令史有異，以彰優緩之澤。』帝納之。自是應受罰者，依舊不行。」則惜行捶楚於郎官，始自齊明帝時。世説新語品藻篇：「袁彦伯爲吏部郎，子敬與郗嘉賓書曰：『彦伯已入，殊足頓興往之氣。故知捶撻自難爲人，冀小卻當復差耳。』」則東晉於郎官，亦行捶撻。杜甫送高三十五書記：「脱身簿尉中，始與捶楚辭。」杜牧寄姪阿宜：「參軍與簿尉，塵土驚皇皇，一語不中治，鞭箠身滿瘡。」則唐時於參軍與簿尉，亦行鞭箠也。

〔一六〕清高，各本作「清名」，今從宋本，此蕭琛所謂「參用高華」也。

〔一七〕蓋，原作「益」，宋本、羅本、傅本、鮑本作「蓋」，今據改正。盧文弨曰：「宋本『益』作『蓋』，以下文『蓋用其長』相對，『蓋』字是。」

〔一八〕器案：後漢書仲長統傳：「雖置三公，事歸臺閣。」注：「臺閣，謂尚書也。」盧文弨曰：「宋書百官志：『漢東京尚書令史十八人，晉初正令史百二十人，書令史百三十人，諸公令史無定員。』」

〔一九〕盧文弨曰：「案續漢書百官志，尚書六曹，一曹有三主書，故令史十八人。」

〔二〇〕盧文弨曰：「籤謂籤帥，省謂省事。自主書監帥以下，名位卑微，志故不載，而時見於列傳中。」器案：南史恩倖呂文顯傳：「故事：府州部内論事，皆籤，前直叙所論之事，後云籤日月，下又云某官某籤。故府州置典籤以典之。本五品吏，宋初改爲士職。」唐六典二九親王府典籤下原注引齊職儀云：「諸公領兵局，有典籤二人。」又案：齊書王敬則傳：「臨州郡，令省事讀辭，下教判決，皆不失理。」通鑑一五四胡注：「省事，蓋猶今之通事，兩敵相向，使之往來通傳言語。」

〔二一〕時須，謂一時切要也。杜甫送竇侍郎詩：「竇氏檢察應時須。」

〔二二〕趙曦明曰：「史記越世家：『齊使者曰：「幸也，越之不亡也，吾不貴其用智之如目見豪毛而不見其睫也。」』」器案：韓非子喻老篇：「杜子諫楚莊王曰：『臣患王之智如目也，能見百步之外，而不能自見其睫。』」取譬相同，在史記之前。

梁世士大夫，皆尚褒衣博帶〔一〕，大冠高履〔二〕，出則車輿，入則扶侍，郊郭之内，無乘馬者。周弘正爲宣城王〔三〕所愛，給一果下馬〔四〕，常服御之，舉朝以爲放達〔五〕。至乃尚書郎乘馬，則糺劾之〔六〕。及侯景之亂，膚脆骨柔，不堪行步，體羸氣弱，不耐寒暑，坐死倉猝者〔七〕，往往而然。建康令王復〔八〕性既儒雅〔九〕，未嘗乘騎，見馬嘶歕陸梁〔一〇〕，莫不震懾，乃謂人曰：「正是虎，何故名爲馬乎？」其風俗至此。

〔一〕盧文弨曰：「漢書雋不疑傳：『暴勝之請與相見，不疑褒衣博帶。』注：『言著褒大之衣、廣博之帶也。』」王叔岷曰：「案韓詩外傳一、五並云：『逢衣博帶。』淮南子氾論篇：『褒衣博帶。』（又見論衡別通篇。）又云：『豐衣博帶。』逢、褒、豐，並猶大也。」

〔二〕盧文弨曰：「後漢書光武帝紀：『光武絳衣大冠。』案：高履，猶高齒屐也。」器案：高齒屐，見勉學篇。

〔三〕盧文弨曰：「梁書哀太子大器傳：『太宗嫡長子，中大通三年封宣城郡王。』」器案：少儀外傳上引作「王宣城」，誤。

〔四〕趙曦明曰：「魏志東夷傳：『濊國出果下馬，漢桓時獻之。』注：『果下馬，高三尺，乘之，可於果樹下行，故謂之果下馬，見博物志、魏都賦。』」器案：漢書霍光傳：「召皇太后御小馬車。」注：「張晏曰：『漢廄有果下馬，高三尺，以駕輦。』師古曰：『小馬可於果樹下乘之，故號果下馬。』」北史尉景傳：「先是，景有果下馬，文襄求之，景不與，曰：『土相扶爲墻，人相扶爲王。一馬亦不得畜而索也。』」則果下馬在當時視爲珍品也。又案：述異記載「南郡出果下牛，高三尺」，則牛亦有此品，都言其矮小耳。

〔五〕晉書阮咸傳：「羣從昆弟，莫不以放達爲行。」又戴逵傳：「深以放達爲非。」世説新語任誕篇：「劉伶恒縱酒放達。」

〔六〕郝懿行曰：「吕覽所謂『痿蹶之機』者也，故自王公至士庶，未有不當習爲勤勞者。舍車乘馬，顔君所述，是其一端爾；精進之士，正宜推類求之。」

〔七〕少儀外傳「猝」作「卒」。通鑑一九二：梁武帝君臣，惟談苦空，侯景之亂，百官不能乘馬。胡三省注：「言所談者惟苦行空寂也。」

〔八〕宋本原注：「一本無自『建康令王復』已下一段。」案：羅本、傅本、顔本、程本、胡本、何本、朱本、黄本、文津本無此段，今從宋本。盧文弨曰：「通典州郡十二：『丹陽郡江寧，本名金陵，吴爲建業，晉避愍帝諱，改爲建康。』」

〔九〕漢書公孫弘卜式兒寬傳：「儒雅則公孫弘、董仲舒、兒寬。」

〔一〇〕盧文弨曰：「歕，普悶切。陸梁，跳躍也。」器案：穆天子傳五：「黄之池，其馬歕沙……黄之澤，其馬歕玉。」説文欠部：「歕，吹氣也。」今作噴。文選西京賦：「怪獸陸梁。」薛綜曰：「東西倡佯也。」劉良曰：「行走貌。」王叔岷曰：「莊子馬蹄篇言馬『翹足而陸』，釋文引司馬彪曰：『陸，跳也。』漢書揚雄傳：『飛蒙茸而走陸梁。』注引晉灼注：『走者陸梁而跳也。』」

古人欲知稼穡之艱難〔一〕，斯蓋貴穀務本〔二〕之道也。夫食爲民天〔三〕，民非食不生矣；三日不粒〔四〕，父子不能相存〔五〕。耕種之，茠鉏之〔六〕，刈穫之〔七〕，載積之，打拂之〔八〕，簸揚之〔九〕，凡幾涉手〔一〇〕，而入倉廩，安可輕農事而貴末業哉？江南朝士，因晉中興，南渡江〔一一〕，卒爲羈旅〔一二〕，至今八九世，未有力田〔一三〕，悉資俸禄而食耳。假令有者，皆信僮僕爲之〔一四〕，未嘗目觀起一墢土〔一五〕，耘一株苗；不知幾月當下〔一六〕，幾月當收，安識世間餘務乎？故治官則不了〔一七〕，營家則不辦〔一八〕，皆優閑之過也〔一九〕。

〔一〕尚書無逸：「先知稼穡之艱難。」僞孔傳：「稼穡，農夫之艱難，事先知之。」

〔二〕器案：本與下文末業對言，本謂農業，末指商賈。文選王元長永明十一年策秀才文注：「漢書詔曰：『農，天下之大本也，而人或不務本而事末，故生不遂。』（案：此文帝詔。）李奇曰：『本，農也。末，賈也。』」漢書食貨志上：「今背本而趨末食者甚衆，是天下之大殘也。」師古曰：「本，農業也；末，工商也，言人已棄農業而務工商矣。」

〔三〕盧文弨曰：「漢書酈食其傳：『王者以民爲天，而民以食爲天。』」器案：梁書元紀：「承聖二年詔：『食乃民天，農爲治本。』」

〔四〕尚書益稷上：「烝民乃粒。」僞孔傳：「米食曰粒。」

〔五〕漢書文紀：「今歲首不時，使人存問長老。」注：「存，省視也。」魏武帝短歌行：「越陌度阡，枉用相存。」

〔六〕趙曦明曰：「茠與薅同，呼毛切。」朱軾曰：「茠，音蒿，拔草也。鉏音鋤。」器案：説文艸部：「薅，或作茠。詩曰：『既茠荼蓼。』」今詩周頌良耜作「以薅荼蓼」，此蓋今古文之異。

〔七〕楚辭離騷：「願竢乎吾將刈。」王逸注：「刈，穫也。草曰刈，穀曰穫。」

〔八〕盧文弨曰：「打，都挺切，説文：『擊也。』『拂，過擊也。』」案：今人讀打爲都瓦切，誤。」器案：説文木部：「柫，擊禾連枷也。」則拂謂以連枷擊禾。

〔九〕詩小雅大東：「維南有箕，不可以簸揚。」

〔一〇〕涉手，猶言經手。穀梁傳襄公二十七年：「與之涉公事矣。」集韻：「涉，一曰歷也。」

〔一一〕少儀外傳下、戒子通録二「南」作「而」。

〔一二〕少儀外傳、戒子通録「卒」作「本」。史記陳杞世家：「羈旅之臣。」集解：「賈逵曰：『羈，寄旅客也。』」

〔一三〕力田，謂致力於田事。史記佞幸傳：「諺曰：『力田不如逢年。』」漢書文帝紀：「力田，爲生之本也。」

〔一四〕盧文弨曰：「信如信馬之信。」郝懿行曰：「晉簡文帝不識稻，亦正坐此。」

〔一五〕羅本、傅本、顔本、程本、胡本、何本、黄本「墢」作「撥」，宋本、文津本作「墢」，四庫全書求證曰：「刊本『墢』訛『撥』，據國語改。」今從之。盧文弨曰：「國語周語：『王耕一墢。』注：『一墢，一耦之發也。耜廣五寸，二耜爲耦，一耦之發，廣尺深尺。』墢，鉢、伐二音。」

〔一六〕下，謂下種。

〔一七〕春秋莊二十四年：「郭公。」注：「無傳，蓋經闕誤也。自曹羈以下，公羊、穀梁之説既不了，又不可通之于左氏，故不采用。」北史齊文宣紀：「帝内雖明察，外若不了。」不了，猶言不曉也。通鑑一六一胡三省注：「了事，猶言曉事也。」即謂了爲曉也。

〔一八〕三國志魏書司馬朗傳：「徙民恐其不辦，乃相率私還助之。」北史和士開傳：「國事分付大臣，何慮不辦。」

〔一九〕許驥曰：「自東晉以來，士大夫羈旅江南，傳至宋、齊，幾十餘世，皆資俸禄而食，不知力田，一遇世務，猝無以應，宜顔氏深以爲戒也。」案：此後，宋本有云：「世有癡人，不識仁義，不知富貴並由天命；爲子娶婦，恨其生資不足，倚作舅姑之大，蛇虺其性，惡口加誣，不識忌諱，駡辱婦之父母，却成教婦，不孝己身，不顧他恨，但憐己之子女，不愛其婦。如此之人，陰紀其過，鬼奪其算，不得與爲鄰，何況交結乎？避之哉！避之哉！」原注云：「此段一本見此篇，一本見歸心篇後。」趙曦明曰：「案：當削此歸彼。」今從之。